CONSTRUCTION ENTRETIEN DES VÉLOC
TOURISM
HISTORIQU
TRAITÉ PRATIQUE
EMPLOIS
ET MANUEL DE POCHE
du CYCLISTE
PAR
H. de Graffigny
ENTRAINEMENT
HYGIÈN
VÉLOCIPÉDIE MILITAIRE
ILLUSTRÉ
DE
150 CROQUIS
ET DESSINS
MAURICE DREYFOUS
ÉDITEUR
20 RUE DE TOURNON PARIS

La Maison D. BACLE dans le but de propager sa marque et de faire apprécier la qualité supérieure des **Cycles** qu'elle livre, quoiqu'à des prix des plus favorables, offre un large crédit à tout acheteur contre recommandation ou références sérieuses.

Le Catalogue contenant dessins, descriptions et prix est expédié gratis et franco

THE CONTINENTAL CYCLES

Billes partout, fini irréprochable, matières de 1re qualité, garanti

GRAND ASSORTIMENT DE MACHINES AVEC CAOUTCHOUCS CREUX & PNEUMATIQUES

THE CONTINENTAL CYCLES

Chaque machine est caoutchouc creux, garantie 12 mois

LOUIS GLASEL

Palace yard, COVENTRY (Angleterre), EARL street

GRAND STOCK D'ACCESSOIRES ET PIÈCES DÉTACHÉES

La Maison ne vend qu'aux fabricants et aux agents

Demander le nouveau catalogue avant d'acheter ailleurs

TRAITÉ PRATIQUE

ET

MANUEL DE POCHE

DU CYCLISTE

OUVRAGES DU MÊME AUTEUR

Les Merveilles de l'Horlogerie, 1 vol. in-16 avec 120 dessins de l'auteur.

L'Ingénieur électricien (10e édition), 1 vol. avec 109 figures dessinées par l'auteur.

Le Liège et ses applications, 1 vol. avec 55 dessins de l'auteur.

La Navigation aérienne, 1 vol. in-18.

Les Industries d'amateurs, 1 vol. in-18 avec 395 figures.

Traité pratique d'Aérostation, 1 vol. avec 77 figures dessinées par l'auteur.

Les Moteurs (3e édition), 1 vol. avec 110 dessins de l'auteur.

Les Progrès de l'Industrie, 1 vol. in-folio avec 110 gravures.

Armurerie a travers les siècles, 1 vol. illustré.

L'Électricité dans la vie domestique, brochure in-16 (*épuisée*).

Les Ballons, 1 vol. illustré.

Récits d'un Aéronaute (4e édition), 1 vol. in-8° illustré par Poirson.

Les Voyages fantastiques, 1 vol. in-8° illustré par Besnier.

Aéronaute par vocation, 1 vol., petit in-18 illustré.

Les Contes d'un vieux savant, 1 vol. grand in-8° illustré par Nac.

Le Aventures d'un Savant russe. 1re partie, *la Lune;* 2e partie, *le Soleil;* 3e partie, *les grosses Planètes,* 3 vol. gr. in-8° avec 1000 dessins de Vallet et Henriot.

Les Voyages merveilleux. *De la Terre aux Étoiles,* 1 vol. in-8° illustré par Dupré.

SOUS PRESSE :

Guide pratique de l'Horloger, 1 vol. in-18 avec 225 figures dessinées par l'auteur.

Le Roi de l'électricité, 1 vol. in-8° illustré.

La Conquête de la Terre, 1 vol.

La Mécanique agricole, 1 vol.

Émile Colin. — Imprimerie de Lagny.

TRAITÉ PRATIQUE

ET

MANUEL DE POCHE

DU CYCLISTE

PAR

Henri de GRAFFIGNY

Rédacteur aux journaux le Cycle, *l'*Industrie vélocipédique
et le Vélocipède illustré

---

100 Dessins par l'Auteur et 50 Fantaisies par A. Bassan

PARIS

MAURICE DREYFOUS, ÉDITEUR

20, RUE DE TOURNON, 20

—

Tous droits réservés

AVERTISSEMENT DE L'ÉDITEUR

Ce livre n'a nullement la prétention d'être ce qu'on appelle communément un livre.

Il a celle d'être surtout un outil, un outil que le cycliste placera dans sa sacoche parmi les autres outils, et qui lui épargnera le plus souvent l'occasion de se servir de ceux-ci.

Pour bien conduire et pour soigner intelligemment sa machine, le cycliste doit, avant tout, bien la connaître, la comprendre à fond, et en ce qu'elle est, et en ce qu'elle pourrait être.

L'exemple des essais plus ou moins heureux du temps passé a paru devoir être, pour cela, d'un précieux enseignement; aussi l'auteur, sans s'arrêter inutilement aux détails rétrospectifs, a-t-il résumé, dans

1

un court chapitre préliminaire, l'histoire des premières machines. Sa seule préoccupation a été de fournir au lecteur tous les renseignements grâce auxquels il arrivera à la connaissance approfondie des principes d'application sur lesquels repose la question vélocipédique et, par conséquent, à une certitude d'appréciation complète en tout ce qui la concerne.

Ces principes une fois posés, et répétons-le, très sobrement indiqués, toute autre explication devient lumineuse et complète. C'est alors que commence le livre proprement dit. L'auteur donne donc la description et la raison d'être de chacun des organes de la machine, l'explication de l'emploi particulier et des relations de toutes les pièces dont chacune est solidaire. Et de la sorte, le cycliste pourra se rendre un compte exact de ce qu'il lui est sage de faire pour conserver son bicycle, sa bicyclette, son tricycle en bon état et pour en tirer le meilleur parti possible. Les comprenant mieux, pouvant les analyser dans leurs moindres détails et en raisonner en parfaite connaissance de cause, il sera à même d'éviter les dégâts, les accidents et, par suite, les réparations qui, pour des appareils toujours précis et délicats, ne sont jamais qu'un regrettable expédient.

Si pourtant la mauvaise chance veut qu'une avarie se produise, le cycliste pourra, possédant à fond le mécanisme de son vélo, parer au plus pressé et éviter le plus souvent d'avoir recours à des mains inhabiles ou inexpérimentées. Si, particulièrement en cours de route, il se voyait forcé de faire réparer sa machine, rien ne lui sera plus simple que de diriger avec certitude les ouvriers auxquels il serait obligé de la confier.

Ceci est déjà beaucoup, mais il y a plus. L'entretien, la santé du cheval de fer n'est pas tout. La santé de son cavalier est chose non moins importante, si même on se place uniquement au point de vue spécial du cycliste. Aussi, une large part a-t-elle été réservée aux questions d'hygiène, tant en ce qui concerne l'équipement qu'en ce qui touche la nourriture et la distribution du temps d'effort et du temps de repos. On le voit, ce livre est absolument pratique et, nous ne craignons pas d'ajouter, très complet sous tous les rapports. Est-ce à dire qu'on lui a donné la forme d'un traité de mécanique et d'hygiène proprement dit ; loin de là. L'auteur était mieux que quiconque préparé à conserver leur exactitude aux questions techniques, tout en les rendant intéressantes par la façon de les présenter. Il a donc su soutenir l'attention du lecteur sans lui imposer aucune fatigue. Ses travaux antérieurs en font foi : LES MERVEILLES DE L'HORLOGERIE, un volume de la Bibliothèque des Merveilles, L'INGÉNIEUR ÉLECTRICIEN, qui a actuellement dix éditions, le TRAITÉ D'AÉROSTATION, etc., etc., et bien d'autres ouvrages de même nature, où l'art de vulgariser agréablement les sciences appliquées est porté à son plus haut point, l'ont de longue date préparé à remplir victorieusement la tâche qu'il a entreprise ici.

En ce qui concerne spécialement le cyclisme, M. de Graffigny n'est pas simplement un ingénieur-théoricien, il a pratiqué, et non sans succès, le sport vélocipédique et il est l'inventeur d'un tricycle à moteur électrique fort estimé. En outre, depuis plusieurs années, il n'a cessé de collaborer aux journaux spéciaux les plus importants.

Nous ne doutons point du résultat qu'il a obtenu en écrivant ce petit livre.

L'abondance des figures, dont la plupart ont été dessinées au fur et à mesure des besoins de ses explications par l'auteur lui-même, donne encore plus de clarté au texte et dispense maintes fois l'écrivain de s'étendre sur des démonstrations qu'un dessin explique au seul coup d'œil, et qui ne pourraient être claires que par un long discours moins précis que ne l'est toujours une image.

Ce livre est donc, répétons-le, un outil, rien qu'un outil, mais un de ces outils agréables à manier et qui ne sont que plus utiles par cela même qu'ils sont plus solides et plus légers dans la main.

Et, pour mieux montrer la ferme intention où l'on a été de ne point lui donner le caractère grave d'un ouvrage de mécanique, on n'a pas craint de l'émailler

d'images plaisantes qui l'égaient sans rien lui ôter de
son sérieux.

On s'est souvenu que les cyclistes sont pour la plupart des jeunes gens robustes qui ne dédaignent pas
de rire et que la gaîté est presque à l'égal de la vigueur
une de leurs forces vives.

TRAITÉ PRATIQUE
DU CYCLISTE

CHAPITRE PRÉLIMINAIRE

LE BICYCLE

Histoire de la Vélocipédie. — Célérifère, draisienne, hobby horse. — Adaptation de la manivelle et de la pédale, par Michaux. — Invention de la jante creuse, par Truffault. — La construction vélocipédique en France et en Angleterre jusqu'en 1890. — Les « araignées » de Renard. — Les premières courses.

Le vélocipède est incontestablement une invention française.

Sans rechercher dans la nuit des temps les ancêtres de notre moderne bicyclette, le plus merveilleux engin de locomotion individuelle qui ait été imaginé jusqu'à présent, on peut rappeler que la première voiture marchant par la force humaine a été créée par un médecin de Bordeaux nommé Richard, et décrite pour la première fois par Ozanam, membre de l'Académie des Sciences, et que cette voiture, essayée à Paris en 1693, — il y a deux cents ans ! — parvint à franchir une certaine distance.

Cet aïeul du vélocipède consistait dans une espèce de carrosse à quatre roues où se plaçaient, à l'avant les voyageurs, et à l'arrière un laquais ; ce dernier

Fig. 1. — Le Vélocifère.

actionnait l'appareil en appuyant alternativement les pieds sur deux pièces de bois, sortes de pédales qui communiquaient le mouvement à deux petites roues cachées dans un caisson entre les deux roues de derrière et étaient attachées à l'essieu.

La vitesse de ce véhicule primitif était naturellement très faible, puisque aucune des pièces qui constituent le bicycle actuel et font sa rapidité n'étaient encore inventées, et qu'une seule personne produisait la force motrice nécessaire à la progression de l'appareil. Les côtes étaient inabordables,

mais en revanche la voiture filait un train d'enfer
le long des descentes ; dans un essai, elle vint se
briser contre un mur avec son équipage et ce fut le
dénouement de ces premières tentatives.

Il faut franchir d'un bond un siècle tout entier
pour retrouver la trace d'un appareil automobile se
rattachant à la filiation du vélocipède actuel. C'est

La draisienne serait commode pour les frotteurs.

en 1790 que M. de Civrac imagine les *vélocifères*
qui constituent l'embryon de nos machines de
maintenant. Ces machines très rudimentaires se
composaient d'une forte pièce de bois, dégrossie en
forme de quadrupède, cheval ou lion, dont les pattes
raidies maintenaient deux roues de petit chariot en
prolongement. Le patient enfourchait l'animal de
bois en le maintenant par la tête et, frappant alternativement le sol de chaque pied, se poussait en
avant par de longues enjambées.

Un type perfectionné de vélocifère apparut en 1815 ; il avait pour père le baron badois Drais de Sauerbron, qui songea à articuler la roue d'avant et à alléger la poutre massive de l'ancien appareil. Il dénomma sa machine *draisienne* ou *célérifère*, et des expériences publiques furent faites au jardin Tivoli. Le mouvement était toujours obtenu en prenant un point d'appui sur le sol, mais la roue d'avant étant munie d'un gouvernail, on pouvait obtenir la direction dans tous les sens. Le système étant fort allégé et pourvu d'une selle commode, la vitesse se trouva être supérieure à celle de l'ancien vélocifère. Une estampe de l'époque porte pour légende : « L'inventeur vient de prendre un brevet pour une sorte de voiture rapide qui fait quatorze lieues en quinze jours. »

Quoi qu'il en soit, la draisienne fit parler d'elle, et son renom s'étendit jusqu'en Angleterre. Nos voisins, gens pratiques, après l'avoir examinée, hochèrent la tête et trouvèrent cet accouplement de deux roues à l'aide d'une poutre, trop épais, mal ajusté, peu solide. Le pays des hauts fourneaux rêva d'une draisienne de fer, et un constructeur, nommé Knight, exhiba peu après une machine tout en fer qu'il appela le *Pedestrian hobby horse* et que l'engouement universel enfourcha dès qu'elle lui fut livrée. Il y eut une école et des professeurs de hobby-horse, puis la caricature se mêla de la nouvelle mode et la fit crouler sous le ridicule.

Pendant trente-cinq années, nous ne trouvons aucun souvenir de ces systèmes primitifs qui avaient eu cependant chacun leur heure de vogue, et il faut en arriver à l'année 1855 pour rencontrer

le vrai vélocipède construit d'une façon plus ration-
nelle que jusqu'alors et qui devait, de perfectionnement en perfectionnement, nous conduire à la
bicyclette.

Ce système de locomotion paraissait donc com-
plètement abandonné, quand un serrurier en voitures de Paris, nommé Michaux, ayant une draisienne à réparer, eut l'idée, pour entretenir le
mouvement des roues, de les actionner à l'aide de
manivelles emmanchées à angle droit sur l'axe de
la roue d'avant.

Dans la première expérience, les manivelles
étaient très rudimentaires, ne se composant que
d'un gros clou fixé sur une tige. Le jeune serrurier
se hasarda cependant sur ce nouveau dispositif, et
cherchant son équilibre sur ces deux roues ins-
tables, zigzaguant comme un reptile, il se convain-
quit qu'il était possible d'avancer de cette façon et
beaucoup plus vite qu'avec le pied plaquant le sol.

L'essor était donné. Quelques années plus tard,
Michaux fondait la plus importante fabrique de l'é-
poque : la Compagnie Parisienne des Vélocipèdes,
qui occupait plus de 500 ouvriers. En Amérique, un
autre Français, Lallement, vulgarisait de son côté
le véloce qu'il avait imaginé en même temps que
Michaux ; l'affaire était lancée et les nouveaux
véhicules apparaissaient partout.

Ces premiers vélos, quoique infiniment supé-
rieurs à la draisienne et au hobby horse, étaient
encore très lourds. Les roues étaient en bois, cer-
clées de fer comme les roues de voitures ; leur hauteur ne dépassait pas 80 centimètres à 1 mètre et
leur poids n'était pas inférieur à 25 ou 30 kilogram-

mes. Le vélocipédiste donnait l'élan à sa machine, puis l'enfourchait et se servait des pédales pour entretenir la vitesse acquise et qui se perdait par le roulement sur le sol et les frottements des diverses parties de la machine.

Dès 1868, des perfectionnements importants furent apportés dans la construction par les nombreux mécaniciens qui, devant la faveur dont jouissait le vélocipède, avaient ouvert des magasins à Paris et dans les grandes villes de province. Un frein à palette était appliqué à la roue d'arrière et se commandait à l'aide d'une ficelle s'enroulant sur la tige rigide du gouvernail de la roue d'avant ; les roues se fabriquaient tout en fer avec des rayons de plus en plus fins et de plus en plus nombreux ; puis, tandis que la roue d'arrière diminuait de plus en plus de proportions, son rôle n'étant que de fournir un second point d'appui sur le sol, la roue d'avant, à la fois motrice et directrice, augmentait de diamètre pour couvrir un plus grand espace de terrain par tour de roue. Enfin, on songeait, pour atténuer l'épouvantable trépidation de ces roues métalliques, à garnir leur circonférence de bandes de caoutchouc, progrès des plus marqués dans la construction vélocipédique.

C'est au commencement de 1870 qu'un horloger de Paris eut l'idée, pour diminuer les frottements qui, dans les vélocipèdes de Michaux, s'opéraient métal contre métal, de construire de larges et épais anneaux de verre dont il revêtit l'intérieur des moyeux. L'échauffement de l'axe se trouva ainsi évité, mais le roulement n'en fut pas sensiblement amélioré. Il était dû à un ingénieux constructeur,

M. Suriray, de remplacer ce coussinet de verre par *le coussinet à billes d'acier* qui a permis d'obtenir le vrai vélocipède rapide et pratique.

Dans ce système, imité des Américains qui l'employaient depuis longtemps pour atténuer le frottement des axes dans différentes machines, l'anneau en verre se trouvait remplacé par un anneau de fonte dans l'épaisseur duquel un corridor circulaire était creusé. De petites boules d'acier formant chapelet autour de l'axe, couraient librement dans ce corridor et fuyaient sous la moindre pesée. La rotation était parfaite, le frottement réduit à son minimum. C'était une grande application d'un principe de mécanique.

Tel est le bilan de l'année 1869 au point de vue vélocipédique. S'il fallait relever tous les perfectionnements proposés, toutes les adjonctions, tous les mécanismes, toutes les formes imaginées à cette époque dans ce genre d'idées, vingt pages de ce volume ne pourraient y suffire. Le mot de la fin fut dit par M. Montagne. Son bicycle, extrêmement original pour le moment, était ordonné suivant un principe nouveau qui intrigua les amateurs. Il faisait de la roue d'arrière la roue motrice par un système de leviers assez compliqué, et ne laissait que la direction à la roue d'avant. La selle, parfaitement combinée et suspendue, était placée au-dessus de la roue d'arrière et supprimait ainsi les risques de chutes en avant ou *panaches*, tout en augmentant l'adhérence sur le sol par le poids du cavalier, ce qui évitait tout *patinage* sur place.

Cette machine était véritablement la mère de notre bicyclette actuelle !...

C'est en 1875 que nous voyons renaître la vélocipédie française ; de nouveaux constructeurs ont apparu, quelques amateurs ont surgi et l'on aperçoit maintenant quelques bicycles en bois qui osent se risquer sur les promenades et sur les routes. Des brigades de vélocipédistes sont organisées pour porter les dépêches des boursiers au bureau central des Télégraphes, rue de Grenelle. Plusieurs journaux spéciaux naissent et meurent en moins d'une saison ; des courses sont réorganisées dans plusieurs villes qui en avaient déjà admiré avant la guerre, enfin quelques clubs se montrent en province, mais sans recruter encore beaucoup d'adhérents, qui viendront plus tard par centaines.

Jusqu'alors, les bicycles n'avaient pas dépassé une hauteur de 1 m. 20 et, seul, un constructeur tourangeau, Truffault, en avait fabriqué un de 1 m. 25 pour le coureur Laumaillé. Les coussinets à billes étaient très peu employés, de même que les bandages en caoutchouc. Il fallut que le coureur Camille Thuillet allât se faire battre par les coureurs anglais pour que l'on reconnût quels perfectionnements nos voisins avaient apportés à la construction des cycles, et qu'on les imitât. On augmenta alors immédiatement le diamètre de la grande roue, qui fut porté à un maximum de 1 m. 42 ; on diminua autant qu'il se peut le poids de la carcasse en employant des tubes de fer creux semblables à ceux des Compagnies de gaz; enfin Truffault eut l'idée de constituer toute la machine en fer creux, de manière à réduire son poids de plus de moitié.

Les jantes, jusqu'alors pleines et pourvues d'une simple rainure où se logeait une bande de caout-

chouc plate, les jantes furent formées d'une lame
d'acier repliée en V ou en U pouvant recevoir un
caoutchouc plein, de section circulaire, et affectant
la forme d'un boudin. On put gagner ainsi une
dizaine de kilos sur le poids total de la machine, ce
qui était énorme.

L'année suivante, 1877, Truffault eut un rival
dont la gloire ne tarda pas à éclipser celle de l'inventeur de la jante creuse ; c'était Victor Renard,
un savant, un théoricien, tandis que Truffault n'é-
tait qu'un praticien habile et un ouvrier de rare
intelligence, trouvant ses inventions à coups de
marteau et non au bout de sa plume. Renard appli-
qua à la construction des bicycles les principes les
plus rigoureux de la science et il obtint d'excellents
résultats. Ce fut lui qui imagina les rayons tangents
et indesserrables et le parallélogramme articulé, à
l'aide duquel il parvint à créer des vélocipèdes dont
la roue motrice atteignait 3 mètres de diamètre et
couvrait 9 m. 45 par tour de pédale. Inutile d'ajouter que ce fantastique engin n'eut jamais la vogue
que le constructeur espérait : ce monstrueux appareil effrayant tout le monde, bêtes et gens, à son
passage, et jusqu'à son cavalier lui-même.

De 1875 à 1885, la France paraît se désintéresser
de la question vélocipédique ; à peine trois ou quatre
fabricants essaient-ils de constituer des machines
légères et de bonne qualité. Presque tous les mar-
chands de vélos ne sont que des revendeurs qui
achètent toutes les pièces devant constituer une
machine, aux usines florissantes qui ont été montées
à Coventry, à Birmingham et à Wolwerhampton
par des Anglais qui ont su profiter de cette inertie

de nos constructeurs. Ce n'est qu'en 1885, devant la vogue croissante des vélocipèdes *araignées* et des tricycles perfectionnés que l'on importe par centaines de l'autre côté du détroit chez nous, que quelques mécaniciens avisés pensent que la France a avantage à ne pas demeurer plus longtemps tributaire de l'étranger et que des usines s'installent et viennent faire concurrence aux maisons anglaises installées en plein Paris.

L'élan était donné encore une fois et ne devait plus se ralentir. Les modèles les plus parfaits sont lancés dans le public ; les usines françaises luttent contre l'étranger dont les produits ont envahi le marché, et bientôt notre pays reconquiert son ancienne supériorité. La patrie du vélocipède remonte au premier rang grâce au goût exquis qui préside à la fabrication de ses élégantes machines.

C'est en 1885 que le petit bicycle de sûreté de M. Montagne, perfectionné et muni d'une transmission à chaîne, nous revient d'Angleterre sous le nom de *Kangaroo*. Le bicycle avait atteint alors son apogée. Il était devenu presque impossible d'établir une machine de course de ce genre pesant moins de 10 à 12 kilos et un bicycle de route qui en pesât moins de 15 ou 16. En 1883 on avait parlé de l'aluminium pour remplacer l'acier, mais ce métal léger par excellence était encore trop cher, ses procédés de métallurgie n'étaient pas encore suffisamment perfectionnés pour qu'il pût être employé en construction vélocipédique.

C'est en 1885, qu'apparut le modèle de vélocipède qui a détrôné tous ses prédécesseurs et est demeuré seul employé aujourd'hui sous le nom de bicyclette.

Ce modèle vint d'Angleterre sous le nom de *Rover* et de *Securitas*. Tout d'abord ce système fut vivement critiqué et des connaisseurs le dédaignèrent, prétendant que cette mécanique ne pourrait jamais obtenir les vitesses du grand bicycle. C'était une erreur et la bicyclette n'a pas tardé à faire place nette autour d'elle. Seuls les tricycles et les vélocipèdes à plusieurs places ont conservé encore une certaine vogue ; quant au *grand bi*, il est resté sur le carreau vers 1888 après une résistance désespérée.

Telle est l'histoire de la Vélocipédie depuis le siècle dernier. Il était indispensable, même dans un traité pratique tel que celui-ci, de rappeler rapidement les modifications subies par ces machines et les perfectionnements apportés à la construction, surtout depuis quelques années. Cet historique est encore une preuve de la marche incessante du progrès sur notre planète. Le mieux y est l'ennemi du bien, et de même que le *grand bi* a été dédaigné pour la bicyclette, peut-être celle-ci sera-t-elle jetée à son tour à la ferraille quand les voitures automobiles électriques ou à pétrole seront devenues pratiques, ce qui ne saurait tarder maintenant.

Sic transit gloria mundi...

CHAPITRE II

L'APPRENTISSAGE DU BICYCLE

Construction du bicycle. — Frein. — Roulements. — Bicycle de sûreté. — La première leçon. — Les pentes. — Les côtes. — Les séjours. — Logement du véloce.

Comme son nom l'indique, le bicycle se compose de deux roues ; une grande roue placée en avant et réunie à une plus petite, placée derrrière, par le moyen d'une sorte de fourche métallique entre les deux branches de laquelle la petite roue accomplit son évolution. La grande roue tourne elle-même dans une semblable fourche, mais celle-ci est perpendiculaire et se termine, à son extrémité supérieure, par une traverse arrondie sur laquelle le cavalier appuie les deux mains pour diriger sa monture, et qu'on nomme *barre* ou *gouvernail*.

L'axe qui traverse la roue est rivé sur les deux branches de la fourchette ; de chaque côté de cet axe sont fixés les supports des pédales où le cavalier pose les pieds, activant ou diminuant la vitesse de la course, selon qu'il appuie avec plus ou moins de force sur ces pédales, et, portant la masse en avant, tire, pour ainsi parler, la petite roue après lui. Le cavalier est assis sur une sorte de petite selle de

Fig. 2. — Bicycle modèle 1889.

cuir supportée par une mince et flexible lame d'acier, tendue horizontalement, afin d'éviter les secousses et les cahots.

Les vélocipèdes sont généralement pourvus d'un frein qui permet d'arrêter ou de modérer à son gré une allure trop rapide sur une pente. Quelques-uns ont, derrière la selle, une petite boîte contenant les clefs et autres accessoires permettant de monter et de démonter, serrer ou desserrer les diverses pièces de l'instrument quand besoin est.

Dans tous les cas, un bon bicycle doit être aussi simple que possible, démontable et bien ajusté, les matériaux le composant très légers, quoique de première résistance et, quand il s'agira de machines de vitesse, ils devront avoir :

Le corps, les fourches, les jantes et même la barre du gouvernail en acier creux très résistant ; les roues à rayons tangents ou vissés dans les moyeux ; les coussinets parallèles à cônes, ou préférablement à billes d'acier ; les manivelles en acier, parfaitement ajustées. La barre du gouvernail sera d'une largeur moyenne afin de ne pas fatiguer le veloceman.

Un bicycle doit posséder un marchepied placé à bonne distance de terre, un frein puissant à levier et un garde-crotte.

Aussi l'attention des meilleurs constructeurs se porte-t-elle sur trois points :

1º Diminuer le poids par un emploi judicieux de matériaux légers et néanmoins de première résistance ; 2º augmenter la vitesse par l'emploi de grandes roues ou de chaînes de transmission multiplicatrices ; 3º diminuer la fatigue du véloceman en réduisant les frottements et en supprimant les trépidations.

Les machines réunissant ces conditions doivent être considérées comme parfaites.

Conseils aux débutants. — Les conseils que nous allons donner ici s'appliquent tant aux bicyclistes qu'aux tricyclistes ; nous recommanderons même à ces derniers d'apprendre à monter à bicycle avant d'aller en tricycle : cette première étude leur donnera plus de confiance en eux-mêmes.

Les premières leçons se prennent ordinairement sur un bicycle très bas et très solide dit *bicycle de sûreté* ; on le place au sommet d'une côte, une personne le maintient solidement pendant que l'élève

MM. les professeurs ne sortent pas tous de l'Ecole Normale.

se met en selle ; on devra, dès le principe, se servir du marchepied pour monter, c'est une habitude qu'on ne saurait prendre trop tôt.

L'élève s'assoira bien sur la selle, le haut du corps vertical, la tête droite, les yeux fixés devant lui, les jambes pendant naturellement, sans se préoccuper des pédales, les deux mains sur les poignées du gouvernail.

La mise en selle terminée, l'aide laissera le bicycle descendre la côte, mais en le retenant en arrière, afin d'éviter une marche trop rapide et pour parer aux chutes.

L'attention de l'élève n'aura ainsi qu'à se porter sur les points suivants: Quand il se sentira fléchir d'un côté, il tournera le gouvernail de ce côté et penchera le corps du côté opposé ; quand l'équilibre sera rétabli, il rentrera doucement dans la direction première. L'élève renouvellera cette première leçon jusqu'à ce qu'il sache bien garder l'équilibre ou le rétablir s'il vient à le perdre : ce n'est qu'alors que l'aide l'abandonnera à lui-même, mais en le suivant de près.

L'élève apprendra ensuite à se servir des pédales ; ce nouvel exercice aura toujours lieu sur une pente douce, et le bicycle étant en marche, l'élève placera les pieds sur les pédales de manière à en suivre les mouvements, mais sans faire sur elles aucun effort, et, quand il saura bien les conserver, on le conduira en terrain plan, où il cherchera, par la pression qu'il exercera alors sur les pédales, à acquérir et à maintenir la vitesse que le terrain horizontal ne peut plus lui donner.

Notre élève veloceman, sachant bien se mouvoir en ligne droite, essaiera de tourner d'abord sur un grand rayon, puis sur des courbes de plus en plus faibles.

Il prendra une allure plus rapide en accélérant progressivement et il s'appercevra bientôt que plus la vitesse est grande, plus l'équilibre est facile à conserver, mais il ne devra pas marcher à des allures désordonnées ; dans tous les cas, il ralentira toujours aux courbes, penchera le corps à l'intérieur du cercle et aura les yeux fixés constamment en avant pour apercevoir les obstacles et avoir le temps de les éviter.

Lorsqu'il voudra descendre, il ralentira le plus possible, puis profitera du moment où la pédale gauche arrive à sa partie la plus basse pour prendre

On arrive toujours à descendre.

appui sur elle avec le pied et enjamber le bicycle avec la jambe droite, absolument comme pour descendre de cheval.

En route. — Un bon bicycle, tel qu'on en fabriquait il y a quelques années, peut parcourir une moyenne de 20 à 25 kilomètres par heure. En partant de bonne heure et en se reposant pendant la plus forte chaleur de la journée, on peut franchir, sans peine, plus de cent kilomètres par jour. Cette distance ne doit pas être beaucoup dépassée, car il n'y a aucun plaisir à arriver fatigué chaque soir. Les premières étapes seront les plus courtes ; celles du milieu les plus longues et la vitesse modérée au milieu et plus lente à la fin pour ne pas arriver en transpiration.

Toutes les cinquante minutes, le bicycliste fera

La trompette pourrait être remplacée par un orgue.

une halte de dix minutes dans un endroit à l'abri du vent, et il en profitera chaque fois pour examiner l'état de sa machine.

Le jour, on prévient au moyen d'un timbre avertisseur ou d'une trompette avec boule de caoutchouc, les personnes qui n'entendraient pas venir le bicycle, et la nuit les machines seront munies de lanternes.

Beaucoup de praticiens objectent que la lanterne, la nuit, ne leur permet de voir qu'à quelques mètres en avant, et qu'ils n'aperçoivent les obstacles que trop tard pour les éviter. Cette objection n'est pas fondée, car verraient-ils mieux sans lanterne par une nuit noire ? Nous ne le croyons pas, et, par un clair de lune, l'éclat de leur lanterne ne peut les gêner. Si, d'ailleurs, elle n'est pas absolument né-

Un peu gênante sur les Alpes, la bicyclette.

cessaire au veloceman, elle est indispensable pour signaler sa présence aux personnes et aux voitures venant à sa rencontre et éviter toute collision avec elles.

Quand une côte rapide de peu de longueur se présente, le bicycliste doit se lancer à fond avant d'y arriver et, penchant alors le corps en avant, les jarrets bien tendus, il doit chercher à conserver l'élan par tous les efforts possibles, de manière à gravir la rampe en un instant. Cette position du corps penché en avant ne doit être prise que dans des cas exceptionnels, pour acquérir momentanément un maximum de vitesse, pour lutter contre la violence du vent ou, comme nous venons de le dire, pour gravir une côte. Le tricycliste, dans des cas analogues, n'a pas les mêmes difficultés que le bicycliste ; il n'a, en effet, qu'à se tenir droit sur les pédales afin que tout le poids du corps concoure à la production du mouvement.

Si la côte est longue, nous recommanderons au bicycliste comme au tricycliste de la monter à pied ; cette petite marche les reposera de vélocer. Dans les descentes, ne plus s'occuper que de diriger la machine et d'en modérer la vitesse ; le bicycliste doit pencher le corps en arrière.

Tous les jours, à l'arrivée, chaque veloceman vérifiera l'état de sa machine, et, après en avoir enlevé la poussière et la boue, la placera dans un endroit à l'abri de l'humidité et des chocs (éviter les écuries où les chevaux rentrent et sortent à chaque instant). S'il est obligé de laisser son véloce sous un hangar ouvert, il l'attachera avec une petite chaîne et une cadenas dont il aura toujours la précaution de se munir avant le départ. Ces soins donnés, les vélocemans prendront leur repas principal et pourront vaquer à leurs occupations.

Pendant les séjours, le véloce sera démonté entièrement et lavé à grande eau : les coussinets seront nettoyés au pétrole pour les débarrasser de la poussière et du cambouis, et une fois toutes les pièces en état, le véloce sera remonté, ajusté avec soin, graissé et huilé dans toutes ses parties.

Tels sont les meilleurs moyens à employer pour apprendre à se servir du grand bicycle, et les velocemens qui utilisent encore ce modèle un peu passé de mode se trouveront bien de suivre les excellents conseils de M. Maquaire. Au chapitre traitant de l'apprentissage et de la manœuvre de la bicyclette, laquelle est presque universellement employée aujourd'hui, nous reviendrons sur quelques-uns des points effleurés ici et nous établirons les règles dont on ne doit se départir que le moins possible afin d'obtenir le maximum de rendement dans les meilleures conditions possibles d'hygiène et de sécurité.

References

ADGA (2017) American Dairy Goat Association. http://adga.org/

Capote J (2002) Sistema de explotación caprina en zonas áridas. Actas de las XXVII Jornadas Científicas y VI Internacionales de la SEOC, 19–21 septiembre 2002, Valencia, Spain, pp 95–100

Capote J, Argüello A, Castro N et al (2006) Short communication: correlations between udder morphology, milk yield, and milking ability with different milking frequencies in dairy goats. J Dairy Sci 89(6):2076–2079

Capote J, Tejera A, Amills M et al (2004) Influencia histórica y actual de los genotipos canarios en la población caprina americana. AGRI (FAO) 35:49–60

Costa R, Correia M, Da Silva JH et al (2007) Effect of different levels of dehydrated pineapple by-products on intake, digestibility and performance of growing goats. Small Rum Res 71(1–3):138–143

Dickson L, Garcia E, Garcia O et al (1991) Comportamiento productivo y reproductivo de caprinos puros Nubian y Alpino Francés bajo manejo intensivo. Jornadas Nacionales de Ovino y Caprino, Venezuela (Resumen de comunicaciones)

FAO (2014) Mountain Farming Is Family Farming. A contribution from mountain areas to the International Year of Family Farming. Available at: http://www.fao.org/family-farming/themes/mountain-farming/en/

FAOSTAT (2014) http://www.fao.org/faostat/

Fernández-Lugo S, De Nascimento L, Mellado M et al (2009) Vegetation change and chemical soil composition after 4 years of goat grazing exclusion in a Canary Islands pasture. Agric Ecosyst Environ 132(3–4):276–282

Foote WC (1990) Reproductive management of goat stock in arid zones. Simposio Internacional de Explotacion Caprina en Zonas Aridas, Coquimbo, 23–26 Oct 1990. Terra Arida 10:44–45

Geerts S, Osaer S, Goossens B et al (2008) Trypanotolerance in small ruminants of sub-Saharan Africa. Trends Parasitol 25(3):132–138

González JF, Hernández A, Molina JM et al (2008) Comparative experimental *Haemonchus contortus* infection of two sheep breeds native to the Canary Islands. Vet Parasitol 153(3–4):374–378

Huntle J (2013) Immune response to parasites. Scientific Report COST action FA 0805

Iñiguez L (2005) Characterization of small ruminants breeds in West Asian and North Africa. Vol. 1. International Center for Agricultural Research in the Dry Areas (ICARDA), Aleppo, Syria, 462 pp

Lu CD, Akinsoyinu AO (1990) Metabolic adaptation of goats to environmental changes. Simposio Internacional de Explotacion Caprina en Zonas Aridas, Co-quimbo, 23–26 Oct 1990. Terra Arida 10:67–77

Morand-Fehr P (1997) Particularidades de la Alimentación de cabras lecheras de alta producción; Estrategias a adoptar en ambientes mediterráneas o tropicales. XXII Jornadas Sociedad Científicas Española de Ovinotecnia y Caprinotecnia, Tenerife (Islas Canarias), Spain, pp 99–124

Oklahoma University (2014) Breeds of Livestock. Available at: http://www.ansi.okstate.edu/breeds/

Pinto CM, Brito CC, Fraser LB et al (1992) Composición química de la leche de cabra mestiza Saanen. Terra Arida 11:138–144

Torres A, Castro N, Argüello A et al (2013) Comparison between two milk distribution structures in dairy goats milked at different milking frequencies. Small Rumin Res 114(1):161–166

UN (2010) United Nation decade for deserts and fight against desertification. Available at: http://www.un.org/en/events/desertification_decade/whynow.shtml

Valencia PM, Dobler LP, Montaldo HH (2005) Genetic trends for milk yield in a flock of Saanen goats in Mexico. Small Rum Res 57(2–3):282–285

© Jorge Bacelar

Chapter 2
Adaptation Strategies to Sustain Osmanabadi Goat Production in a Changing Climate Scenario

Veerasamy Sejian, Govindan Krishnan, Madiajagan Bagath,
Shalini Vaswani, Mallenahally K. Vidya, Joy Aleena,
Vijai P. Maurya and Raghavendra Bhatta

Abstract Small ruminants are an integral part of farming systems in the tropical, subtropical, and arid regions of the world. Goats are considered suitable animals in such regions, since they were the first domesticated animals in the hot and arid zones of the world. Goats are considered as an ideal animal model to meet the global demands for animal protein in the changing climate scenario. Understanding the multifaceted impacts of heat stress on goat production is the prerequisite for the development of appropriate strategies to sustain goat production in the face of climate change. The identification of thermo-tolerant genes can help to improve the resilience capacity of existing non-descript goat breeds through marker-assisted selection. The strategies to augment goat production during extreme climatic conditions may be broadly categorized under management and nutritional strategies. The management strategies for Osmanabadi goat production under changing climate scenario comprise of housing, environment reproductive and health management. Technological interventions such as estrus synchronization, artificial insemination, and embryo transfer protocols may help to improve the reproductive

V. Sejian (✉) · G. Krishnan · M. Bagath · M. K. Vidya · J. Aleena · R. Bhatta
ICAR-National Institute of Animal Nutrition and Physiology, Adugodi, Bangalore 560030, India
e-mail: drsejian@gmail.com

S. Vaswani
Department of Animal Nutrition, Pandit Deen Dayal Upadhyaya Pashu Chikitsa Vigyan Vishwavidyalaya Evam Go Anusandhan Sansthan (DUVASU), Mathura 281001, UP, India

M. K. Vidya
Veterinary College, Karnataka Veterinary Animal and Fisheries Sciences University, Hebbal, Bangalore 560024, India

J. Aleena
Academy of Climate Change Education and Research, Kerala Agricultural University, Vellanikkara, Thrissur 680656, Kerala, India

V. P. Maurya
ICAR-Indian Veterinary Research Institute, Izatnagar, Bareilly 243122, India

© Springer International Publishing AG 2017
J. Simões and C. Gutiérrez (eds.), *Sustainable Goat Production in Adverse Environments: Volume II*, https://doi.org/10.1007/978-3-319-71294-9_2

efficiency in indigenous breeds such as Osmanabadi goats. The nutritional interventions comprise of mineral, electrolyte and antioxidant supplementation, utilization of unconventional feed resources, feeding tree foliage and leaves, fat and feed additives supplementation. Efforts are also needed to understand the occurrences and epidemiology of diseases under climate change and appropriate management should be provided by health and prevention programs.

2.1 Introduction

Global demands for animal protein have increased considerably in the past two decades because of the huge increase in human population (Godber and Wall 2014). However, meeting these huge demands for animal protein would be challenging in the coming decades principally due to the global threat for animal production as a result of climate change. Further, it has been projected that small ruminants may offer higher benefits as compared to large ruminants and, in fact, goat and sheep are projected as ideal animal models for climate change (Sejian et al. 2015a). Goats, known as poor man's cow, are multipurpose animals being reared for meat, milk, hide, fiber, and manure (Lopes et al. 2014). In addition, goats are also projected as the ideal animal for climate change adaptation due to their high thermo-tolerance, disease resistance, and unique feeding behavior (Osoro et al. 2017).

Ambient temperature, relative humidity, and direct and indirect solar radiation are the major climatic factors influencing the degree of heat stress (HS) in goats (Shaji et al. 2017). Studies conducted in various livestock species established significant influence of HS on their biological functions (Dunn et al. 2014; Sejian et al. 2014). In addition to higher temperature, feed and water scarcity during summer further hampers the production efficiency of animals (Renaudeau et al. 2012). Even then, many of the native goat breeds of India have evolved to adapt themselves to the changing climate and produce better in terms of milk, meat, fiber and manure (Gupta et al. 2013; Banerjee et al. 2014; Mohanarao et al. 2014).

Osmanabadi goat (also see Chap. 23 of volume 1) is a dual-purpose breed and is extensively reared for milk and meat production (Shaji et al. 2016) (Fig. 2.1). These goats are known for their extremely adaptive capability to high temperature and feed scarcity periods (Sejian et al. 2015b). However, the estimated climate change and related global warming in coming decades may reduce the production efficiency of these animals due to higher magnitude of stress. The indirect impacts of the global warming may also lead to significant loss of grazing land area which may hamper the productivity of these animals (Sejian et al. 2017).

Since, climate change in coming years is expected to adversely affect the goat farming potential, especially in tropical regions; thus, it is needed to adopt appropriate management and nutritional strategies which would help the Osmanabadi goats to adapt them better to the extremely hot environment. Though Osmanabadi goats show high adaptability to the HS, prolonged exposures to extreme temperatures associated with feed/water scarcity may eventually bring down their

Fig. 2.1 Osmanabadi goats (provided by V. Sejian)

production and sometimes may even question their survival. So, in order to sustain the goat production in summer, it is essential to implement various adaptation strategies at the farm level. Therefore, an attempt has been made in this chapter to collate and synthesise information about various management and nutritional strategies to optimize the Osmanabadi goat production in a changing climate scenario.

2.2 Management Strategies

The care and feeding of livestock for sustainable production during extremes of environmental temperatures require advanced planning of production management systems, with the knowledge of negative animal responses that illustrate the environmental stress and the ability to implement appropriate practices to ameliorate HS effects (Nienaber and Hahn 2007). For the substantial increase in productivity of the animals, several management strategies have to be adopted in order to minimize HS and to obtain better production output (Kosgey and Okeyo 2007). The management strategies for Osmanabadi goat production under changing climate scenario can be broadly grouped into housing management, animal management, and monitoring of climate change. Figure 2.2 describes various strategies to augment goat production in the climate change scenario.

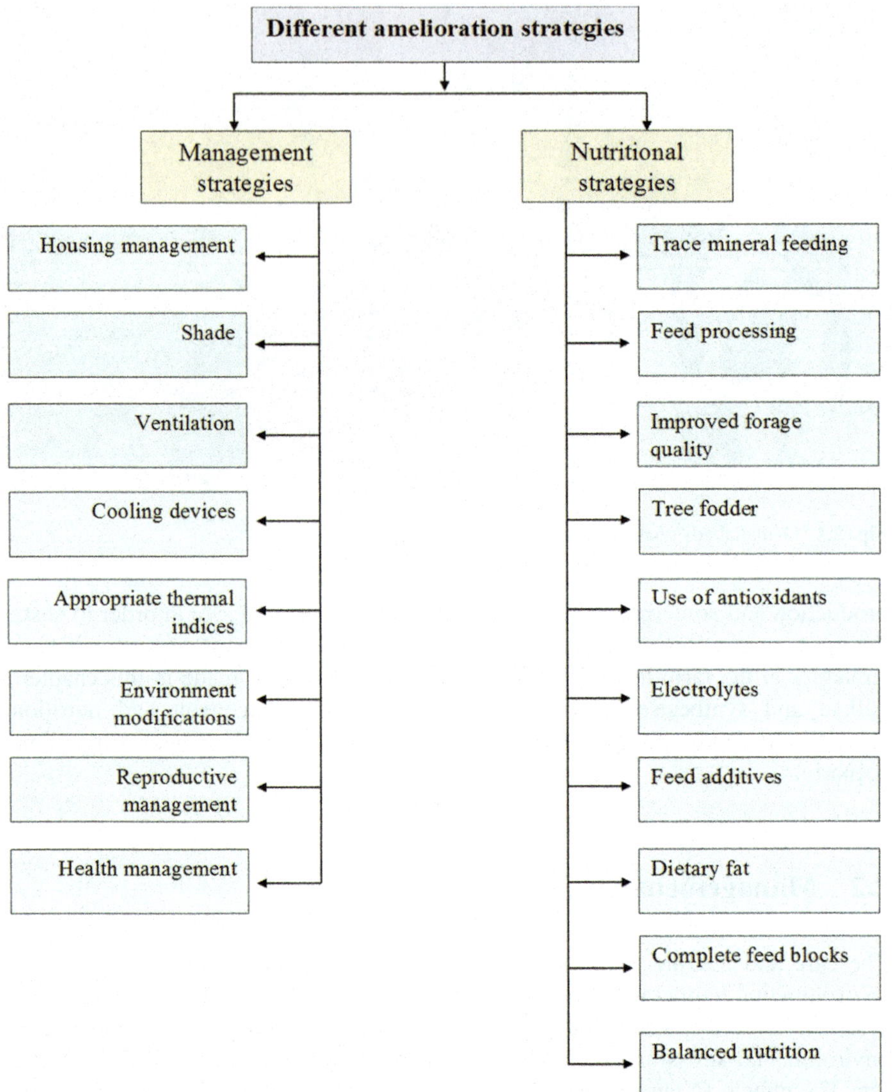

Fig. 2.2 Different strategies to improve Osmanabadi goat production in the changing climate scenario

2.2.1 Housing Management

Housing protects the goats from the climatic variables and provides an ideal microclimate which helps to augment their production performance (Toussaint 1997). Under this management strategy, the type of shelter, availability of shade and water, ventilation and light availability inside the shed are crucial factors to be considered. Though housing provides protection against climatic stresses and thus reduces the production loss, it may also lead to few other production constraints like management of manure and slurry that are accumulated inside the shed. Hence proper disposal of goat droppings is a primary concern, which may be either flushed from the structure or piled up in manure pit (Burton and Turner 2003). This signifies the importance of appropriate ventilation systems, which is very critical for housing operations. Whether mechanical or natural, ventilation should assist in the removal of environment heat, moisture, carbon dioxide, dust, gases from the digestive system and airborne infectious organisms, and replace these with fresh air. This air should be distributed in an appropriate manner to the location of the stock and the design of the building. Proper ventilation inside the housing ensures the removal of excess heat loads from respiration of animals and moisture loads from manure. It secures the cooling capacity of the shelter (Mackenzie 1993). Movement of air influences the rate of convective heat loss from the skin and hair surface of the animal. Natural ventilation is defined as achieving the airflow inside the animal house without using any fans. In intensive farms, particularly in hot areas, with increased initial investment, increased airflow rate, spray cooling, and evaporative cooling which generally depend on the moisture-holding capacity of air, can be added to ventilation systems in order to increase the cooling effectiveness (Sejian et al. 2012, 2015a).

The Osmanabadi goats being highly adaptive to HS require less protection from climatic stressors. But, availability of shade during peak times of solar load, i.e., at late morning and early afternoon hours is a valuable technique to encounter the heat waves as it blocks 30% of solar radiation. Shade reduces the exposures of goats to high solar radiations and can improve comfort and productivity of the goats given optimal ventilation. Naturally, if the goats are reared on a free-range system, trees can act as a source of shade to the animals. Considering the artificial means of shade, when the goats are reared in semi-intensive or intensive system of farming, then the size of the roof and other shade structures should be more along with proper orientation (Al-Tamimi 2007).

Most of the goats are the seasonal and short day breeders, and hence decreasing the length of daylight by manipulating artificial lighting per day and thereby initiating estrous cycles out-of-season can optimally increase the reproductive efficiency of the does (Pellicer-Rubio et al. 2007). Similarly, in bucks also the pattern of daylight length effect remained the same, i.e., short days were recorded to increase the testosterone secretion while the long days were recorded to inhibit it in subtropical regions (Delgadillo et al. 2004).

Water availability during heat stress is a major factor that compensates the adverse impact of high ambient temperature on animals. Though the goats are known for their ability to withstand extreme heat stress and continue to browse grass over long distances, providing cold water to them may be beneficial for heat-stressed goats to resist the harmful metabolic changes in the body (Lu 1989).

During summer, water and shade availability around the shed are crucial factors. Better ventilation within the shed removes the moisture, bad odor, and keeps the floor dry (Hassanin et al. 1996). Both, the animal management and environment modification, are the benefits from providing housing to the goats during extreme heat stress.

2.2.2 Animal Management

Animal management itself is another important factor which governs the production output of Osmanabadi goats. The way the goats are handled during transport, milking, shearing, and other farm operations like weighing, shipping, or routine treatment during hottest hours of the day perturbs the health and vitality of goats and hence they should be scheduled for late morning or early afternoon hours, or even during the night hours to provide an opportunity for animals to cool down after the increased activity (Beatty et al. 2008).

Handling of animals during peak body temperature hours from mid-day to late afternoon should be preferably avoided as it may otherwise worsen the heat stress impact by acting as an additional stress and increasing the body temperature (Knowles et al. 2014).

2.2.3 Monitoring Climate Changes

Environmental factors other than temperature and humidity like solar radiation and wind speed also affect the adaptive capacity of an animal to HS. These physical factors around the animal govern the net exchange of heat between the animal and the surrounding, which is crucial for the animal to maintain its core body temperature (Battini et al. 2016). Most temperature-humidity indices that are available take into accounts only temperature and humidity. However, full proof weather indices must take into account all four cardinal weather parameters including solar radiation and wind speed. Therefore, sufficient efforts are needed to develop appropriate thermal indices incorporating all weather parameters, which will aid in quantifying the HS response and may pave way for developing suitable mitigation strategies to ameliorate the stress-related problems in goats.

2.2.4 Thermo-Tolerant Genes in Osmanabadi Goats

In a series of studies conducted in our laboratory on Osmanabadi goats, we established several vital biological markers to quantify environmental stresses. These different biological markers for HS in Osmanabadi goats are described in Table 2.1. These markers could be an important tool in developing a suitable breeding program using marker selection and this can act as an effective future management strategy.

Table 2.1 Different thermo-tolerant genes in Osmanabadi goats

Gene	Functions	References
Heat shock protein (HSP)70 gene	The HSP70 mRNA expression was found to be significantly higher in heat, nutritional and combined (heat and nutritional) stressed groups as compared to the control group. The primary role of the HSPs include protecting proteins from degradation and facilitating their refolding	Shaji et al. (2017)
HSP90 gene	Significantly increased level of HSP90 expression was observed in nutritional stressed group	Sejian et al. (2015b)
Growth hormone (GH) gene	Higher level of GH gene expression was established in nutritional stressed Osmanabadi goats. This result clearly shows the low nutritional status of the animals. In addition, The GH gene expression in hypothalamus may also be associated with orexigenic effects on feeding stimulating the appetite control center to increase feed intake in these animals	Bagath et al. (2016)
Leptin gene	Low level of leptin gene expression was reported in nutritional stressed Osmanabadi goats. This could be an adaptive mechanism in these goats to increase feed intake during nutritional stress condition	Bagath et al. (2016)
Splenic Toll like receptor (TLR) 3 gene	Significantly increased TLR3 expression was established in heat nutritional and combined (heat & nutritional) stressed Osmanabadi goats. The pathological conditions elicited in these goats due to various stress conditions may cause multifold innate immune responses in them to Pathogen Associated Molecular Patterns (PAMPs) by promoting TLR expression	Sophia et al. (2016a)
Hepatic TLR8 gene	The significantly higher expression of TLR8 in heat stressed goats as compared to control goats indicates that this gene may act as an immunological marker for heat stress in goats.	Sophia et al. (2016b)
Hepatic TLR10 gene	The significantly higher expression of TLR10 in heat stressed goats, as compared to control goats, indicates that this gene may act as immunological marker for heat stress in goats	Sophia et al. (2016b)

2.3 Feeding Strategies to Combat Nutritional Stress in Osmanabadi Goats

In the changing climate scenario, it is not the macronutrients which are of great concern as compared to micronutrients. The micronutrient deficiencies are usually the cause for reduced reproduction and production ability of goats. Therefore, attempts have been made in this chapter to address the significance of supplementing the micronutrients. However, a balanced nutrition involving both macronutrients and micronutrients are essential for ensuring optimum growth in goats at a different stage of production.

2.3.1 Trace Mineral Feeding

Feeding of minerals in a diet is a common practice under prevailing animal production systems all around the world. Trace minerals are required in very low quantity but they influence the animal metabolism and production at greater levels because they are essential components of several enzymatic systems or they are involved in exerting catalytic actions in the animal body. The Zn, Cu, Co, and Mn are probably the most essential and deficient micro-minerals in animal feeds and feeding, and their deficiencies produce reduced appetite and lower growth rate (Jia et al. 2008). Several strategies involving top dressing of minerals in the grazing land and ruminal implants of slow release soluble glass bolus (Kendall et al. 2001) are recommended for correcting the trace mineral deficiency during harsh environmental conditions.

2.3.2 Nutrition of Pre-weaned and Growing Kids

The weight gain of suckling kids is closely related to the level of milk intake during the milk-feeding period. The growth performance in kids fed with their mother's milk was found to be the highest. However, when the milk supply of goat is insufficient or absent, artificial rearing with milk replacer takes place. Milk substitute/replacers can be given warm preferably and should contain 16–24% fat and 20–28% protein for kids (Dutta et al. 2003). The success of early weaning systems depends on the state of rumen development at that period, which is governed by ingestion and assimilation of solid feed. Good quality creep feed and roughages should be available to kids from the early age itself to promote early development of rumen. Energy plays a major role in post-weaned growth, however, a balance of Carbon: Nitrogen should also be maintained properly for optimum growth in kids. During harsh environmental conditions, to fulfill the nutrient requirements strategic supplementation protocols have to be developed. Concentrated supplementation to young animals during active growth phase has promoted growth performances and provided heavier carcass (Tripathi et al. 2007).

2.3.3 Processing and Enrichment of the Crop Residues

During the extreme climatic conditions when the availability of feed and fodder is low, feeding of low-quality crop residues and byproducts can be the only viable alternatives. The high fiber content of crop residues limits its utilization. Physical processing like particle size reduction, altering the bulk density and shape, and pelleting can be done to enhance its digestibility and utilization for economic ration formulation. Feeding of urea ammoniated straws/stovers or crop residues provides additional nitrogen for the animals during the period of N availability deficit from the pastures. It also stimulates feed intake, enhances ruminal digestion, increases rumen ammonia level and ruminal microbial protein synthesis.

2.3.4 Exploring Newer Feed Resources and Utilization of Agricultural and Agro-Industrial Byproducts

With a view to overcome the feed scarcity, it is essential to explore newfangled feed resources that are available locally. Identification, evaluation, improvement, and efficient utilization of agro-industrial byproducts are required to fulfill the nutrient requirements and to enhance the feed and fodder supply. Presently, a large number of nonconventional feed resources has been tested for their nutritive value and is being used in compound feed industry up to 30–35% in the ruminant mash. Suitable treatments have to be done to remove the anti-nutritional factors from them before their use in feeds.

2.3.5 Conservation of Existing Feeds and Fodder to Enhance Its Nutritive Value

Harvesting and conserving the surplus herbages as hay, silage, bailing, and feed blocks for use during droughts and lean periods are promising alternates to fulfill nutrient requirements and maintain production during the extreme climatic conditions.

2.3.6 Forage Type and Quality

If the diet contains forages that are low in nutrient quality, then to fulfill the nutrient requirements and to maintain the production, concentrates are to be fed. Reduction of forage to concentrate ratio may result in more digestible rations that may be consumed in greater amounts. It also reduces the methane production along with increasing the production capacity of the animal. The use of more processed digestible forage that is slightly mature resulted in a reduction of methane production. Feeding of legumes has higher dry matter intake, produce more milk solids, and reduce the methane emission per unit of milk and meat produced.

2.3.7 Feeding of Tree Foliage and Fallen Leaves

Trees and shrubs provide green biomass with moderate to high digestibility and protein content when other feed reserves are scarce and low in nitrogen. Feeding of tree leaves and fallen leaves during scarcity is a suitable option to overcome the production loss and to cope with the deficit. Browsing by the animal on the bushes or freshly loped trees is nutritionally advantageous as well as economical. The ground tree leaves can be incorporated in various feed formulations at appropriate levels for maintenance of goats (Karim 1995). The use of top feed-cum shade trees and shrubs should be maintained on pastures to supplement nutritious fodder during scarcity periods as well as to provide shade during the extremely hot weather conditions.

2.3.8 Use of Antioxidants and Electrolytes

The extreme climatic condition causes oxidative damage that includes the production of reactive oxygen species. The oxidative stress can be minimized through supplementation of antioxidants like vitamins C, E, and A along with mineral such as zinc (Mc Dowell 1989). Antioxidants also recycle vitamin E, vitamin C, and zinc which are known to scavenge reactive oxygen species during oxidative stress. Further, vitamin C assists in the absorption of folic acid by reducing it to tetrahydrofolate, the latter again acts as an antioxidant. Use of vitamin C along with electrolyte supplementation was found to relieve the animals of oxidative stress and boosts cell-mediated immunity (Sunil et al. 2010). The supplementation of electrolytes maintains the acid–base balance of the body and regulates its status in the blood (West 1999). The mineral mixture and antioxidant supplementation may protect the animals from the adverse effects of heat stress (Sejian et al. 2014).

2.3.9 Supplementation of Feed Additives

Yeast product supplementation plays an important role in digestibility of nutrients by altering the volatile fatty acids production in the rumen; decrease the production of ruminal ammonia, and increase in ruminal microorganism population. Live yeast was also reported as beneficial to small ruminant nutrition and production (Stella et al. 2007). Sodium carbonate (Na_2CO_3) and yeast may be added to adapt rumen to higher levels of concentrates and to stabilize rumen health from dietary modifications, which improve fiber digestion and energy utilization (Tripathi and Karim 2011). Supplementation of monensin, an ionophorous antibiotic, alleviates environmental temperature induced mineral imbalance and metabolism modulation. Waruiru (2006) observed significant effects of urea molasses block feeding in the control of gastrointestinal nematode parasitism and enhanced growth of young goats.

2.3.10 Dietary Fat Supplementation

Feeding of supplementary fat increases the energy density and also the heat load of the animal. In general, adding lipids to the diets of lactating animals is an alternative that increases the diet energy density, improves nutrient digestibility, and the performance of lactating animals (Palmquist and Mattos 2011). In addition, lipids improve fat-soluble vitamin absorption, supply fatty acids to the membranes of tissues, act as precursors of metabolic pathways, and increase certain fatty acids in milk fat, especially polyunsaturated fatty acids (Palmquist and Mattos 2011). Protected fat also allows the increase of polyunsaturated fatty acid concentrations (Sanz Sampelayo et al. 2002) that is a strategy to improve milk composition. Protected fat feeding under thermo-neutral conditions may offer particular advantages to intensively managed animals in warmer environments as well.

2.3.11 Complete Feeds Supplementation

It is an alternate feeding strategy used to formulate low-cost balanced ration especially during droughts and high rainfalls when the animals cannot graze and the availability of quality supplements is also poor. In this feeding strategy, utilization of nonconventional fibrous feeds and agro-industrial byproducts can be made efficiently and economically.

As per the availability of feed resources, different varieties of complete feed rations are formulated utilizing straw, fallen tree leaves, dry grass, pods, crop by-products, agro-industrial byproducts, etc. Patil et al. (2006) observed better growth rate in the kids weaned at 2 months of age as compared to kids weaned at 3–4 months of age when fed on complete feed diet having roughage to concentrate ratio 30:70 utilizing Khejri leaves and masor straw in equal proportion as a roughage source and local concentrate. Several experiments on feeding the complete feed on small ruminants increased the dry matter intake and also improved the nutritive value supporting a growth rate of 58–92 g/d with an optimum level of inclusion of various residues (Raghavan et al. 1990).

2.4 Reproductive Management

The application of assisted reproduction technologies enables the development of genetic up-gradation to augment the overall reproductive performance in Osmanabadi goats. The artificial insemination (AI) and embryo transfer techniques may enhance the selection differential while the technology of in vitro embryo production accelerates advancement by shortening the generation interval (Baldassarre and Karatzas 2004). The assisted reproduction technologies permit the animals of high genetic merit to produce more offspring, which may not be possible by natural breeding. In addition, the combination of other techniques such as hormonal synchronization of estrus and ovulation further enhances the production of offspring at any part of year irrespective of breeding seasonality in the goat (Baldassarre and Karatzas 2004). Application of these technologies may ensure appropriate reproductive efficiency in Osmanabadi goats (also see the Chap. 5 of volume 1)

2.4.1 Synchronization of Estrus and Ovulation

Synchronization of estrus and ovulation is a primary technique that facilitates the standard assisted reproductive protocols and influences the overall reproductive efficiencies in Osmanabadi goats. The foremost interest of estrus synchronization is to enhance the kidding rate and prolificacy during breeding or nonbreeding seasons (Bogdan et al. 2008). The synchronization practice facilitates the chance of increasing the efficiency of an animal's higher potential to produce by restricted mating or fixed time AI. Further, it reduces the time required for estrus detection, ensures the fertility and prevents the mortality rates at birth by avoiding breeding during unfavorable climatic conditions (Imasuen and Ikhimioya 2009; Ramukhithi et al. 2012). The principle of estrus synchronization in cycling goats is primarily the control of the luteal phase of estrous cycle by means of prostaglandins or its analogs to shorten luteal phase/induce luteolysis and the use of exogenous progesterone to prolong luteal phase, improving the ovulation synchronization among goats (Omontese et al. 2016). The estrus synchronization protocols used commonly in goats is described in Fig. 2.3.

In goats, heat stress decreases the plasma and follicular level of oestradiol by the reduced aromatase activity and luteinizing hormone receptor level which ultimately results in delayed ovulation (Ozawa et al. 2005) and low fertility. The progesterone-impregnated controlled intravaginal drug release (CIDR) device is an excellent progesterone-releasing system for estrus synchronization in seasonal anestrous goats during spring and summer (Jackson et al. 2014). The does treated with CIDR for a short period of 5–7 days with a single dose of prostaglandin-F2α (PGF2α) showed estrus characteristically within 48–72 h after removal of the device (Vilariño et al. 2011; Knights and Singh-Knights 2016). PGF2α and its analogs are familiar in estrus synchronize programs which controls luteal function and secreted by the nonpregnant uterus in goat after 16 days of estrus (Abecia et al. 2011). The administration of PGF2α after the withdrawal of CIDR, imitates the production of PGF2α by the uterus to lyses the corpus luetum and to initiate a fresh follicular phase (Fatet et al. 2011). Further, the administration of equine chorionic gonadotropin (eCG) encourages the ovulation in does during anestrous and also an efforts to enhance fecundity (Rahman et al. 2008). Therefore, synchronization of Osmanabadi goats with vaginal CIDRs along with an injection of eCG is expected to express the higher percentage of estrus and fertility during anestrus condition.

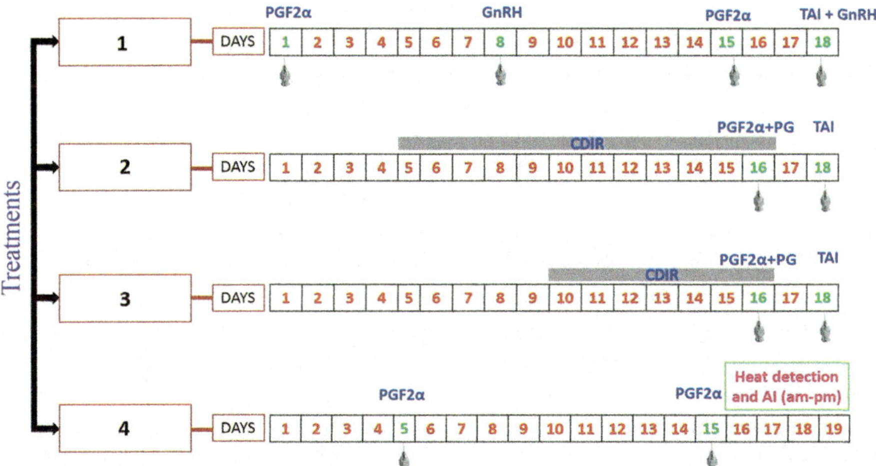

Fig. 2.3 Standard protocols for estrus synchronization in cycling goats PGF2α— Prostaglandin F2 Alpha; GnRH—Gonadotrophin Releasing Hormone; TAI—Timed Artificial Insemination; CDIR—Controlled Intravaginal Drug Releasing Devise; PG—Progesterone

2.4.2 Artificial Insemination

AI is another important reproductive management strategy, which ensures the pregnancy rate in Osmanabadi goats. The AI in goat is different from other large animals due to its smaller body structure, which does not have space for the rectal entry of the inseminator's arm in order to fix the cervix. For this reason, in goat, a lubricated speculum with a light source is used to open the vaginal cavity and to expose the cervix for the insemination. The cervical and transcervical inseminations are cost-effective, convenient, and low invasive techniques of AI in comparison to laparoscopic or intrauterine protocols. The insemination techniques also influence the rate of fertilization where vaginal insemination is successful in case of fresh semen, while intra-cervical insemination is performed for refrigerated and frozen-thawed semen. Consecutively, intrauterine deposition of semen is highly essential to accomplish a high rate of pregnancy (>70%) with frozen semen in goat (Chemineau and Cognie 1991).

2.4.3 Embryo Transfer

Embryo transfer technology is a vital means to advance the Osmanabadi goat production by faster rate with a prospect of utilizing the genetic contribution of both male and female. There are negligible reports on the application of embryo transfer in Osmanabadi goats. Embryo transfer offers huge scope for increasing the reproductive efficiency in goats (Choudhary et al. 2016). The end result of embryo transfer is affected by the embryo quality and intrinsic and extrinsic factors of the recipient such as breed, age, reproductive, and nutritional status of the animal. The embryo quality ensures the rate of survival with the stage of development of in vivo embryos where the transfer of blastocyst stages rather than morulae is well established in goat (Bari et al. 2003; Menchaca et al. 2016). The recipient female has to be ensured of its capability of luteal function with sufficient progesterone production for the development of both embryo and placentation. Superovulation is achieved by hormonal treatment for increasing the number of ova released from the ovary, which finally hastens the genetic improvement in any species. The response of superovulation depends on both intrinsic and extrinsic factors such as age, stage of cycle, season, nutritional status and option of gonadotrophins in goats (Wani et al. 2012). An exogenous follicle-stimulating gonadotrophin is administered, which imitates the effect of follicle-stimulating hormone (FSH) at the end of the luteal phase of the cycle (days 9–11) or around 48 h before the end of the synchronizing treatments (Nasar et al. 2008). The hormone treatments like eCG, FSH and pregnant mare serum gonadotrophin enhance the number of ovulation and FSH gives the best result of the recovery of more oocytes in goat (Pendelton et al. 1992). A single protocol regimen consisting of a dose of FSH combined with a moderate dose of eCG (80 µg FSH and 300 IU eCG) also yields more embryos as that of multiple dose (Baldassarre et al. 2002).

2.5 Health Management

Through, the goats in tropical and subtropical regions tend to breed throughout the year, the high environmental temperature coupled with high relative humidity impairs the reproductive functions of goats. On the other hand, as impaired reproduction is an outcome of negative energy balance in the body, proper feeding, health monitoring, and disease surveillance have to be taken care of on regular basis (Ozawa et al. 2005). Animals with compromised immune systems are more vulnerable to heat stress, so management of health status of the animals is equally important. Appropriate prophylactic measures should be taken for epidemic diseases such as, peste des petits ruminants (PPR), goat pox, foot and mouth disease (FMD) and enterotoxaemia that are common during HS in Osmanabadi herd, by administering suitable vaccines and medication. Commonly affecting viral diseases of Osmanabadi goats include goat pox, blue tongue, PPR and FMD. Brucella, anthrax, hemorrhagic septicemia, enterotoxaemia, footrot, and mastitis are the bacterial diseases commonly affecting the Osmanabadi goats. The endoparasitic diseases are caused by tapeworms, fluke worms, roundworms, coccidiosis while tick, mange, lice cause an ectoparasitic infestation in Osmanabadi goats.

Health management in Osmanabadi kids plays an import role in their body growth and development in hot humid tropical environment of India. Deworming is an important part of health management in Osmanabadi goats which start at the age of 1–2 months. First, the kids are dewormed against roundworms at the age of 1 month and repeated at the monthly interval for 6 months. After 6 months, until 1 year of age, the animals are dewormed once in 2 months. Deworming is followed once in every 3 months after crossing one year of age. For liver fluke and tapeworms, the animals have to be dewormed twice in a year. Once the new stock comes to a farm, the primary protective measure is to deworm and quarantine the animals. Commonly used deworming drug for ascarids is piperazine at the rate of 110 mg/kg body weight orally. Further, Fenbendazole and Albendazole are used at the dose rate of 5–10 mg/kg body weight orally for tapeworms and roundworm infection. For liver flukes and amphistome infection, Oxyclozanide is used at the dose rate of 10–15 mg/kg body weight orally. For ectoparasites, Ivermectin at the dose rate of 200 µg/kg body weight subcutaneously. Further, a simple feces examination is recommended as part of health management program to detect ova and parasites and their subsequent treatment.

Vaccination is to be followed routinely to prevent disease occurrence in Osmanabadi goat population. The routine vaccination schedule for Osmanabadi goats includes PPR and goat pox at the third month of age and repeated every 3 years and annually respectively. FMD and enterotoxaemia vaccination are done for Osmanabadi goats at the age of fourth month if the dams are vaccinated if not at 1st week of birth. Vaccination for Hemorrhagic septicemia, Black quarter, and Anthrax are to be given at sixth month and above age and revaccinated annually before the monsoon. However, the complete package for health management should include nutritional management, general husbandry, and environmental management in addition to the disease and parasitic management in goats.

2.6 Concluding Remarks

Sustaining Osmanabadi goat production in the changing climate scenario requires different amelioration strategies involving heat stress management, nutritional intervention, environmental modification, reproductive management and health management. In most cases, the combination of the above-listed strategies may yield rich dividend in terms of optimizing the production in this particular breed. The identified different thermo-tolerant genes in Osmanabadi goats should help policy makers to use them in developing a suitable breeding program to refine this breed using marker-assisted selection. These efforts can further increase the resilient capacity of this breed to cope up with the existing hot humid conditions, where these animals are generally distributed. While attempting to further refining this indigenous breed, equal importance should be given to both productive and adaptive traits which may help to sustain Osmanabadi goat production in the changing climatic condition. These efforts can ensure the livelihood securities of the poor and marginal farmers who rely on this particular breed in the hot humid tropical environmental condition in India.

References

Abecia JA, Forcada F, González-Bulnes A (2011) Pharmaceutical control of reproduction in sheep and goats. Vet Clin Food Anim Prac 27:67–79

Al-Tamimi HJ (2007) Thermoregulatory response of goat kids subjected to heat stress. Small Rumin Res 71(1):280–285

Bagath M, Sejian V, Archana SS et al (2016) Effect of dietary intake on somatotrophic axis–related gene expression and endocrine profile in Osmanabadi goats. J Vet Behav 13:72–79

Baldassarre H, Karatzas CN (2004) Advanced assisted reproduction technologies in goats. Anim Reprod Sci 82:255–266

Baldassarre HB, Wang N, Kafidi C et al (2002) Advances in the production and propagation of transgenic goats using laparoscopic ovum pick-up and in vitro embryo production technologies. Theriogenology 57(1):275–284

Banerjee D, Upadhyay RC, Chaudhary UB et al (2014) Seasonal variation in expression pattern of genes under HSP70: seasonal variation in expression pattern of genes under HSP70 family in heat- and cold-adapted goats (*Capra hircus*). Cell Stress Chaperon 19(3):401–408

Bari F, Khalid M, Haresign W et al (2003) Factors affecting the survival of sheep embryos after transfer within a MOET program. Theriogenology 59(5):1265–1275

Battini M, Barbieri S, Fioni L et al (2016) Feasibility and validity of animal-based indicators for on-farm welfare assessment of thermal stress in dairy goats. Int J Biometeorol 60(2):289–296

Beatty DT, Barnes A, Fleming PA et al (2008) The effect of fleece on core and rumen temperature in sheep. J Therm Biol 33(8):437–443

Bogdan L, Groza I, Ciupe S et al (2008) Research concerning estrus induction and synchronization in anestrous (out of season) goats. Veterinary Medicine 65(2):91–95

Burton H, Turner C (2003) Manure management: Treatment Strategies for Sustainable Agriculture, 2nd edn. Silsoe Research Institute, Lister and Durling Printers, Flitwick, Bedford, UK

Chemineau P, Cognie Y (1991) Training manual on artificial insemination in sheep and goats. FAO, Rome, Italy

Choudhary KK, Kavya KM, Jerome A et al (2016) Advances in reproductive biotechnologies. Vet. World 9(4):388–395

Delgadillo JA, Cortez ME, Duarte G et al (2004) Evidence that the photoperiod controls the annual changes in testosterone secretion, testicular and body weight in subtropical male goats. Reprod Nutr Dev 44(3):183–193

Dunn RJ, Mead NE, Willett KM et al (2014) Analysis of heat stress in UK dairy cattle and impact on milk yields. Environ Res Lett 9(6):1–11

Dutta TK, Rao SBN, Nawab Singh (2003) Technical report on Development and evaluation of milk replacers in kids under different geo-climatic regions of India. Central Institute for Research on goats, Makhdoom, Farah, Mathura, UP

Fatet A, Pellicer-Rubio MT, Leboeuf B (2011) Reproductive cycle of goats. Anim Reprod Sci 124:211–219

Godber OF, Wall R (2014) Livestock and food security: vulnerability to population growth and climate change. Global Change Biol 20(10):3092–3102

Gupta M, Kumar S, Dangi SS et al (2013) Physiological, biochemical and molecular responses to thermal stress in goats. Int J Livest Res 3(2):27–38

Hassanin SH, Abdalla EB, Kotby EA et al (1996) Efficiency of asbestos shading for growth of Barki rams during hot summer. Small Rumin Res 20(3):199–203

Imasuen JA, Ikhimioya I (2009) An assessment of the reproductive performance of estrus synchronised west African dwarf (WAD) does using medroxylprogestrone acetate (MPA). Afr J Biotechnol 8:103–106

Jackson CG, Neville TL, Mercadante VRG et al (2014) Efficacy of various five-day estrous synchronization protocols. Small Rumin Res 120:100–107

Jia W, Jia Z, Zhang W et al (2008) Effects of dietary zinc on performance, nutrient digestibility and plasma zinc status in Cashmere goats. Small Rumin Res 80(1):68–72

Karim SA (1995) Nutritional aspects of meat production. Animal Nutrition Workers Conference (December 7th–9th), Compendium I (Review papers), Bombay, pp 86–94

Kendall NR, Mackerzie AM, Tefler SB (2001) The effect of a copper cobalt and selenium sulphate soluble glass bolus given to grazing sheep. Livest Prod Sci 68(1):31–39

Knights M, Singh-Knights D (2016) Use of controlled internal drug releasing (CIDR) devices to control reproduction in goats. Anim Sci J 87:1084–1089

Knowles TG, Warriss PD, Vogel K (2014) Stress physiology of animals during transport. In: Granden T (ed) Livestock handling and transport: theories and applications. CABI, Nosworthy way, UK, pp 399–421

Kosgey IS, Okeyo AM (2007) Genetic improvement of small ruminants in low-input, smallholder production systems: technical and infrastructural issues. Small Rumin Res 70(1):76–88

Lopes LS, Martins SR, Chizzotti ML et al (2014) Meat quality and fatty acid profile of Brazilian goats subjected to different nutritional treatments. Meat Sci 97(4):602–608

Lu CD (1989) Effects of heat stress on goat production. Small Rumin Res 2(2):151–162

Mackenzie D (1993) Goat husbandry, 5th edn. Faber & Faber Ltd London, UK

McDowell LR (1989) Vitamins in animal nutrition: comparative aspects to human nutrition. Academic Press, London, pp 93–131

Menchaca A, Barrera N, dos Santos Neto PC et al (2016) Advances and limitations of *in vitro* embryo production in sheep and goats. Anim Reprod 13(3):273–278

Mohanarao GJ, Mukherjee A, Banerjee D et al (2014) HSP70 family genes and HSP27 expression in response to heat and cold stress in vitro in peripheral blood mononuclear cells of goat (*Capra hircus*). Small Rumin Res 116(2):94–99

Nasar A, Rahman A, Abdullah RB et al (2008) A review of reproductive biotechnologies and their application in goat. Biotechnology 7(2):371–384

Nienaber JA, Hahn GL (2007) Livestock production system management responses to thermal challenges. Int J Biometeorol 52(2):149–157

Omontese BO, Rekwot PI, Ate IU et al (2016) An update on oestrus synchronisation of goats in Nigeria. Asian Pac J Reprod 5(2):96–101

Osoro K, Ferreira LMM, García U et al (2017) Forage intake, digestibility and performance of cattle, horses, sheep and goats grazing together on an improved heathland. Anim Prod Sci 57 (1):102–109

Ozawa M, Tabayashi D, Latief TA et al (2005) Alterations in follicular dynamics and steroidogenic abilities induced by heat stress during follicular recruitment in goats. Reproduction 129(5):621–630

Palmquist DL, Mattos WRS (2011) Metabolismo de lipídeos. In: Berchielli TT, Pires AV, Oliveira SG (eds) Nutrição de Ruminantes. Jaboticabal, Funep, pp 299–322

Patil NV, Mathur BK, Patel AK et al (2006) Growth performance of arid breed kids weaned at different ages and received on complete feed block. In: Proceedings of animal nutrition workers association conference, SKUAT, Jammu, September 15–17, pp 78

Pellicer-Rubio MT, Leboeuf B, Bernelas D et al (2007) Highly synchronous and fertile reproductive activity induced by the male effect during deep anoestrus in lactating goats subjected to treatment with artificially long days followed by a natural photoperiod. Anim Reprod Sci 98(3):241–258

Pendelton RJ, Young CR, Rorie RW et al (1992) Follicle stimulating hormone versus pregnant mare serum gonadotrophin for superovulation of dairy goats. Small Rum Res 8(3):217–224

Raghavan GV, Krishna N, Reddy MR (1990) On farm research on the utilization of crop residues. In: Proceedings of the small ruminant production in India by the year 2000, 13–17 November, 1990, Tirupati, India

Rahman ANMA, Abudullah RB, Khadijah WEW (2008) A review of reproductive biotechnologies and their application in goat. Biotechnology 7(2):371–384

Ramukhithi FV, Nedambale TL, Sutherland B et al (2012) Oestrous synchronisation and pregnancy rate following artificial insemination (AI) in South African indigenous goats. J Appl Anim Res 40(4):292–296

Renaudeau D, Collin A, Yahav S et al (2012) Adaptation to hot climate and strategies to alleviate heat stress in livestock production. Animal 6(5):707–728

Sanz Sampelayo MR (2002) Effects of concentrates with different contents of protected fat rich in PUFAs on the performance of lactating Granadina goats. 1. Feed intake, nutrient digestibility, N and energy utilization for milk production. Small Rumin Res 43(2):133–139

Sejian V, Valtorta S, Gallardo M et al (2012) Ameliorative measures to counteract environmental stresses. In: Sejian V, Naqvi SMK, Ezeji T, Lakritz J, Lal R (eds) Environmental stress and amelioration in livestock production. Springer-Verlag GMbH Publisher, Germany, pp 153–180

Sejian V, Singh AK, Sahoo A et al (2014) Effect of mineral mixture and antioxidant supplementation on growth, reproductive performance and adaptive capability of Malpura ewes subjected to heat stress. J Anim Physiol Anim Nutr 98(1):72–83

Sejian V, Bagath M, Parthipan S et al (2015a) Effect of different diet level on the physiological adaptability, biochemical and endocrine responses and relative hepatic HSP70 and HSP90 genes expression in Osmanabadi kids. JAgricSciTechnol A5:755–769

Sejian V, Samal L, Haque N et al (2015b) Overview on adaptation, mitigation and amelioration strategies to improve livestock production under the changing climatic scenario. In: Sejian V, Gaughan J, Baumgard L, Prasad CS (eds) Climate change impact on livestock: adaptation and mitigation. Springer-Verlag GMbH Publisher, New Delhi, India, pp 359–398

Sejian V, Kumar D, Gaughan JB et al (2017) Effect of multiple environmental stressors on the adaptive capability of Malpura rams based on physiological responses in a semi-arid tropical environment. J Vet Behav 17:6–13

Shaji S, Sejian V, Bagath M, Mech A, David ICG, Kurien EK, Varma G, Bhatta R (2016) Adaptive capability as indicated by behavioral and physiological responses, plasma HSP70 level and PBMC HSP70 mRNA expression in Osmanabadi goats subjected to combined (heat and nutritional) stressors. Int J Biometeorol 60:1311–1323

Shaji S, Sejian V, Bagath M et al (2017) Summer season related heat and nutritional stresses on the adaptive capability of goats based on blood biochemical response and hepatic HSP70 gene expression. Biol Rhythm Res 48(1):65–83

Sophia I, Sejian V, Bagath M et al (2016a) Quantitative expression of hepatic toll-like receptors 1–10 mRNA in Osmanabadi goats during different climatic stresses. Small Rumin Res 141:11–16

Sophia I, Sejian V, Bagath M et al (2016b) Influence of different environmental stresses on various spleen toll like receptor genes expression in Osmanabadi goats. Asian J Biol Sci 10(4–5):224–234

Stella AV, Paratte R, Valnegri L et al (2007) Effect of administration of live Saccharomyces cerevisiae on milk production, milk composition, blood metabolites, and faecal flora in early lactating dairy goats. Small Rumin Res 67(1):7–13

Sunil Kumar BV, Singh G, Meur SK (2010) Effects of Addition of electrolyte and ascorbic acid in feed during heat stress in buffaloes. Asian-Aust J Anim Sci 23(7):880–888

Toussaint G (1997) The housing of milk goats. Livest Prod Sci 49(2):151–164

Tripathi MK, Chaturvedi OH, Karim SA et al (2007) Effect of different levels of concentrate allowances on rumen fluid pH, nutrient digestibility, nitrogen retention and growth performance of weaner lambs. Small Rumin Res 72(2):178–186

Tripathi MK, Karim SA (2011) Effect of individual and mixed yeast culture feeding on growth performance, nutrient utilization and microbial protein synthesis in lambs. Anim Feed Sci Technol 155(2):163–178

Vilariño M, Rubianes E, Menchaca A (2011) Re-use of intravaginal progesterone devices associated with the short-term protocol for times artificial insemination in goats. Theriogenology 75:1195–1200

Wani AR, Khan MZ, Sofi KA et al (2012) Effect of cysteamine and epidermal growth factor (EGF) supplementation in maturation medium on in vitro maturation, fertilization and culturing of embryos in sheep. Small Rumin Res 106:160–164

Waruiru RU (2006) The influence of supplementation with urea molasses blocks on weight gain and nematode infection of dairy calves in central Kenya. Vet Res Commun 28(4):307–315

West JW (1999) Nutritional strategies for managing the heat stressed dairy cow. J Anim Sci 77 (2):21–35

Chapter 3
Barbari Goats: Current Status

Pramila Umaraw, Akhilesh K. Verma and Pavan Kumar

Abstract Barbari goats are an integral component of livestock rearing in SAARC countries, i.e., India, Sri Lanka, Pakistan, Nepal, Bhutan, Maldives, Myanmar, and Afghanistan, as they supplement livelihood of landless and marginal farmers. They play a vital role in uplifting the socioeconomic status of these farmers. It is a medium-sized, dual-purpose (meat and milk) goat known for its adaptability over a wide range of agro-climatic environments. They have good feed conversion efficiency, reproductive efficiency, high fecundity (twining and tripling), milking performance, produce the choicest meat with high nutritional value and seem to present strong innate resistance against various bacterial and parasitic diseases. These characteristics make Barbari a suitable goat breed for commercial farming as well as rearing in arid and semiarid regions. This chapter addresses all these subjects, emphasizing Indian regions, whereas goat numbers assume a high importance.

3.1 Introduction

Goats make an important integral component of livestock around the world and specially play a pivotal role in livelihoods of farmers in developing countries. The relationship between man and goats is very old and can be traced to as old as about 10,000 years. Archaeological evidences from Jerico suggest that goats were among the first farm animals to be domesticated in Fertile Crescent region of the Middle East (Zeuner 1963; Luikart et al. 2001) and from here, they were disseminated

P. Umaraw (✉)
Indian Veterinary Research Institute, Izatnagar, Uttar Pradesh 243122, India
e-mail: pramila1303@gmail.com

A. K. Verma
Institute of Para-Veterinary Science, DUVASU, Mathura, Uttar Pradesh 281001, India

P. Kumar
College of Veterinary Science and Animal Husbandry GADVASU,
Ludhiana 141004, Punjab, India

© Springer International Publishing AG 2017
J. Simões and C. Gutiérrez (eds.), *Sustainable Goat Production in Adverse Environments: Volume II*, https://doi.org/10.1007/978-3-319-71294-9_3

throughout the globe. The wider acceptability of the goat as an important domestic livestock is attributed to its high prolificacy and adaptability under various climatic environments and noncompetitiveness for food (Aziz 2010).

Archaeological excavations from Mohenjo-daro in Sindh and Harappa sites in Punjab province, currently Pakistan, have shown early evidences of domestication of various animals including goats. However, some studies of archaeological evidences of Mohenjo-daro and Harappa sites reveal the possible role of colonist farmers in the domestication of goat and later by integration of colonist farmers with indigenous foraging groups. In India, goat is considered as a very important livestock in the rural economy and widely called as poor man's cow due to its significant role in the livelihood of small and marginal farmers.

In India, goats are distributed into four major geographical regions, viz., temperate Himalayan region, northwestern region, southern peninsular region, and eastern region and can also be divided into large, medium, and small breeds (Acharya 1982). Goats can also be classified based on production parameters such as milk breeds (goats reared mainly for milk production), meat breeds (goats reared for meat production), and dual-type breeds (goats reared for milk and meat production). Among various goat breeds, Barbari is a very important medium-sized dual-purpose goat known for its adaptability over a wide range of agro-climatic environments. The present chapter addresses the full characteristics of Barbari goats and their production in the Indian context.

3.2 Origin and Characteristics

Barbari breed falls under dwarf dual-purpose breed which gets its name from the place of its origin, an East African city Barbera in Somaliland. From Somaliland, it was thought to be introduced in India by traders. However, some authors do not agree with this concept and suggest its origin in India and Pakistan. It is a small-sized breed and very suitable for rearing under restricted or stall-feeding conditions under commercial rearing. Traditionally, the breed feeds on grazing crops (such as barseem, maize, millets, barley, straw, etc.) and tree leaves. In stall-feeding practices, the goat attains higher body weight as compared to the goat reared only on grazing. In addition to meat, it is also known for milk potential. The breed is distributed in the northwestern arid and semiarid regions of India and falls under one of the 23 registered goat breeds in the country (Attapaddy Black, Barbari, Beetal, Berari, Black Bengal, Changthangi, Chegu, Gaddi, Ganjam, Gohilwadi, Jamnapari, Jhakhrana, Kanni Adu, Konkan Kanyal, Kutchi, Malabari, Marwari, Mehsana, Osmanabadi, Sangamneri, Sirohi, Surti, and Zalawadi goats). It is found in Agra, Mathura, Etah districts of Uttar Pradesh, Bharatpur district of Rajasthan as well as Gujarat in India. In Pakistan, its presence can be noticed in Jhelum and Sargodha districts of Punjab province.

It is a highly prolific breed having about 65% twining rate, 25% singles, and 10% triplets. Commonly kidding occurs twice in 12–15 months. Barbari's body size is small and compact (Fig. 3.1), which makes it very suitable for stall-feeding. The animal is usually shown to be very alert and attractive with bulged eyes attributing to its prominent orbital bone. The coat color varies but most prominent one is white with engraved small light-brown to tan patches, making it look similar to deer. Their ears are tubular in shape almost double with slit opening in front, small in size, erect, and directed upward and backward. As compared to Barbari doe, large thick beard is present in bucks. Udders in Barbari does are well set with conical teats. Medium length, twisted horns with upward and backward orientation can be seen in both male and female goats of Barbari breed. The average body weight of an adult Barbari buck is 37.9 and 22.6 kg for doe, making the breed suitable for rearing for meat purpose. The performance of breed is good on milk production with average daily milk yield ranging between 750 and 1000 ml milk, with 5% fat in 150 days of lactation length (average).

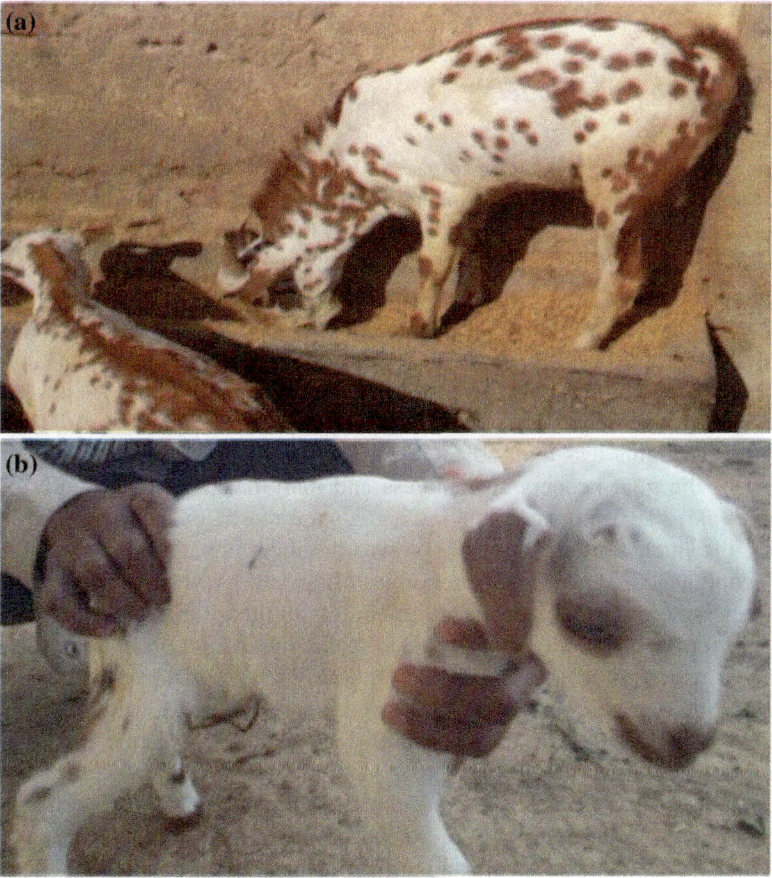

Fig. 3.1 Typical adult (**a**) and kid (**b**) Barbari goat (provided by the authors)

3.3 Significance

Goats play an important role in the rural economy of India as well as in other SAARC countries (Sri Lanka, Pakistan, Nepal, Bhutan, Maldives, Myanmar, and Afghanistan). Barbari goats are famous for superior meat qualities and triple kidding. The goat attains maturity early, very well adapted to different climatic conditions and resistant to common goat diseases. The feed conversion ratio (FCR), an important parameter determining the profitability of goat farming, for Barbari goat is better than other local goat breeds. The higher prolificacy as well as common twinning and two kidding in 12–15 months make its rearing suitable for meat purpose as well. The good milk yields by Barbari doe are sufficient for rearing its kids and thus very low mortality is observed in Barbari kids when compared to other goat breeds. This leads to availability of sufficient stock of this animal for meat purpose. For rearing commercial meat purpose, bucks are castrated at an early age to prevent goaty odor and inducing fattening.

3.3.1 Economic Impact

Goat rearing has a great positive impact on socioeconomic conditions of people of developing countries, especially Asia and Africa. Asia ranks top in the overall goat numbers (59.4%) and production (70.7% meat) (Skapetas and Bampidis 2016). Still largely it is followed by small and marginal farmers as a subsidiary business for earning extra money. The goat rearing is mainly dominated in India and Pakistan, with India possessing largest goat population with its 135.173 million goats (DAHD 2012). As per 19th Livestock Census, goat makes up to 26.4% of total animal and Barbari goats constitute 4.6% of total goat population. As per estimates of the survey, the majority of Barbari goat population is graded and pure breed population accounts less than 40% (Breed Survey 2013).

Most of the goat keepers are landless and marginal farmers. A study by Brajj Mohan et al. (2015) indicated that 78% goats are reared by marginal and landless farmers, of which Barbari/Barbari type was the most prevalent breed. Singh et al. (2011) conducted a study on the economics of Barbari as well as local goat farming of different size groups such as small, medium, and large in Agra District of Uttar Pradesh, India in 2010. The study concluded that the overall profitability of Barbari goat breed was significantly higher than the net income generated from local goat breeds and that the margins of profit showed increasing trends with the increase in the size of herds; highest for the large herd size and smallest for the small herd size. The average net income for Barbari goat was reported 290 rupees higher than other local goat breeds, which can be considered as a significant amount in rural economic fabrics of India. Edible by-products of Barbari goats constitute about 3% of carcass weight; proper harvesting and utilization can increase the saleable cost of an animal by 6.9% (Umaraw 2013).

3.3.2 Goat Milk

Globally, an increasing trend in milk production from goat has been observed, with 39.2% increase in goat milk production between 2000 and 2012. At regional level, Europe has been recorded with lowest and Oceania with the highest (with 71.4% growth rate) increase in goat milk production (Skapetas and Bampidis 2016). The actual amount of goat milk production is considered much higher than the official statistics, as a vast amount of goat milk is consumed at domestic level and is, consequently, largely unreported (Haenlein 2004). India, with its largest goat population, ranks first in goat milk production with 3.4% of total world goat milk production. Bangladesh, Pakistan, and Sudan are other major goat milk producing countries. The production of milk from goats is considered very economical with reasonable subsidiary income source due to their adaptation under harsh climatic conditions and ability to strive on very limited natural resources. Goats are significant contributor to the global milk supply and rank as the third important source of milk. The demand for goat milk has been increasing, mainly attributed to the rising domestic consumption, higher demand for goat milk products in developed countries, and medicinal or associated health benefits of goat milk consumption (Haenlein 2004). Goat milk has several benefits as it is rich in minerals (calcium, phosphorus, and magnesium), small size of fat globules, good digestibility, positive impact on immune system due to conjugated linoleic acid and medium-chain triglycerides, higher amount of taurine, among others. All these features make it beneficial for consumption by people suffering from gastrointestinal disorders, cardiovascular diseases, and allergy. Goat milk seems to be important also for prevention of cardiovascular diseases, cancer, or allergy and it is used for the stimulation of immunity. Goat milk is recommended for infants, old aged, convalescent, and people having cow milk allergy. Consumption of goat meat is associated with enhanced nutrient absorption and improved digestibility.

Kala and Prakash (1990) have reported that peak yield in Barbari doe is attained in the second 2-week period. Breed, year and season of kidding, parity, and stage of lactation significantly affected milk constituents. Fat and protein contents increased and lactose and average daily milk yield decreased with advancing stage of lactation. Fat and protein contents were negatively and lactose content was positively correlated with milk yield. Heritability estimates of milk yield and constituents in the Barbari and Jamunapari ranged from medium to high (0.22 for SNF to 0.48 for TS).

Prasad and Sengar (2002), based on their study on 115 does of Barbari and their crosses, reported increased milk production in Barbari x large-sized goat breed cross, while lower milk production in Barbari x small-sized goat breed cross as compared to Barbari x Barbari cross. Goat milk possesses goaty odor attributed to higher fractions of short- and medium-chain fatty acids (Tziboula-Clarke 2003). Its odor is acceptable; taste is salty and forms soft curd (Agnihotri and Prasad 1993; Park 2007). Although milk composition and quality is affected by climatic conditions, stage of lactation, feed, breeds, etc., milk from Barbari goat has been observed to show less variations (Olechnowicz and Sobek 2008).

3.3.3 Goat Meat

Goat meat is red in color and preferred in several regions over other meat due to associated health benefits and sensory attributes. With proper feeding and housing plan, Barbari goat showed rapid weight gain and higher meat yield. The dressing percentage of Barbari goat has been recorded between 41.5 and 45.2%, depending mostly on the nutritional management and growth rate (Sebsibe and Mathur 2000). The nutritional value of Barbari meat is considered as high.

Goat slaughter by-products can be a source of extra income in addition to mitigating the problem of waste disposal, if utilized efficiently. Umaraw et al. (2015a) noted that edible by-products of Barbari kids constitute about 3% of the live weight. Percentagewise, in live goat, liver contributed largest weight (1.5%) followed by testicles (0.71%) and heart (0.4%) whereas in carcass, these three organs contribute about 3.6, 1.7, and 1.0%, respectively. The nutritional value of edible by-products is also considered as good. They have high mineral content and desirable fatty acid content. Polyunsaturated fatty acids/ saturated fatty acids (PUFA/SFA) ratio of liver is 0.49, which is quite similar to the recommended level (0.45), while spleen (3.33), brain (0.29), and testicles (0.71) have favorable n6/n3 ratio, i.e., less than five (Raes et al. 2004; Umaraw et al. 2015b).

The expression of heat shock protein (HSP) is considered as a potential indicator for adaptation in harsh climatic conditions and a strong correlation between HSP induction and inhibition of stress kinase for better heat control has been established (Gabai et al. 1997; Hansen 2004; Sharma et al. 2013). Dangi et al. (2014) postulated that among the four HSP genes in the Barbari goat, HSP70 played the most dominant role in protecting cells from damage due to thermal stress, and recommended it as an important molecular biomarker for detecting early phase of climatic stress, and HSP60 and HSP105/110 as biomarkers for late phase of heat stress in goat farming.

3.4 Housing

Generally, for goat, high roof sheds are recommended. The material should be fireproof. The cost of housing further decreases by utilizing locally available tradition raw materials such as reeds, hay thatches, bamboo sheets, etc. Besides cost reduction, these materials also help in reducing temperature in the house during summer. Under hot-arid climatic zones, the goat farm should be constructed facing east–west so as to get proper air circulation, light and thus controlling environment. Another approach adopted in this climatic zone is the construction of open-type sheds, but these types of sheds are not suitable for rainy seasons. On an average, a shelter of 5–6 m is sufficient for goats and the length of shelter varies with the number of goats in a flock. For adult goat, about 40–50 ft^2 area as running passage and 16–17 ft^2 shed area. The height of goat housing depends upon the prevailing climatic conditions and in hot-arid regions, but it is preferred to have 3–5 m height for proper ventilation and controlling the temperature inside shed. The roof of the shelter can be flat of A type, however, A-type shelters are preferred due to several advantages over the flat-shaped roof. A-type shelters are suitable for all weather conditions as compared to flat types which are only suitable for cold climate. A-type shelters cast their shadow, prevent heat builds up, and prevent solar radiation.

For roofing, the traditional material is preferred due to cost advantages, but it is advisable to have tar-coated fireproof roof to prevent any fire-related accident. It is desirable to keep the surrounding green so as to avoid heating, facilitate good ventilation, protection from direct hot winds in addition to supply of forage. Eastern and western sides of sheds should be covered up to 1 m height and may be painted white outside and colored inside the shed for reflection of light and decrease the temperature inside shed. The outer white color itself significantly reduces the internal temperature of the shed up to 12–22 °C and considered as a good mechanism for cooling. For intensive commercial rearing of 100 goats, 1-acre land is required for fodder/green pasture. The house should be kept dry and dampness should be avoided for maintaining proper health of goats. The floor should be made up of bricks, cement, or simply soil and on floor, it is recommended to spread dry straw or hay for preventing it getting slippery.

Goat housing can also be made over bamboo or wood poles with floor height measuring 1–1.5 m from ground. The main advantage of such housing is that it keeps surface dry and avoids dampness, it is very easy to clean and helps to maintain the goat disease-free. Concrete housing system is capital for intensive managements, it is easy to clean, provide better security to goats from wild animals and it is easier for maintenance. The space requirement of goat varies with body weight and size and for housing 10 small-sized goats, a house of 1.8 m × 1.8 m × 2.5 m is appropriate. For an adult goat, 0.75 m × 4.5 m × 4.8 m space is sufficient. However, it is desirable to house nursing and pregnant goats separately.

3.5 Feeding and Nutrition

Goats are hardy animal and can survive well in adverse conditions. Their unique browsing habit makes them suitable for arid and semiarid regions. Their strong jaws help them to feed on prickly and thorny bushes, tannin-rich leaves, and others that are not eaten by other livestock (Sharma et al. 1998). Seasonal variation in browsing behavior was studied by Sharma et al. (1998). The study revealed distinct diurnal feeding and preferential grazing with seasonal variation in time spent in browsing and foraging. Goats spent more time in browsing during summers and rainy season and foraging in winters. During browsing, they preferred *Acacia nilotica* over *Leucaena leucocephala* and *Cenchrus ciliaris*.

Unconventional concentrates are also being explored for inexpensive complete feeding. *Leucaena leucocephala* at the rate of 30% of total dry matter intake can be a potential protein source in Barbari diet (Dutta et al. 1999). Mustard cake was successfully replaced by Leucaena leaf meal at the rate of 30% without affecting nutrient utilization in Barbari ration (Samanta et al. 2003). Poultry litter can also be an economical substitute for concentrates. Nadeem et al. (1993) successfully replaced 20% cottonseed cake with poultry litter in Barbari ration. Sun-dried azolla incorporated in concentrate ration improved the average milk production (mL/day) by 19.8% (Kumar et al. 2016a).

Concentrate mixture fortified by *Dactyloctenium aegypticum, Cenchrus ciliaris,* and *Tephrosia purpurea* was used to form complete pellet feed for Barbari kids (Tripathi et al. 2014). Extruded pellets significantly increased weight gain in kids (Reddy et al. 2012). *Saccharomyces cerevisiae* cultures have also been goat ration to improve nutrient utilization. Nehra et al. (2014) reported that stimulated growth in Barbari kids fed with green gram straw-based feed blocks was supplemented with *S. cerevisiae*. However, supplementing *S. cerevisiae* with wheat bran produced no significant difference in yield or growth of lactating does (Kumar et al. 2016b). Feeding of low-protein and high-energy diet (crude protein 12%; total digestible nutrients 60%) pelleted feed produced better growth rate and quality (carcass and meat) traits in Barbari kids (Dutta et al. 2009).

Feeding regime also significantly affects reproductive performance of Barbari goats. Sachdeva et al. (1973) reported that twinning percentage was highest in high-energy-cum-high-protein diet (47.5% twins) followed by high-energy-cum-medium protein (45.3%). Animals fed on such diet had shorter kidding intervals with an average of 2 and 1.5 kids per doe per year.

3.6 Breeding

Breeding management is a very important aspect of livestock rearing. Onset of puberty in does occurs at 213 days, while bucks mature at 18 months (approx.) of age (Greyling 2010). Barbari is a prolific breed with high twining and tripling rate. It has increased reproductive efficiency due to high ovulation rate (Srivastava and Pandey 1981). Ovulation rate is the average number of matured ova liberated during the estrous cycle. Barbari does are spontaneous ovulators with an ovulation rate of 1.43 (Greyling 2010). High ovulation rate is an indicator of high prolificacy and prenatal mortality is lower in twin ovulators. Barbari goat shows maximum kidding rate in fourth parity (Prasad et al. 1972). Extrinsic factors such as feed and environment also affect reproductive efficiency. The frequency of twining or triplets is substantially increased in winter (59%) than in summer (49.1%), probably due to the availability of high-quality fodder. In this breed, mean *postpartum* anestrous period is 56.0 ± 5.1 days in first kidding and 45.2 ± 5.8 in other parities (Greyling 2010).

3.7 Disease Management

Common diseases of concern in a Barbari flock are enterotoxaemia, PPR, goat pox, pneumonia, colibacilosis, foot rot, FMD, diarrhea, orf, and parasitic diseases. However, Barbari goat is naturally resistant to many diseases and parasite infestation such as gastrointestinal nematodes (Chauhan et al. 2003). Vaccination and deworming schedule for Barbari goats are presented in Tables 3.1 and 3.2.

Although these diseases are common, they can be prevented by good management practices such as providing hygienic sheds, potable water, uncontaminated feed and fodder, regular deworming by using rotational antiparasitic drugs to avoid development of drug resistance, time-to-time monitoring of fecal samples for gastrointestinal infection, and scheduled vaccination.

Table 3.1 Vaccination schedule for Barbari goats in India

Disease	Primary vaccination	Regular vaccination
Anthrax	180+ days	Annually in endemic areas
Hemorrhagic septicemia[a]	180+ days	Annually before monsoon
Black quarter[a]	180+ days	Annually before monsoon
Foot and mouth disease[a]	120+ days	Twice in a year
Peste des petits ruminants	90+ days	Every 3 years
Goat Pox	90+ days	Annually
Enterotoxaemia	120+ days, if dam vaccinated At 7 days, if dam unvaccinated	Annually before monsoon Booster 15 days after primary and every regular dose

[a]Due to practical point of view, hemorrhagic septicemia, black quarter, and foot and mouth disease regular vaccination can be programmed annually before monsoon with primary vaccination at 180+ days

Source Dr. Dharanjay P. Bhoite, Programme assistant Krishi Vigyan Kendra, Baramati (personal communication)

Table 3.2 Deworming schedule of Barbari goats in India

Parasite	Deworming schedule
Roundworm	Once in a month from 1 to 6 months of age Once in 2 months from 6 to 12 months of age Thrice in a year (June, October, and March) after 1 year of age
Liver fluke	Twice in a year, i.e., May and October in prevalent areas
Tapeworm	Twice in a year, i.e., January and June in kids in problematic flocks

Source Dr. Dharanjay P. Bhoite, Programme assistant Krishi Vigyan Kendra, Baramati (personal communication)

3.8 Concluding Remarks

Barbari goats are an important component of livestock and source of livelihood in semiarid region in those countries where they are raised. It is the major source of income of majority landless and marginal farmers due to its hardy, tolerant nature, and minimal requirements.

This breed has greater potential. Its high-quality milk and meat with high fecundity, lower mortality, and good reproductive performance make it suitable for commercial farming. This commercial farming of Barbari goats can bring quick returns with minimal investment. Herd size can also be increased with proper management practices. Thus, it can be concluded that Barbari goat is a promising livestock for rearing in arid and semiarid regions.

References

Acharya RM (1982) Sheep and goat breeds of India. Animal Production and Health FAO, Rome, 30

Agnihotri MK, Prasad VSS (1993) Biochemistry and processing of goat milk and milk products. Small Ruminant Res 12:151–170

Aziz MA (2010) Present status of the world goat populations and their productivity. Loh Inform 45(2):42

Breed Survey (2013) Estimated livestock survey breed wise

Brraj Mohan A, Dixit K, Singh K et al (2015) Small farm goat production in semi-arid region of Uttar Pradesh. J Extention Edu 27(2):0001

Chauhan KK, Rout PK, Singh PK et al (2003) Susceptibility to natural gastro-intestinal nematode infection in different physiological stages in Jamunapari and Barbari goats in the semi-arid tropics. Small Rumin Res 50(1):219–223

DAHD (2012) 19th Indian livestock census: all India report. dahd.nic.in/documents/statistics/livestock-census

Dangi SS, Gupta M, Nagar V et al (2014) Impact of short-term heat stress on physiological responses and expression profile of HSPs in Barbari goats. Int J Biometeorol 58(10):2085–2093

Dutta N, Sharma K, Hasan KZ (1999) Effect of supplementation of rice straw with *Leucaena leucocephala* and *Prosopis cineraria* leaves on nutrient utilization by goats. Asian Austr J Anim Sci 12(5):742–746

Dutta TK, Agnihotri MK, Sahoo PK et al (2009) Effect of different protein–energy ratio in pulse by-products and residue based pelleted feeds on growth, rumen fermentation, carcass and sausage quality in Barbari kids. Small Rumin Res 85(1):34–41

Gabai VL, Meriin AB, Mosser DD et al (1997) Hsp70 prevents activation of stress kinases: a novel pathway of cellular thermotolerance. J Biol Chem 272:18033–18037

Greyling J (2010) Applied reproductive physiology. Goat Sci Prod 141,143,145,147

Haenlein GFW (2004) Goat milk in human nutrition. Small Rumin Res 51:155–163

Hansen PJ (2004) Physiological and cellular adaptations of *Zebu* cattle to thermal stress. Anim Reprod Sci 82:349–360

Kala SN, Prakash B (1990) Genetic and phenotypic parameters of milk yield and milk composition in two Indian goat breeds. SmallRumin Res 3:475–484

Kumar M, Dutta TK, Chaturvedi I (2016a) Effect of probiotics supplementation on live weight in lactating Barbari goats. J Biol Sci Med 2(3):24–30

Kumar R, Tripathi P, Chaudary UB et al (2016b) Replacement of concentrate mixture with dried Azolla on milk yield and quality in Barbari does. Anim Nutri Feed Technol 16(2):317–324

Luikart G, Gielly L, Excoffier L et al (2001) Multiple maternal origins and weak phylogeographic structure in domestic goats. PNAS 98(10):5927–5932

Nadeem MA, Ali A, Azim A et al (1993) Effect of feeding broiler litter on growth and nutrient utilization by Barbari goats. AJAS 6(1):73–77

Nehra R, Sharma T, Dhuria RK et al (2014) Effect of feeding green gram straw-based complete feed blocks with or without live yeast (*Saccharomyces cerevisiae*) supplementation in ration of goats. Anim Nutr Feed Technol 14:321–328

Olechnowicz J, Sobek Z (2008) Factors of variation influencing production level, SCC and basic milk composition in dairy goats. J Anim Feed Sci 17:41–49

Park YW (2007) Hypoallergenic and therapeutic significance of goat milk. Small Rumin Res 14:151–159

Prasad H, Sengar OPS (2002) Milk yield and composition of the Barbari goat breed and its crosses with Jamunapari, Beetal and Black Bengal. Small Rumin Res 45:79–83

Prasad SP, Roy A, Pandey MD (1972) Live weights, growth in Barbari kids up to one year old age. Agra Univ J Res (Science) 20:45–54

Raes K, De Smet S, Demeyer D (2004) Effect of dietary fatty acids on incorporation of long chain polyunsaturated fatty acids and conjugated linoleic acid in lamb, beef and pork meat: a review. Anim Sci Tech 113:199–221

Reddy PB, Reddy TJ, Reddy YR (2012) Growth and nutrient utilization in kids fed expander-extruded complete feed pellets containing red gram (*Cajanus cajan*) straw. Asian-Austral J Anim Sci 25(12):1721–1725

Sachdeva KK, Sengar OPS, Singh SN et al (1973) Studies on goats: i effect of plane of nutrition on the reproductive performance of does. The J Agricul Sci 80(3):375–379

Samanta AK, Singh KK, Das MM et al (2003) Effect of complete feed block on nutrient utilization and rumen fermentation in Barbari goats. Small Rumin Res 48:95–102

Sebsibe A, Mathur MM (2000) Growth and carcass characteristics of Barbari kids as influenced by concentrate supplementation: the opportunities and challenges of enhancing goat production in East Africa. In: Proceedings of a conference held in Debub University, Awassa, Ethiopia from November 10

Sharma K, Saini AL, Singh N et al (1998) Seasonal variations in grazing behaviour and forage nutrient utilization by goats on a semi-arid reconstituted silvipasture. Small Rumin Res 27(1): 47–54

Sharma S, Ramesh K, Hyder I et al (2013) Effect of melatonin administration on thyroid hormones, cortisol and expression profile of heat shock proteins in goats (*Capra hircus*) exposed to heat stress. Small Rumin Res 112:216–223

Singh SP, Singh AK, Prasad R (2011) Economics of goat farming in agra district of Uttar Pradesh. Ind Res J Ext Edu 11(3):0001

Skapetas B, Bampidis V (2016) Goat production in the World: present situation and trends. Livestoc Res Rural Develop 28(11):0001

Srivastava VK, Pandey MD (1981) Note on the effect of ovulation rate and age on prenatal mortality in Barbari breed goats. Ind J Anim Sci

Tripathi P, Dutta TK, Tripathi MK et al (2014) Preparation of complete feed pellet from monsoon herbages (*Dactylotennium aegypticum, Cenchrus ciliaris* and *Tephrosia purpurea*) and its utilisation in kids. Ind J Small Rumin 20(1):31–36

Tziboula-Clarke A (2003) Encyclopedia of Dairy Science, vol 2. Academics Press, California, USA

Umaraw P (2013) Studies on quality evaluation of some important edible by-products of Barbari goat kid (*Capra hircus*). M. V. Sc. thesis submitted to College of veterinary science and Animal husbandry, DUVASU, Mathura, U.P. India

Umaraw P, Pathak V, Rajkumar V et al (2015a) Microbial quality, instrumental texture and colour profile evaluation of edible byproducts obtained from Barbari goats. Vet World 8(1):97–102

Umaraw P, Pathak V, Rajkumar V et al (2015b) Assessment of fatty acid and mineral profile of Barbari kid in *longissimus lumborum* muscle and edible byproducts. Small Rumin Res 132:147–152

Zeuner FE (1963) A history of domesticated animals. Harper & Row Publishers, New York, p 560

Chapter 4
Chinese Indigenous Goat Breeds

Yao-jing Yue, Bo-hui Yang, Yong-jun Li, Wei Zhang,
Hong-pin Zhang, Jian-min Wang and Qiong-hua Hong

Abstract Goats are one of the world's oldest domesticated animals and the most widely distributed livestock around the world. China has enormous land suitable for goat production and its goat population was about 140 million in 2013, which makes China as the largest goat production country in terms of total output of cashmere, meat, and hides. In this chapter, we review the origin, evolution and genetic diversity of indigenous goat breeds present in China, and a brief introduction of some special indigenous goat breeds in the country is also given. China owns a great variety of indigenous goat genetic resources. Four mtDNA lineages A-D were found in Chinese goat breeds, supporting the multiple maternal origins of domestic goats, being the haplogroups A and B the dominant and distributed in nearly all breeds. There are more than 70 goat breeds in the country, including 58 indigenous breeds, seven improved breeds, and five introduced breeds. With the development of modern Chinese economy, trade and exchange of goats became more and more common. Some local breeds became threatened with extinction or have already disappeared before necessary conservation efforts could be performed.

Y. Yue · B. Yang (✉)
Lanzhou Institute of Husbandry and Pharmaceutical Sciences, Lanzhou 730050, China
e-mail: yangbh2004@163.com

Y. Yue
International Livestock Research Institute, Nairobi 30709, Kenya

Y. Li
Yangzhou University, Jiangsu 225009, China

W. Zhang
China Agricultural University, Beijing 100193, China

H. Zhang
Sichuan Agricultural University, Chengdu 610041, China

J. Wang
Shandong Agricultural University, Taian 271018, China

Q. Hong
Yunnan Animal Science and Veterinary Institute, Kunming 650224, China

© Springer International Publishing AG 2017
J. Simões and C. Gutiérrez (eds.), *Sustainable Goat Production in Adverse Environments: Volume II*, https://doi.org/10.1007/978-3-319-71294-9_4

Therefore, it is imperative to carry out genetic monitoring, excavation, and evaluation of local goat resources.

4.1 Introduction

Goats are the most adaptable and geographically distributed livestock, have a strong ability to adapt to natural conditions, can be in the cold, hot, and other climatic conditions to survive; there are goats distributed in most areas where human habitation exists. (Luikart et al. 2001).

There are numerous local goat breeds in China, which have a strong fitness and foraging capability under a wide range of habitats, from the dry, cold, and harsh Qinghai-Tibet Plateau to the warm and humid lands of South China (Liu et al. 2009). The unique climate and geomorphic features are the natural basis of the development and evolution of the goat system in China (Wei et al. 2014).

A series of mountains, from the northeast of the Daxinganling, the Yin Shan, Helan Mountain, until the southwest of the Bayan Mountains and Gangdise form a geographical barrier (Longworth and Williamson 1993). The northwest region of this barrier is generally pastoral areas, the southeastern region is the agricultural area and the middle transition area is considered as a semi-agricultural and semi-pastoral area. In 2008, the number of goats in pastoral areas, semi-agricultural and semi-pastoral areas, and agricultural areas was 18.592 million, 12.497 million, and 12,120.3 million respectively, accounting for 12.1, 8.2, and 79.7% of the total population (Zhao 2013).

This chapter aims to review the origin, evolution, and genetic diversity of indigenous goat breeds in China, and a brief introduction of some special indigenous goat breeds in the country is also given.

4.2 Origin, Evolution, and Genetic Diversity of Indigenous Goat Breeds in China

Goats are one of the world's oldest domesticated animals and the most widely distributed livestock (MacHugh and Bradley 2001). In recent years, scientists have studied the origin and evolution of goats from the viewpoint of archeology and morphology, as well as cell, biochemical, and molecular levels, and have put forward the theory of multiregional origin from two types of wild goats (*Capra aegagrus* and *Capra falconeri*) (Luikart et al. 2001; MacHugh and Bradley 2001; Canon et al. 2006). Nevertheless, the origins of domestic goats are still not well understood (Naderi et al. 2008; Moutou and Pastoret 2010).

In China, goats are distributed in 32 of 34 provinces of the country, being the exception Hong Kong and Macao. China has enormous land suitable for goat production and its goat population was about 140 million in 2013, which makes China as the largest goat production country in terms of total output of down hair, meat and hides (Zhao et al. 2014). China is also rich in goat genetic resources, and the origin and evolution of goats in the country have also been studied using archeological and morphological, as well as cellular, biochemical, and molecular technologies (Chen et al. 2005; Wei et al. 2014). China owns a great variety of indigenous goat genetic resources (Xu et al. 2010; Wei et al. 2014).

The four mtDNA lineages A–D found in Chinese goat breeds further support the previous view of multiple maternal origins of domestic goats (Luikart et al. 2001; Liu et al. 2006; Naderi et al. 2008; Zhao et al. 2014); while the haplogroups A and B were dominant and distributed in nearly all breeds/populations, the haplogroups C and D were only found in some breeds/populations (Chen et al. 2005; Liu et al. 2009; Zhao et al. 2014).

Due to the large environmental differences across China, it is natural that there are phenotypic differences among several native breeds under the long-term natural selection as well as artificial breeding (Li et al. 2004; Chen et al. 2005). There are more than 70 goat breeds in this country, including 58 local breeds, seven improved breeds, and five introduced breeds (Fig. 4.1 and Table 4.1) (Du 2011; Wei et al. 2014). The goats in China can be classified based on the conformation traits, geographical distributions, ecological conditions, and historical literature or cultural relics. According to their main uses, goats in China can be grouped into different types: milk goats, fur-pelt goats, cashmere goats, kid pelts goats, meat goats, and

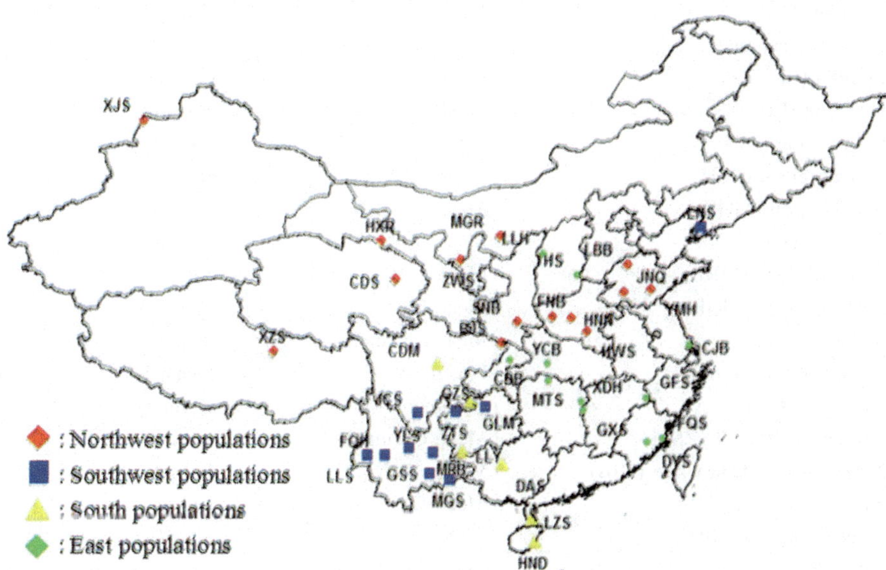

Fig. 4.1 Geographic distribution of the 41 goat populations in China. Acronyms for breed names are defined in Table 4.1. Modified from Wei et al. (2014) with insertion of the mile red bone breed

Table 4.1 Productive purpose and location of the 41 Chinese indigenous goat populations

Goat breed (acronym)	Productive purpose	Province
Banjiao (BJS)	Meat, fur	Sichuan
Chaidamu (CDS)	Cashmere	Qinhai
Chengdu brown (CDM)	Meat, fur	Sichuan
Chuandong white (CDB)	Meat, fur	Chongqin
Daiyun (DYS)	Meat	Fujian
Du'an (DAS)	Meat	Guangxi
Fengqing poll black (FQH)	Meat	Yunan
Funiu white (FNB)	Meat, fur	Henan
Fuqing (FQS)	Meat	Fujian
Ganxi (GXS)	Meat	Jiangxi
Guangfeng (GFS)	Meat	Jiangxi
Guishan (GSS)	Milk, meat	Yunan
Guizhou white (GZS)	Meat	Guizhou
Gulin Ma goat (GLM)	Meat, fur	Sichuan
Hainan East (HND)	Wool, meat	Hainan
Henan niutui (HNN)	Meat, fur	Henan
Hexi cashmere (HXR)	Cashmere, meat	Gansu
Huanghuai (HWS)	Fur, meat	Henan
Inner Mongolia cashmere (MGR)	Cashmere, meat	Inner Mongolia
Jianchang black (JCS)	Meat, fur	Sichuan
Jining grey (JNQ)	Fur	Shandong
Leizhou (LZS)	Meat	Guangdong
Liaoning cashmere (LNS)	Cashmere, meat	Liaoning
Longlin (LLY)	Meat	Guangxi
Longling (LLS)	Meat	Yunan
Lubei white (LBB)	Meat, fur	Shandong
Lvliang black (LLH)	Meat, cashmere	Shanxi
Maguan poll (MGS)	Meat	Yunan
Matou (MTS)	Meat, fur	Hunan
Mile red bone (MRB)	Meat	Yunnan
Shannan white (SNB)	Meat, fur	Shaanxi
Taihang (THS)	Meat, cashmere	Shanxi
Xiangdong black (XDH)	Fur, meat	Hunan
Xinjiang (XJS)	Cashmere, meat	Xinjiang
Xizang (Tibetan) (XZS)	Meat, cashmere, fur	Xizang
Yangtse river delta white (CJB)	Wool	Jiangsu
Yichang white (YCB)	Meat, fur	Hubei
Yimeng black (YMH)	Meat	Shandong
Yuling (YLS)	Meat, fur	Yunan
Zhaotong (ZTS)	Meat, fur	Yunan
Zhongwei (ZWS)	Fur	Ningxia

other specific goat resources, such as Mile red bone goat, whose main characteristic is the red bone (Ma 2013).

Goats have long been used for trade and exchange in China and the earliest record could be dated back to 8000 years ago (Liu et al. 2006). With the development of modern Chinese economy, trade and exchange of goats became more and more common. However, some local breeds became threatened with extinction or have already disappeared before necessary conservation efforts could be performed (Liu et al. 2009). For instance, the Zaobei large tail goat in Hubei Province went extinct more than 30 years ago; the Maguan Horn Down goat and the Guishan goat in Yunnan Province are also nearly extinct. Overall, more than 15% of goat breeds/populations in China are potentially threatened with extinction at present time. Suitably, 14 breeds/populations, such as the Yangtze River delta white and the Zhongwei goats, have been approved as state-protected breeds in the year 2000 (Ma et al. 2002) and included in the list of the national livestock and poultry genetic resources protection in 2006. Today, many new discovered special genetic resources have not been yet included in the list of "the national livestock and poultry genetic resources protection list," such as Qianbei Ma Yang and Luo Ping Huang goats. Moreover, there have not been yet established conservation programs for Tibetan goats and Mile red bone goats. Therefore, it would be imperative to carry out genetic monitoring, excavation, and evaluation of local goat resources.

4.3 The Special Indigenous Goat Breeds in China

4.3.1 Tibetan Goats

The Tibetan goat (Fig. 4.2) is an ancient indigenous goat breed, which shows long-term survival in the high altitude areas of the special environment (Jie and Yong 1994). The harsh ecological conditions of the alpine pastoral areas pushed Tibetan goats to get a strong adaptability with strong resistance including to coarse feed, and also show cashmere slender soft and delicious meat (Du 2011; Zhao 2013).

In 2005, the number of Tibetan goats was 7.2 million, mainly in the Tibet Autonomous Region, of which 80% are in Ganzi, 15% in Aba Autonomous Prefecture Sichuan Province, and the remaining 5% in Yushu, Guoluo Tibetan Autonomous Prefecture Qinghai (Du 2011). They graze on pasture all year in those areas without supplementary feeding, even in severe winters and springs (Jie et al. 1993).

Morphometrically, the Tibetan goat is small in size (Jie 2000); the average body weight for adult bucks and does are 24.2 and 21.4 kg, respectively. Their sexual maturity is late, with the age of 1–1.5 years old. The slaughter rate for adult bucks and does is 48.3 and 43.8%, respectively (Zhao 2013). Tibetan goat coat is double coated. The outer layer is long and straight with myelinated fiber, and the inner layer is thin and soft, unmyelinated cashmere (Jie 1993). The annual cashmere yield

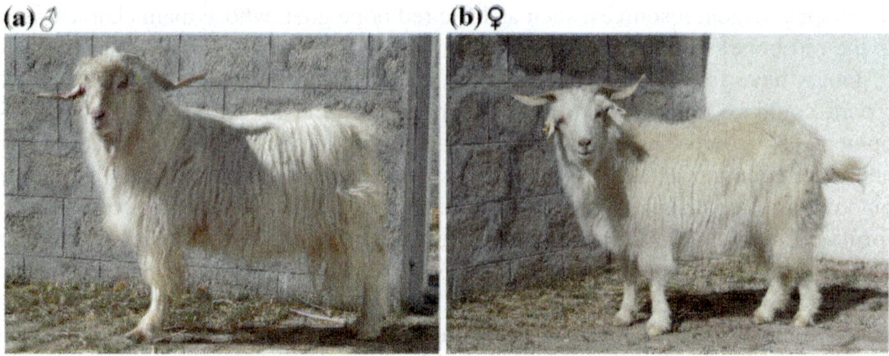

Fig. 4.2 Typical male (**a**) and female (**b**) of Tibetan goat breed (provided by Tian-zeng Song)

of adult bucks and does varies, in average, from 400 to 600 g and from 300 to 500 g, respectively (Zhao 2013).

This breed was included in "the national livestock and poultry species protection list" in 2000, and in "the national livestock and poultry genetic resources protection list" in 2006, but it has not been established yet a Tibetan goat protection area and a conservation field (Du 2011).

4.3.2 Liaoning Cashmere Goats

Liaoning Cashmere goats (Fig. 4.3) are an excellent Cashmere goat breed of China (Jiang et al. 2011). Its prominent feature is the body size, producing high-quality cashmere fiber, adaptability, and genetic stability. In 2008, the population reached 3.5 million heads, mainly distributed in the eastern mountains of Liaoning Province and Liaodong Peninsula. Usually, this breed is stall-feeding reared (Du 2011).

The main production data for bucks and does reported for this breed are summarized in Table 4.2. In particular, Liaoning Breeding Center (Liaoyang, China) discovered and developed new varieties of perennial cashmere, which is an important breakthrough and innovation of Cashmere goat industry (Duan et al. 2017). In fact, the average annual production of cashmere fiber, considering both genders, can reach 830 g, while the cashmere length and diameter are 8 cm and 15.5 μ, respectively (Zhao 2013).

Regarding the reproductive profile, the onset of estrus in Liaoning Cashmere females occurs early, about 7–8 months old. The does can cycle whole year. Lambing rate is 120–130% (Du 2011).

Liaoning Cashmere goat breed was included in the list of "the National Livestock and Poultry Species Protection List" in 2000, in "the National Livestock and Poultry Genetic Resources Protection List" in 2006, and a Liaoning Cashmere goat conservation farm-Liaoning Cashmere goat breeding center has been

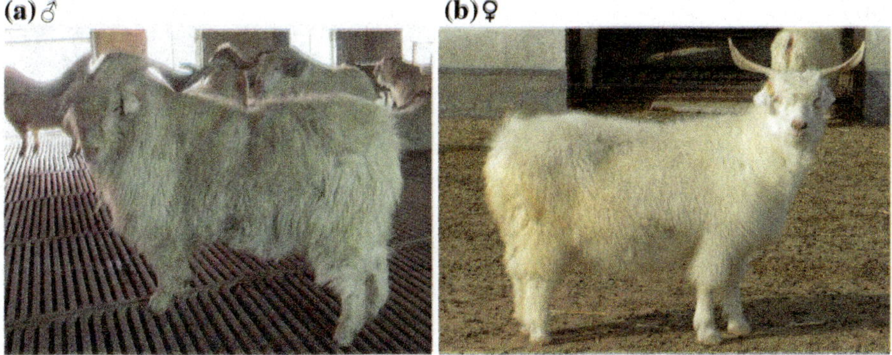

Fig. 4.3 Typical male (**a**) and female (**b**) of Liaoning cashmere goat breed (provided by Wei Zhang)

Table 4.2 Production traits (average) of Liaoning cashmere goats (Zhao 2013)

Trait	Bucks	Does
Body weight*	81.7 kg	43.2 kg
Slaughter weight*	49.4 kg	41.5 kg
Slaughter rate*	50.7%	52.7%
Cashmere yield	1368 g	642 g
Cashmere length	6.8 cm	6.3 cm
Cashmere fiber diameter	16.7 μ	15.4 μ

*The data of the body weight and slaughter weight comes from different resources

established (Du 2011). This goat breed has made outstanding contributions to the development of the China's Cashmere goat industry, as a male parent in China's Hanshan white cashmere goats, Shaanxi white cashmere goats, Qaidam cashmere goats, Bogda cashmere goats, and other new breeds. It has been extended to Inner Mongolia, Shaanxi, Xinjiang, and other 17 provinces and autonomous regions (Jin and Hu 2005).

4.3.3 Zhongwei Goats

Zhongwei goat (Fig. 4.4) is a breed originated from the Ningxia Hui Autonomous Region and Gansu Province of China. It lives on arid desert steppes, and is adapted to a diet of salty and sandy plants and shrubs. It is used primarily for the production of kid pelts (Cheng 1984), and secondarily for cashmere fiber (Porter et al. 2016). The Zhongwei goat population of Ningxia Hui Autonomous Region was 45,000 in 2006 (Zhao 2013).

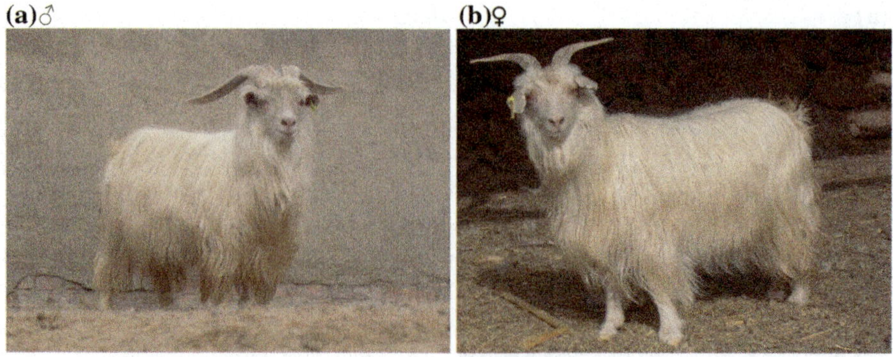

Fig. 4.4 Typical male (**a**) and female (**b**) of Zhongwei goat breed (provided courtesy of Wen-zhi Niu)

Zhongwei goats are stall-feeding reared. The body weight of adult bucks and does are 30–40 kg and 25–35 kg, respectively (Zhao 2013; Porter et al. 2016). The kids are usually slaughtered at 35 days of age for their pelts, which have white, lustrous staples and attractive curls. The fiber has a white silk-like luster, known as the "Chinese mohair" (Jie 2000). The annual fiber yield of adult bucks and does varies between 250–500 g and 200–400 g, respectively. Its Cashmere is considered as soft and slender. The males produce approximately 140 g of cashmere and the female 120 g annually. The proportion of cashmere in both genders is 25% of the total fleece (Porter et al. 2016). The cashmere length is 7 cm and diameter 12.5 μ. Zhongwei females reach sexual maturity at 5 to 6 months and are generally mated at 18 months of age. Lambing rate is 104–106% (Du 2011).

This breed was included in the "National Livestock and Poultry Species Protection List" in 2000, in "the National Livestock and Poultry Genetic Resources Protection List" in 2006, and a Zhongwei goat conservation farm—Zhongwei goat breeding farm has been set up (Du 2011). The "Zhongwei goat" national standard (GB/T 3823-2008) was issued in 2008. In recent years, the quality of fur produced has declined due to market demand.

4.3.4 Jining Grey Goats

Jining Grey goat (Fig. 4.5) is recognized for the attractive wavy patterns of its kid-pelt, which is the traditional commodity in international markets (Cheng 1984). The breed is actually distributed in Jining City, Shandong Province. The number of Jining Grey goat was 830,000 at the end of 2006 (Du 2011).

Jining Grey goat is a small sized animal and has small body (Cheng 1984). Average body weight of adult bucks and does is 30 and 26 kg, respectively (Zhao 2013). Their coat color patterns vary among black, white, or black and white. The character of kid-pelt is natural blue and considered as a beautiful wavy pattern, and

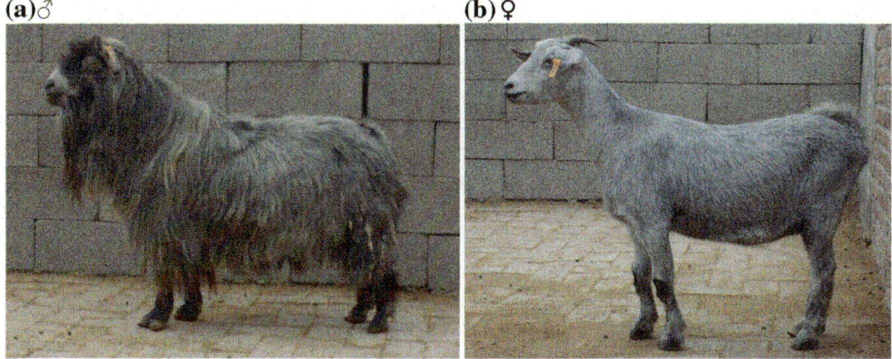

Fig. 4.5 Typical male (**a**) and female (**b**) of Jining grey goat breed (provided by Jian-min Wang)

thin. The patterns of kid-pelt can be divided into wavy, water-shaped, dark flowers and flat hair (Yao 2004). This breed also produces some cashmere fiber. The fleece that is produced from the males will range from 50 to 150 g with cashmere fiber being 18–30% of that. The females produce lower, only around 25–50 g of fleece and cashmere being only at 16–20%. The fiber diameter of the cashmere in both male and female Jining Grey averages at 13 µ (Porter et al. 2016). They are fast maturing animals and reach maturity at 3–4 months of age. They are very prolific (293.5%) and many does give birth to kids twice in a year, or three kidding in 2 years (Zhao 2013).

This breed was included in the "National Livestock and Poultry Species Protection List" in 2000, and in the "National Livestock and Poultry Genetic Resources Protection List" in 2006 (Du 2011). In recent years, the population of Jining Grey goats has declined due to the market demand of kid-pelt and coupled with the introduction of a large number of Huanghuai goats and Boer goats.

4.3.5 Yangtze River Delta White Goats

Yangtze River Delta White goat (Fig. 4.6) is a goat breed raised to produce leather and hair, which is unique to our country (Cheng 1984). The Yangtze River Delta White Goat is the only goat breed that can produce high-quality meat, skin, and Type III hair in China. It also has a laudatory name, brush hair goat, for its special hair characteristics (Guo et al. 2017). This breed is found mainly in the Yangtze River delta plain, the central area of which is located in Haimen County, Nantong, Jiangsu Province (Zhao 2013). The Yangtze River Delta White Goat population was approximately 1.194 million in 2006 (Du 2011).

Yangtze River Delta white goat is small in size, presenting poor meat performance but at very valuable quality. An average body weight of adult bucks and does is 28.6 and 18.4 kg, respectively. They are fast maturing animals and

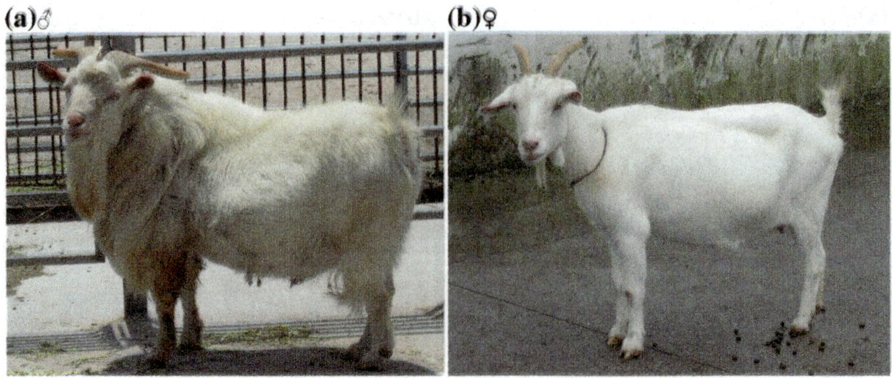

Fig. 4.6 Typical male (**a**) and female (**b**) of Yangtze river delta white goat breed (provided by Yong-jun Li)

reach sexual maturity at 4–5 months of age. Their high litter size can reach a prolificacy rate of 230% and many does give birth of kids twice in a year, or three kidding in two years (Shi et al. 2010; Zhao 2013)

Brush hair is usually divided into three grades, i.e., Type I low-quality hair, Type II mid-quality hair, and Type III high-quality hair (Guo et al. 2017), which is focused for making top-grade writing brushes and has many characteristics such as white color, straight peak, fine luster, and rich elasticity. Type III hair grows only on the back and neck ridge of the animal, whereas Type I and Type II hair are widely distributed (Guo et al. 2017).

It was included in the "National Livestock and Poultry Species Protection List" in 2000, and "National Livestock and Poultry Genetic Resources Protection List" in 2006, and a Yangtze River Delta White Goat conservation farm—Haimen goat breeding farm has been established (Du 2011).

4.3.6 Mile Red Bone Goats

Mile Red Bone goat (Fig. 4.7) is a localized genetic resource for both meat and dairy production. The red color of the bone is the special characteristic of Mile Red Bone goats (Wu et al. 2012). The Mile Red Bone Goat population was 3169 in 2009, mainly located in Mile county Yunnan Province (Zhao 2013).

Mile Red Bone goat is year-round grazing in extensive systems. The body weight and slaughter rate are 37.5 kg and 35.6%, respectively, for adult bucks; and 30.8 kg and 45.8%, respectively, for does (Zhao 2013). Mile Red Bone Goat reach sexual maturity at 6–8 months. The does can cycle whole year. Lambing rate of Mile Red Bone Goat is 160% (Du 2011).

Mile Red Bone goats were identified by the National Livestock and Poultry Genetic Resources Committee in 2009, and categorized among the "First Class

Fig. 4.7 Typical male (**a**) and female (**b**) and red bone (**c**) of mile red bone goat breed (provided by Qiong-hua Hong)

National Protection Animals of China." The breed is characterized by possession of whole red-colored bones. However, the cause of the red color in bones is unknown, and also whether the red color is caused by endogenous or exogenous factors (Wu et al. 2012).

4.3.7 Chengdu Brown Goats

Chengdu Brown goat (Fig. 4.8) is a prolific breed kept for meat and milk production. It is brown with a dark face and back stripes and found in Chengdu City, Dujiangyan City, and Wenchuan County Aba Tibetan Autonomous Prefecture (Cheng 1984).

The breeding methods are mainly focused on feeding and seasonal grazing. Chengdu Brown goat has a good performance for meat. The weights of adult bucks and does are 43.3 and 39.1 kg, respectively. The slaughter weight and the slaughter rate are 29.1 kg and 48.1%, respectively, for bucks; and, 25.4 kg and 50.3%, respectively, for does (Zhao 2013). The lactation period, milk yield, and milk fat rate of this breed are 6–8 months, 1.2 kg, and 6.47%, respectively (Du 2011). They are fast maturing animals and reach sexual maturity at 4–5 months of age. The does

Fig. 4.8 Typical male (**a**) and female (**b**) of Chengdu brown goat (provided by Hong-pin Zhang)

can cycle whole year. They are highly prolific (prolificacy rate of 211.8%) and many does give birth to kids twice in a year.

It was included in the list of "Animal genetic resources in china: Sheep and Goats" in 2010; however, it has not been established a protected area and conservation field. They have been extended to Xinjiang, Guangdong, Hebei, Yunnan, Shandong, and Beijing and other regions, and exported to Vietnam.

4.4 Concluding Remarks

China has enormous land suitable for goat production and its goat population was about 140 million in 2013, which makes China as the largest goat production country in terms of total output of cashmere, meat and hides. There are more than 70 goat breeds in this country, including 58 local breeds, seven improved breeds, and five introduced breeds. However, with the development of modern Chinese economy, trade, and exchange of goats became more and more common.

Some local breeds became threatened with extinction or have already disappeared before necessary conservation efforts could be performed. Therefore, it is imperative to carry out genetic monitoring, excavation, and evaluation of local goat resources.

References

Canon J, Garcia D, Garcia-Atance MA et al (2006) Geographical partitioning of goat diversity in Europe and the Middle East. Anim Genet 37:327–334

Chen SY, Su YH, Wu SF et al (2005) Mitochondrial diversity and phylogeographic structure of Chinese domestic goats. Mol Phylogenet Evol 37:804–814

Cheng P (1984) Livestock breeds of China. FAO animal production and health Paper 46, Food and Agriculture Organization of the United Nations, Rome, Italy

Du L (2011) Animal genetic resources in china: sheep and Goats. China Agriculture Press, China, Beijing

Duan C, Xu J, Zhang Y et al (2017) Effects of melatonin implantation on cashmere growth, hormone concentrations and cashmere yield in cashmere-perennial-type Liaoning cashmere goats. Anim Prod Sci 57(1):60–64

Guo H, Cheng G, Li Y et al (2017) A screen for key genes and pathways involved in high-quality brush hair in the Yangtze River Delta White Goat. PLoS ONE 12(1):e0169820. https://doi.org/10.1371/journal.pone.0169820

Jiang H, Han D, Guo D et al (2011) Characteristics of Liaoning cashmere goat. China J Herbiv 31:72–75

Jie W (2000) Study on meat quality of Tibetan goat. J Sichuan Grassland 2:50–53

Jie W, Yong W (1994) Studies on the growth and development and reproductive performance of Tibetan goat. J Southwest Univ (Nat Sci) 4:388–391

Jie W, Yong W, Ouyang Xi et al (1993) Study on Tibetan goat. Chinese J Anim Sci 1:11–14

Jin M, Hu J (2005) The breeding situation and development direction of Liaoning cashmere goat. Chinese J Anim Sci 41:54–56

Li MH, Li K, Zhao SH (2004) Diversity of Chinese indigenous goat breeds: a conservation perspective—a review. Asian Australas J Anim Sci 17:726–732

Liu RY, Yang GS, Lei CZ (2006) The genetic diversity of mtDNA D-loop and the origin of Chinese goats. Yi Chuan Xue Bao 33:420–428

Liu YP, Cao SX, Chen SY et al (2009) Genetic diversity of Chinese domestic goat based on the mitochondrial DNA sequence variation. J Anim Breed Genet 126:80–89

Longworth JW, Williamson GJ (1993) China's pastoral region: sheep and wool, minority nationalities, rangeland degradation and sustainable development. CAB international, UK, Wallingford, England

Luikart G, Gielly L, Excoffier L et al (2001) Multiple maternal origins and weak phylogeographic structure in domestic goats. Proc Natl Acad Sci U S A 98:5927–5932

Ma Y-j (2013) Review and reflection of sheep and goat breeding in China. J Ani Sci Vet Med 5:26–28

MacHugh DE, Bradley DG (2001) Livestock genetic origins: goats buck the trend. Proc Natl Acad Sci USA 98:5382–5384

Ma YH, Chen YC, Feng WQ, Wang DY (2002) Germplasm of Chinese domestic animals and their conservation. Rev China Agricult Sci Technol 4:37–41

Moutou F, Pastoret PP (2010) Geographical distribution of domestic animals: a historical perspective. Rev Sci Tech 29(95–102):87–94

Naderi S, Rezaei HR, Pompanon F et al (2008) The goat domestication process inferred from large-scale mitochondrial DNA analysis of wild and domestic individuals. Proc Natl Acad Sci USA 105:17659–17664

Porter V, Alderson L, Hall SJ et al (2016) Mason's World encyclopedia of livestock breeds and breeding, 2 volume pack. Cabi

Shi J-F, Wang Z-Y, Zhang H et al (2010) Reproductive traits and high-effective reproduction measures of Yangtze River Delta White goat. Hunan Agri Sci 19:122–124

Wei C, Lu J, Xu L et al (2014) Genetic structure of Chinese indigenous goats and the special geographical structure in the Southwest China as a geographic barrier driving the fragmentation of a large population. PLoS ONE 9:e94435. https://doi.org/10.1371/journal.pone.0094435

Wu C, Li X, Han T et al (2012) Dietary pseudopurpurin improves bone geometry architecture and metabolism in red-bone Guishan goats. PLoS ONE 7:e37469. https://doi.org/10.1371/journal.pone.0037469

Xu L, Liu C, Zhang L et al (2010) Genetic diversity in goat breeds based on microsatellite analysis. Chin J Biotech 26:588–594
Yao F (2004) Chinese caprine resource for fur skin. Mod Ani Hus 6:44–45
Zhao Y (2013) Sheep and goat farming in China. China Agriculture Press, Beijing, China
Zhao Y, Zhao R, Zhao Z et al (2014) Genetic diversity and molecular phylogeography of Chinese domestic goats by large-scale mitochondrial DNA analysis. Mol Biol Rep 41:3695–3704

Chapter 5
Rearing and Breeding Damani Goats in Pakistan

Masroor E. Babar and Tanveer Hussain

Abstract Livestock is contributing to gross domestic product at a higher rate as compared to other constituents of agriculture in Pakistan. Livestock includes cattle, goats, sheep, mules, horses, asses, among others that are the source of earning for villagers. The villagers mostly depend on livestock for their livelihood. People of Pakistan prefer goat meat than beef or sheep meat. Damani is a goat native to Khyber Pakhtunkhwa province of Pakistan, mainly in the districts of Bannu, Dera Ismail Khan, and Peshawar. Damani is a medium-to-small-sized goat with developed udder and contributes through meat, milk, skin, and hair with significant economic value. The local farmers, especially the women, are earning by selling their goats and their dairy products. The well-adapted Damani goat with all its benefits to local people demands to conserve this valuable resource along with maintenance of nucleus herds and proper breeding strategies. The government institutes and private sector should also contribute toward the farmer's education and training for adapting modern husbandry and breeding techniques to improve the productive capacities of Damani breed.

5.1 Introduction

Pakistan is a developing country with an agricultural based economy. The agriculture sector is divided into livestock, crops, forestry, poultry, and fisheries (Chaudhry et al. 1999). According to a report of Finance Department (Finance report 2016), the current population of Pakistan is 195.4 million people, of which 117.48 million (60.1%) live in rural areas. Rural communities are mostly marginal and harbor landless farmers who depend primarily on livestock for their food sustenance. The livestock sector, therefore, plays a vital role in Pakistan's economy by contributing 11.4% (PND 2016) in national gross domestic product (GDP). Livestock is the source of earning and highly nutritional food products like meat,

M. E. Babar · T. Hussain (✉)
Virtual University of Pakistan, Lahore 54000, Pakistan
e-mail: tanveer.hussain@vu.edu.pk

© Springer International Publishing AG 2017
J. Simões and C. Gutiérrez (eds.), *Sustainable Goat Production in Adverse Environments: Volume II*, https://doi.org/10.1007/978-3-319-71294-9_5

milk, and eggs at the domestic level (Table 5.1). At industrial levels, the use of hides, skin, bones, and blood even horns gives economic security to the local farmers (Zubair et al. 1999).

Goats have a vital importance for meat and milk which has more nutrients as compared to other animals' milk. People in Pakistan prefer to keep goats because of their small size and because they require lesser food than cattle and buffalos to meet their family needs.

Pakistan has 37 recognized goat breeds throughout the country (Bhutto et al. 1993; Isani and Baloch 1996). The important goat breeds in the province of Punjab are Beetal, Dera Din Panah, and Teddy, while in Sindh province are Barbari and Kamori goats; in the province of Khyber Pakhtunkhwa are Damani, Kaghani, and Jatal goats; and in Balochistan province are Khurassani, Lehrer, and Pahari goats. This chapter addresses the characterization and use of Damani goats in Pakistan.

5.2 Damani Goats

Damani goat is a breed from Khyber Pakhtunkhwa, province of Pakistan. It is also named as Lama in Pakistan and Dalua in Ganjam in India (Porter et al. 2016). Damani is a small-to-medium-sized goat, multicolored with tan to brown, sometimes black hair covering its body and pale brown head and legs (OSU 1995; Dad-IS 2017). The head and ears are of medium size. The horns of Damani are pointed and curved with 12–14 cm in length (Dad-IS 2017) while the tail is small (Agrihunt 2011). The average height of Damani goat is 60–69 cm (Porter et al. 2016; Dad-IS 2017), whereas average weight of males and females is 35 and 30 kg, respectively (Fig. 5.1), which is lower than Jattan goat (78 kg), Gaddi goat (50 kg), and Kagan goat (37 kg) that are present in Khyber Pakhtunkhwa as well (Afzal and Naqvi 2004; Porter et al. 2016).

The udder and teats of Damani goats are well-developed (OSU 1995; Ibrahim farms 2012; Porter et al. 2016); the average wool yield per year is 0.7 kg, and the gestation length is 147–155 days (Extension 2015). Twinning is common in this breed (Agrihunt 2011).

Table 5.1 Livestock and their usefulness in Pakistan

Livestock	Importance
Buffalo	Milk, meat, hides, bones, and draft power
Cattle	Milk, meat, hides, and draft power
Sheep	Milk, meat, and wool
Goat	Milk, meat, skins, horns, hair, bones, and blood
Camel	Milk, meat, wool, hides, and draft power

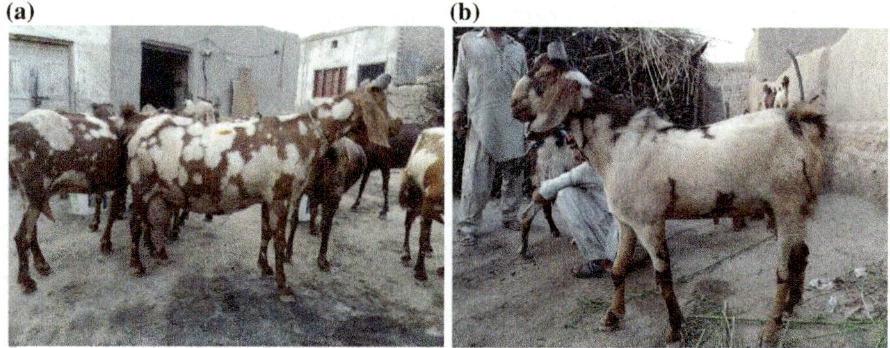

Fig. 5.1 Home flock (**a**) and adult male (**b**) of Damani goat (provided courtesy of Dr. H. Ullah, lecturer, Gomal University, Dera Ismail Khan, Khyber Pakhtunkhwa, Pakistan)

5.2.1 Distribution

Damani goat is native to Pakistan's province of Khyber Pakhtunkhwa. They are concentrated in districts of Bannu, Dera Ismail Khan, and parts of Peshawar (OSU 1995; Agrihunt 2011; Ibrahim Farms 2012). However, Pakistan Bureau of Statistics (PBS 2006) has reported that Damani goat is present in all provinces of Pakistan (Punjab, Sindh, Khyber Pakhtunkhwa, and Balochistan).

5.2.2 Population

According to a report of Pakistan Economic Survey 2016–2017, the goat population is 72.2 million, which is after China and India (GoP 2017). Punjab province has the highest goat population, which is 26.72 million (37%). Estimated goat population of Sindh province is 16.61 million (23%); in Balochistan's goat population is 15.88 million (22%); and in Khyber Pakhtunkhwa is 13 million which represent 18% of total heads (projected from PBS 2006).

The population of goats in Pakistan is continuously increasing due to the availability of suitable habitat. Considering the goat population of all provinces, the estimated contribution of Damani goats reaches 1.77 million, which represent approximately 2.5% of total goats (PBS 2006; Porter et al. 2016). In Punjab province, the population of Damani goats is 0.066 million (3.8%), in Sindh Province 0.042 million (2.3%), in Balochistan Province 0.44 million (25.3%), and the highest population is 1.2 million (68.6%) located in Khyber Pakhtunkhwa Province (projected from PBS 2006).

5.2.3 *Rearing and Breeding Damani Goats*

In Pakistan, the demand for domestic goat is very high; being an Islamic country, Muslims celebrate Eid-ul-Azha every year. At this occasion, Muslims sacrifice animals like camels, cow, and small ruminants. Small ruminants are more in demand because of their price and cost of their feed ritual. For other than Bakra Eid celebrations, people prefer goat meat and milk. This high demands for goat milk and meat increase the pressure to develop the market with natural and artificial methods. For this purpose, two things are important, the rearing and breeding. Both parameters affect directly the health and reproduction, which enhance the quality of milk and meat.

5.2.3.1 Rearing

The tropical and subtropical climate of Pakistan is very suitable for goat rearing. The dense vegetation provides a habitat for rearing goat herds. The less availability of agricultural land due to overpopulation, urbanization, illiteracy, and unemployment makes most of the Pakistani population in rural areas choose the farming of goat. The goat rearing is a potent source of earning but lack of resources, awareness, and management issue originates loss of income for villagers (Kunbhar et al. 2016).

Extensive Rearing System
Flock raising occurs in sheds made by bamboos and mud designed to have ventilation, space, and sanitation properly. Farmers facilitate the paddocks with manger for food and separate pots for water. Grazing in open areas is also a part of their rearing system which lessened the farmer's burden in the cost of rearing. Farmers offer seasonal fodder for goats chopped or unchopped, along with a block of salt (Sodium chloride) that improves digestion and absorption of minerals and other trace elements. Salt also improves appetite, maintain body weight, and helps in fertility of animals.

Drawback of Extensive Rearing System
The population of Pakistan is pressurizing on land for urbanization (rural community migrating to urban areas). As a result, farms and places to keep livestock are decreasing. This is also the reason by which people prefer to have goats over cows. Less vegetative areas mean lesser grazing areas for feeding (CTA 2007). However, more attention on management and awareness about rearing can enhance the productivity of the animals. In the past, we lost many good genetic resources due to carelessness and ignorance about the recording of data but recently livestock experts are taking care of this aspect. All this improper management led to the crossbreeding and loss of pure goat breeds.

Intensive and Semi-Intensive Rearing System
Goat milk and meat have their vital importance to meet the demand of the consumers; there is need to establish the goat farming at the industrial level. There are various housing systems based on the available resources, efficiency, and productivity. The housing systems include a semi-intensive and intensive system with no grazing.

Semi-Intensive System
Semi-intensive is an intermediate rearing system that is in between intensive and extensive systems. In this system, the grazing area is not open to an extensive system, instead, there is a limited grazing area with boundaries or fences. Thus, the farmers can meet the required nutrients of the goat by both stall-feeding and grazing. This system is more expensive than the extensive one, but it can preserve goats by spending less resources and farmers can earn more profit (Vikaspedia 2013).

Intensive Rearing System
In this system, there is the provision of stall-feeding system to the goat in confined areas; there is no grazing area. A small area can house a medium-to-large-sized herd; nevertheless, this rearing system is costly and requires more labor. Advantages of this rearing system include excellent care and control over the genetics and crossbreeding (Vikaspedia 2013).

5.2.3.2   Breeding

A successful breeding program requires a male goat with no deformities, having good body condition, well-developed testicles and libido, i.e., male's desire to mate with a female on heat. The female goats should have well-developed and functional teats and udders with a general healthy status. Considering Damani goats at the time of breeding the age should be older than 16 months because early breeding may result in the stunted and diminutive female with weak kids. After giving birth to a kid, the colostrum, i.e., the first milk that helps to protect the kid from diseases and provides immunity and nutrition, is crucial in the early stages of growing (CTA 2007).

Major Infectious Problems in Breeding
Goats typically graze sharing pastures with other goat herds, which implies possible transmission of diseases and demands vaccination programs against certain contagious diseases. Thus, diseases such as pulpy kidney disease or tetanus in pregnant females are commonly seen, and they should be prevented by vaccination at 2 or 3 weeks before giving birth. The kid would be vaccinated at the age of 6 months. ORF disease, also called contagious ecthyma in goats and sheep caused by a paramyxovirus, is a zoonotic disease and it is also recommended to vaccinate the kids at the age of 2 months. The farmer should take all the precautionary measures like using the protective covering and gloves during medication and vaccination. It is recommendable to use disinfectants after handling at-risk animals.

5.2.4   The Socioeconomic Importance of Goats in Pakistan

Goats and sheep (small ruminants) subsidize to a source of earning for the rural people with less capital investment. People in Pakistan are commonly involving in keeping of livestock, especially goats and sheep for their livelihood (Khan and Ashfaq 2010).

5.2.4.1   Why Goat Over Cow?

Goat keeping is easier than cow due to its smaller size, at 1/6 ratio approximately. The smaller size makes the goats easy to handle and more efficient than cow in regions like Pakistan. With a small amount of food, the goat can produce more milk than the cow. The improved milking goat breeds can relatively produce more milk than autochthonous cows considering the ratio milk yield/body weight, therefore referred as "Poor man's cow" (Kunbhar et al. 2016). Goat pregnancy is 5 months and has twins and triplets kids, while cow produces normally only one calf in 9 months. Moreover, goat milk price is higher than cow due to better nutrient composition (CTA 2007).

Goat is considered as the most economical animal among all livestock and farming animals. Mostly, livestock animals are very selective for their feed while goat consumes all types of shrubs and fodders. The villagers use goat manure as a natural fertilizer, as a nitrogen source. This manure improves crop yields, benefits the soil, and occasionally is used to generate biogas for lighting and cooking purposes (CTA 2007).

5.2.4.2   Types of Goats

In Pakistan, there are different goat breeds. Some breeds are raised for meat and some are used for both meat and milk. Certain types of goats are raised for their hairy skin, but they produce meat as well. In addition to Damani goat, there are some other goat breeds in Pakistan which have good performance of milk, meat, and hair. These breeds are Beetal, Dera Din Panah, and Teddy in Punjab; Kaghani and Jatal from Khyber Pakhtunkhwa; Barbari and Kamori in Sindh; Khurassani, Lehri, and Pahari in Balochistan Province (Afzal and Naqvi 2004).

Dairy Goats
These are milk-type goats which can produce good quantities of milk while consuming low-cost feed. In Pakistan, the best dairy goat breeds are Beetal, Kamori, Dera Din Panah, Kacchan, and Jattan that can produce milk from 2 to 4 L per day (Afzal and Naqvi 2004; Khan et al. 2008; Waheed and Khan, 2013), and Beetal and Kamori goats are also remembered as "Poor man's cow" (Kunbhar et al. 2016). The Damani goat produces from 1.1 to 1.4 L milk per day (OSU 1995; Afzal and Naqvi 2004; Agrihunt 2011; Ibrahim Farms 2012). The goat milk is sweet and has

medicinal uses in eastern cultures. It is used for stomach ulcer and nourishing the newborns (Ibrahim Farms 2012). According to the nutritional profile, the goat milk has a high level of calcium and is good for bones and teeth. This milk also has high level of vitamins and lower levels of fats than other animals' milk. These factors contribute for a better health of humans (Jandal 1996). From the goat milk, different dairy products like yogurt, butter, and cheese are prepared through processing. The older dairy goats are used for meat purposes and are an excellent source of proteins (CTA 2007).

Goat for Meat and Skin Purposes
Goat meat is also very nutritive and an excellent source of proteins for humans. The average nutrient composition of the goat meat is 2.6 g of fats, of which saturated fat is 0.8 g and cholesterol is 63.8 mg, 122 calories, and protein 23 g. As the goat meat has low cholesterol and saturated fat, people prefer goat meat over traditional meats (Correa 2016). Regarding hair production, Damani goat produces an average of 0.7 kg/year (Afzal and Naqvi 2004; Agrihunt 2011) which supposes the second position in hair production in Khyber Pakhtunkhwa province (Afzal and Naqvi 2004). Goat hairs are useful in textile and also for making brushes.

5.2.4.3 Source of Earning for Women

In all developing countries including Pakistan, livestock is an income source for rural families, in which men are head of them and for decades, women have contributed to the family income by helping in livestock rearing. In the region, rural women participate extensively in agricultural activities and particularly in livestock management. Thus, women play a vital role in livestock rearing, especially small ruminants, which not only give food for their families but also a source of livelihood while staying at home (Rajkumar and Kavithaa 2014). Women are working in this field for earning at microlevel for their own livelihood and there is still need of motivation and training for a better economy.

In Pakistan, village women often work about 6–10 hours taking care of the goats, and their main duties are feeding including collection and chopping of fodder and leaves, taking goats for grazing, watering, cleaning of sheds, and mangers, flushing or collection of manure for sale. They are also responsible for storage of excessive food, construction/repair of sheds, special feeding of breeding bucks and does, looking after of pregnant females and kids to identify sick animals, to participate in deworming, marketing, and treatment of the animals. The men cooperate in new procedures after consulting with veterinarians (Rajkumar and Kavithaa 2014; Tyagia et al. 2014; Narmatha et al. 2015).

Special care and proper feeding are required for improved kidding rate for twins and triplets. By multiple births, the goat population size increases rapidly which is better to sell animals for different purposes or events like Eid-ul-Azha (sacrifice feast), Sadaqah (Alms), birthday parties, and marriage ceremonies from which farmers generate income. Products like milk, cheese, butter, ghee, yogurt, and also manure are their goods for earning.

5.2.4.4 Nucleus Flock and Breeding Centers

Damani goat is found only in some districts of Khyber Pakhtunkhwa province. It is a domestic goat with reasonable economical and genetic values that are managed by rural owners who are not commonly aware of its actual values. For them, goat keeping means just raising income for the family economy. They are not concerned with pure and crossbreeding goats, resulting in loss of such precious national genetic values.

To conserve and preserve our national genetic resources, nucleus flocks and breeding centers are needed. Controlled or selective mating of pure breed showing desirable traits must be improved. These farms would be at public and private domains and would be aimed to produce better animals, which would be reintroduced into private farms to improve the quality of the animals and their products. Breeding centers are currently working to achieve these objectives.

5.2.4.5 Research Status and Future Opportunities

Research data on Damani goat regarding production, reproduction, and performance parameters are insufficient, which would be essential for scientists and livestock management experts. Thus, there is need to investigate genetics, breeding, management, and diseases control, particularly those infectious diseases affecting the goats in the region, minimizing the morbidity and mortality rates. Other desirable research should be focused on genetics improvement, possible gene transplantation, crossbreeding, lethal genetic defects, selected phenotypes, nutritional requirements, changes in puberty due to nutrition, behaviors, production of vaccines against local strains, or improvements in techniques for disease diagnosis. There are some reports on goat genomics in Pakistan (Hussain et al. 2013; Younas et al. 2014; Babar et al. 2015; Hassan et al. 2016; Talenti et al. 2016; Jalbani et al. 2017; Yasmeen et al. 2017) however, more focus of scientific community is required to further enhance goat productivity in future. Similarly, other studies about the use of animal by-products to enhance nutritional spectrum for humans would also be required. Goats are clearly among them, and Damani goat is an exceptional example for many areas of Pakistan.

Some ideas to conserve genetic resources in the region would be the following:

1. There should be purebred nucleus centers to conserve breeds like Damani goat;
2. There is a need for training, awareness, and guidance to farmers at farm level;
3. Only purebred males should be used for both natural and artificial insemination during breeding;
4. Avoid random grouping of bucks and does in the breeding season.

5.3 Conclusions

Goats play an important socioeconomic role in Pakistan, mainly in rural areas. Damani goat is native from Khyber Pakhtunkhwa but is distributed by the remaining provinces. The nucleus flocks and breeding centers are important tools to preserve and improve Damani goats as well as other local breeds. The capacity building of livestock department, breeders, and local farmers in Pakistan is in need of time to formulate within-breed selection strategy for Damani goat to improve its economic traits for better utilization of this important indigenous genetic resource.

References

Afzal M, Naqvi AN (2004) Livestock resources of Pakistan: present status and future trends. Sci Vision 9(1–2):1–14

Agrihunt (2011) Goat breeds In NWFP. Available at: http://agrihunt.com/articles/livestock-industry/goat-breeds-in-nwfp/. Accessed on 2 Aug 2017

Babar ME, Hussain T, Ahmad MS et al (2015) Evaluation of Pakistani goat breeds for genetic resistance to haemonchus contortus. Acta Veterinaria Brno 84(3):231–235

Bhutto MA, Khan MA, Ahmad G (1993) Livestock breeds of Pakistan. Ministry of Food, Agriculture and Livestock, Government of Pakistan, Pakistan, pp 1–66

Chaudhry MG, Ahmad M, Chaudhry GM (1999) Growth of livestock production in Pakistan: an analysis. Pak Dev Rev 38(4–11):605–614

Correa JE (2016) Nutritive value of goat meat. Alabama A&M and auburn universities. Extension. UNP-0061, USA. Retrieved from: http://www.aces.edu/pubs/docs/U/UNP-0061/UNP-0061.pdf

CTA (2007) Rearing dairy goats. CTA practical guide series No 1. Addis Ababa, Ethiopia

Dad-IS (2017) Domestic animal diversity information system (DAD-IS), Food and agriculture organization of the United Nations. Breed data sheet Damani/Pakistan. Retrieved, August 2017, from: http://dad.fao.org/

Extension (2015) Goat reproduction puberty and sexual maturity. Available at: http://articles.extension.org/pages/19720/goat-reproduction-puberty-and-sexual-maturity

Finance Report (2016) Population, labour force and employment. Retrieved from: http://www.finance.gov.pk/survey/chapters_16/12_Population.pdf

GoP (2017) Economic survey of Pakistan 2016–17. Ministry of Finance, Government of Pakistan, Islamabad

Hassan MF, Khan SH, Babar ME et al (2016) Polymorphism analysis of prion protein gene in 11 Pakistani goat breeds. Prion 10(4):290–304

Hussain T, Babar ME, Sadia H et al (2013) Microsatellite markers based genetic diversity analysis in Damani and Nachi goat breeds of Pakistan. Pak Vet J 33(4):520–522

Ibrahim Farms (2012) Goats by bread—Damani. Available at: http://www.ibrahimfarms.com/articles/damani. Accessed on 3 Mar 2017

Isani GB, Baloch MN (1996) Sheep and goat breeds of Pakistan. Press Corporation of Pakistan, Karachi, Pakistan, pp 1–95

Jalbani MA, Kaleri HA, Baloch AH et al (2017) Study of BMP15 gene Polymorphism in Lehri goat breed of Balochistan. J Appl Environ Biol Sci 7(2):84–89

Jandal JM (1996) Comparative aspects of goat and sheep milk. Small Rumin Res 22(2):177–185

Khan FU, Ashfaq F (2010) Meat production potential of small ruminants under the arid and semi-arid conditions of Pakistan. Agric Mar Sci 15:33–39

Khan MS, Khan MA, Mahmood S (2008) Genetic resources and diversity in Pakistani goats. Int J Agric Biol 10(2):227–231

Kunbhar HK, Memon AA, Khatri P et al. (2016) Productive performance of female Kamori goat maintained under semi-intensive management conditions. Pakistan J. Agric, Agril. Eng Vet. Sci 32(1):123–131

Narmatha N, Sakthivel KM, Uma V et al (2015) Gender analysis in participation and decision making pattern in small ruminants production system—Tamil Nadu. J Hum Ecol 49(1–2): 149–152

OSU (1995) Oklahoma State University. Breeds of livestock—Damani goat. Available at: http://www.ansi.okstate.edu/breeds/goats/damani/index.htmlsclaimer.html

PBS (2006) Pakistan Bureau of statistics. Pakistan livestock census 2006. Government of Pakistan. Statistics division agricultural census organization. Retrieved from: http://www.pbs.gov.pk/sites/default/files/aco/publications/pakistan-livestock-cencus2006/pak-18a.pdf

PND (2016) Planning and development department. Livestock. Retrieved from: http://www.pndpunjab.gov.pk/system/files/ADP%202014-15%20LIVESTOCK.pdf

Porter V, Alderson L, Hall SJG et al (2016) Mason's World encyclopedia of livestock breeds and breeding. Livestock Diversity Ltd., UK, D P Sponenberg, Virginia Tech, USA, p 375

Rajkumar NV, Kavithaa NV (2014) Work contribution of rural farm women in goat rearing practices in erode district of Tamilnadu. Int J Sci Environ 3(6):2076–2080

Talenti A, Bertolini F, Frattini S et al (2016) Initial genomic characterization of Italian, Egyptian and Pakistani goat breeds. Int J Heal Anim Sci Food Safety 3(1s)

Tyagia KK, Patela MD, Sorathiyaa L et al (2014) Perceived role of women in goat rearing on agreement scale. Livest Res Int 2(4):87–90

Vikaspedia (2013) Housing management. Available at: http://vikaspedia.in/agriculture/livestock/sheep-and-goat-farming/housing-management

Waheed A, Khan MS (2013) Lactation curve of beetal goats in Pakistan. Archiv Tierzucht 56(89):892–898

Yasmeen A, Hussain T, Ahmad A et al (2017) Characteristic features of IFN-α gene in beetal goat breed of Punjab. Pakistan. J Anim Plant Sci 27(1):345–348

Younas ZM, Anjum KM, Hussain T et al (2014) Effect of feeding frequency on the growth performance of beetal goat kids during winter season. J Anim Plant Sci 24(Suppl. 1):73–76

Zubair S, Rehman SU, Siddiqui MZ et al (1999) Contribution of rural females to livestock care and management. Pakistan J Agri Sci 36(3–4):197–198

Part II
Africa

The Humanithy Photo Awards 2015 (UNESCO). © Jorge Bacelar

Chapter 6
Adaptation of Local Meat Goat Breeds to South African Ecosystems

Carina Visser

Abstract Meat goats play an important role in terms of food security, socio-economic welfare and cultural importance in South Africa. The meat goat industry is differentiated into a formal, commercial market served by mainly three breeds (Boer goat, Savanna and Kalahari Red) and an informal, mostly communal industry where unimproved indigenous veld goats are kept. Goats are mostly farmed within the grassland, savanna and Karoo biomes, in extensive production systems. The meat goat breeds are well-adapted to the harsh extensive farming systems in which most of them are farmed, which are characterized by limited feed and water resources, extreme temperatures and a high prevalence of diseases and parasites. The indigenous goat has superior adaptability with regards to extremely challenging environments. The commercial breeds have been subjected to artificial selection and have limited participation in the South African small stock improvement scheme, while almost no effort has been made to improve the indigenous veld goat or to conserve its unique genetic attributes.

6.1 Introduction: The Role and Importance of Goats in South Africa

Goats in South Africa are one of the less recognized livestock species despite their contribution to agricultural production on different levels. Their small physical size, adaptability to diverse agroecological conditions and general independence makes them relatively cost-effective animals to maintain, with regards to labour and management (Devendra and Solaiman 2010; Scheepers et al. 2010; Tosser-Klopp et al. 2014). They are well suited to a wide variety of production environments and systems, including both commercial and small-holder farming systems. Despite this, goats remain a largely underutilized resource with massive potential.

C. Visser (✉)
Department of Animal and Wildlife Sciences, University of Pretoria, Pretoria 0002, South Africa
e-mail: Carina.Visser@up.ac.za

© Springer International Publishing AG 2017

J. Simões and C. Gutiérrez (eds.), *Sustainable Goat Production in Adverse Environments: Volume II*, https://doi.org/10.1007/978-3-319-71294-9_6

South Africa contributes almost 50% to the Southern African goat population (Mohlatlole et al. 2015) with approximately 5.62 million animals (DAFF 2016a). The South African goat population is comprised of 24.6, 60.8, 14.3 and 0.3% of commercial meat, emerging or communal meat, Angora and dairy goats, respectively (Du Toit et al. 2013). The three primary goat commodities namely dairy, fibre and meat are produced by commercial goat breeds comprising less than 40% of the total goat population (Du Toit et al. 2013; DAFF 2015). The remaining 60% of goat types that are not yet defined as breeds, originated when goats were introduced to Southern Africa by migrating tribes (Pieters et al. 2009). The largest concentrations of goats are still found in the areas where these tribes and ethnic groups settled. They are mostly kept in small-holder systems or rural households where they contribute to household food security and also serve cultural and other socio-economic needs (Directorate: Marketing 2013). Goats of the respective sectors are in general outcompeted by other ruminant species, and therefore only serve niche markets (Olivier et al. 2005; Simela and Merkel 2008; Visser and Van Marle-Köster 2014).

The United Nations (UN) has predicted a positive human population growth for South Africa of approximately 10 million people by the year 2050 (2015: ~53.5 million, 2050: ~63.4 million; United Nations 2012). The South African urban population is furthermore projected to increase by 13% from 2015 to 2050, while the rural population is predicted to decrease by more than 4 million people during the same time period (United Nations 2014). The aforementioned population growth will inevitably cause elevated demands for food and other commodities from previously underutilized animal resources, including goats.

Goat meat, referred to as chevon is favoured in South Africa by several cultural groups and has become a reliable source of good quality meat. Characteristics of chevon as a lean meat with favourable quality attributes as well as superior nutritional value have been reported (Webb et al. 2005). Chevon production and the quality of goat carcasses, however, is dependent on correct genetic and physiological management of meat-producing goat breeds (Simela and Merkel 2008; Casey and Webb 2010).

Despite an increase in goat numbers in Africa, the continent's share of world chevon production has declined over the past two and a half decades (Simela and Merkel 2008). DAFF (2015) estimated that an approximate average of 780,000 goats has been slaughtered per year over a 10-year period, with an average of 19 million kilograms chevon produced per year. This estimate includes all goat meat produced from meat goats as well as culls from Angora and milch goats. Most of the meat goats kept in South Africa are traded as live animals, mainly through informal trade, speculators and to a lesser extent, formal auctions. Less than 1% of goats are slaughtered at commercial abattoirs and taken up in the formal supply chain to retailers (Casey and Webb 2010). The remainder of the chevon is consumed locally by rural communities when the goats are slaughtered for home consumption or traditional ceremonies (Simela and Merkel 2008). Statistics on goat slaughtering and chevon production are bound to be guestimates, rather than exact figures, as goat slaughterings are recorded as part of slaughter figures for sheep and additionally limited data is available for the informal sector. The trend, however, shows that chevon production and consumption in South Africa has been in balance for the past decade (DAFF 2015).

6.2 The Main Goat Breeds

The Khoisan shepherds travelled southwards from Northern Botswana down to the Orange River and later followed two additional routes to reach the Southern and Western Cape. These goats were the most likely resource which led to the development of the current meat type goats. Indigenous populations are often associated and named after geographical regions with limited breed definition and are generally found in communal areas—recognized types include the Pedi, Nguni and Xhosa goats (Mohlatlole et al. 2015). Phenotypic characteristics such as a range of coat colour patterns, ear length and horn shape are used to distinguish the different types. Indigenous goats are prolific and attain a moderate level of production in low-input production systems, which make them profitable for the resource-poor farmer (Webb and Mamabolo 2004). These uncharacterised veld-type goats generally have small body frames (mature females weigh approximately 40–50 kg) and low carcass yields (Fig. 6.1a, b).

According to Campbell (1995) the true indigenous goat has been cross-bred to near-extinction in the development of the local commercial meat type goats such as the Boer Goat, Kalahari Red and Savanna breeds (Table 6.1). These breeds have been subjected to artificial selection for improved production and growth and are well suited to commercial goat production. They are well-known for their fast growth rates and good carcass traits (Mohlatlole et al. 2015), and are sought after internationally.

Fig. 6.1 **a** Unimproved Veld goats (provided courtesy of Rauri Alcock). **b** Improved Veld goats (provided courtesy of Schalk S. van der Walt)

Table 6.1 Main meat goat breeds of South Africa (Ramsey 2016)

Breed	Description	Use	Range	Limitations
Improved Boer goat	Large framed red-headed lop-eared goat	Quality meat production Genetic material	Savanna, grassland and Nama Karoo biomes—Drier tick-free areas	Susceptible to tick-borne diseases and poisonous plants
Kalahari red	Medium framed solid red lop-eared goat	Quality meat production Genetic material	Savanna and Nama Karoo biomes	Availability (Limited numbers)
Savanna	Medium framed solid white lop-eared goat	Quality meat production Genetic material	Savanna and Nama Karoo biomes	Availability (Limited numbers)
Improved Veld goat	Medium framed lop-eared goat with a speckled multicoloured coat	Quality meat production Genetic material	Savanna, Grassland Nama Karoo biomes	Depending on the area, a degree of susceptibility to tick-borne diseases
Unimproved Veld goat	Small framed multicoloured lop to pointed ear goat	Meat production Ceremonial and cultural use	Widespread	Smaller size is often seen as a disadvantage

The South African Boer goat Association was founded in 1959 (Campbell 2003) and formulated breed standards specifying a red head. The Boer goat replaced many unimproved local strains of varying colours with the strict selection of a white body and red head (Pieters et al. 2009). The modern Boer goats are large, long-legged animals with short, soft hair and long lop ears (Fig. 6.2). These goats have a powerful head with a compressed nose and strong horns with a gradual backward curve (Sambraus 1992). Body weights of adult rams range between 100 and 120 kg, while the females usually attain weights of between 70 and 80 kg (Malan 2000). Boer goat does are known for their good mothering ability and can kid every 7 to 8 months. This breed has an exceptional ability to resist and survive diseases such as blue tongue, prussic acid poisoning and, to a lesser extent, enterotoxaemia (Erasmus 2000; Malan 2000).

A line of red-headed Boer goats crossed with a line of unimproved local goats is believed to have been the origin of the modern Kalahari Red breed (Campbell 2003). The Kalahari Red today has a distinct red coloured body and is often used in cross-breeding to produce goats with a uniform, solid, red colour (Fig. 6.3). They are fully pigmented and are able to endure heat and strong sunshine, as their dark coats and long ears provide good heat resistance (Pieters et al. 2009). The breed has excellent walking ability and good mothering ability and they can kid three times in 2 years.

Fig. 6.2 Boer goats (provided by University of Pretoria)

Fig. 6.3 Kalahari red goats (provided courtesy of Keith Ramsey)

The white Savanna goat, also known as the white Boer Goat, was developed from indigenous goats of Southern Africa during the past few decades (Campbell 2003). Savanna goats typically have short kempy white hair with a black skin, horns, nose and udder (Fig. 6.4). Their heads are fairly long and slightly curved with big, oval-shaped ears (Pieters et al. 2009). Does are known for their superior mothering ability. The Savanna and Kalahari Red goats were recognized as official breeds during 1993 and 1990, respectively.

Fig. 6.4 Savanna goats (provided by University of Pretoria)

6.3 The Major Biomes

Goat numbers in South Africa have decreased by approximately 4.3% from 2015 to 2016, with a current estimated population size of approximately 5.62 million goats (DAFF 2016a). Herds of commercial goats are usually smaller than sheep flocks, with an average of 300 goats per farm (DAFF 2016b), while indigenous herds are much smaller. Goats are found in most areas of South Africa, with the Eastern Cape (37.7%), Limpopo Provinces (18.4%) and KwaZulu-Natal (13.7%) being the largest producers. In combination Gauteng, Mpumalanga and the Western Cape only contribute 5.8% to the goat industry.

More than 80% of South Africa's land surface is not suitable for arable farming. Only one-quarter of this area receives in excess of 625 mm of rain annually, while almost 40% receives less than 375 mm annual rainfall (Tainton 1999). The climatic conditions including temperature, light, precipitation and soil influence the suitability of the environment for plant growth and, thus, for animal production. The main grazing lands of South Africa are divided into five biomes, namely the grassland biome, savanna biome, karoo biome, forest biome and fynbos biome. The three main biomes in which goats are found in South Africa are the grassland, savanna and Karoo biomes.

The grasslands occupy a large part of the higher lying eastern regions of South Africa with a moderate to high annual rainfall (>600 mm) (Tainton 1999). This biome is differentiated into the fire climax and climatic climax grasslands. In the former biome, the grassland community is secondary, having arisen due to the restraining influence of fire. Uniform, dense short-grass communities form the main grass component and are extremely stable. These grasslands are commonly interspersed with forest or bushy areas. The climatic climax grassland, on the other hand, is relatively free of woody communities, due to lower temperatures and less rainfall. They are, however, also dominated by grasses (Tainton 1999). Two categories of grasses are found in the grassland biome, namely sweet grasses with a lower fiber content, higher palatability and higher feeding value in winter, and sour grasses with a higher fiber content, lower feeding value and lower palatability in winter (Hoon 1999).

The more tropical areas of the country are dominated by the savannah biome, which is the largest biome in Southern Africa. It is characterized by a distinct upper layer of woody plants, with varying densities of low trees, and a grass-dominated undergrowth. These areas have seasonal summer rainfall, with a distinct dry winter period (Maree and Casey 1993). The annual rainfall varies from 235 to 1000 mm per year, with low quantities of roughage during the winter months (Hoon 1999). Different types of this biome are found in the Limpopo, Mpumalanga and KwaZulu-Natal provinces.

The Karoo biome covers most of the Northern Cape and parts of the Western Cape, and is divided into the Nama Karoo and Succulent Karoo. Vegetation is quite variable, ranging from succulent scrubs and minimal grass to the grassy Karoo and densely bushed Karoo types (Tainton 1999). The Nama karoo biome occurs on the central plateau of the western half of South Africa. Annual rainfall varies dramatically within this biome, ranging from less than 100 mm in the arid west to parts which exceed 520 mm per year (Hoon 1999). The dominant vegetation is grassy, dwarf shrub land and most of the land is used for grazing by small stock. The succulent Karoo biome is primarily determined by the presence of low winter rainfall and extremely arid summers. Annual rainfall varies between 20 and 290 mm. Dwarf, succulent shrubs dominate the vegetation, while grasses are rare.

6.4 Physiological Adaptation Mechanisms

Adaptability is defined as the ability to survive and reproduce within a given environment (Mirkena et al. 2010). The environment in which goats are expected to survive and thrive is usually a harsh one, in which other ruminants struggle to perform. The environment is characterized by scarce feed and water resources, extreme temperatures and high prevalence of diseases and parasites.

Goats are well-known for being better adaptable to harsh conditions than either cattle or sheep. They have the ability to withstand extreme heat and dehydration, to survive on very low planes of nutrition and to utilize low nutritive value roughages optimally. Goats are also browsers and their bipedal stance allows them to make use of bushes and trees (Maree and Casey 1993). These animals are very active and will walk long distances in search of feed and water.

The physiological basis of adaptation of goats has been described in detail by Silanikove (2000), Alexandre and Mandonnet (2005) and Mirkena et al. (2010). In general, the relatively small body size of goats results in a larger body surface which can dissipate heat efficiently. Small ruminants also have a low metabolic requirement and are efficient exploiters of high-fiber, low-quality roughage (Mirkena et al. 2010). They can adjust to a low energy intake by reducing their energy metabolism (Silanikove 2000) and are thus able to maintain a steady body weight in challenging food-scarce environments.

Domestic goats also have a strong preference for browse feeding as part of their grazing strategy. Their opportunistic and selective grazing behaviour results in them utilizing a wide variety of available vegetation, and selecting the materials with the highest nutrient concentration (Alexandre and Mandonnet 2005). Indigenous goats tend to be able to make better use of low quality high fibre food than other ruminants and exotic goat types. They can also consume more tannin-rich material and can thus utilize plant species that cannot be used by sheep (Silanikove 2000).

Indigenous goat breeds can survive longer periods without water than exotic breeds. The reduced water intake has an advantageous spin-off in terms of reduced metabolic rate and reduced feed intake. This culminates in better survivability during droughts (Mirkena et al. 2010). The superior walkability of indigenous types mean that they can also graze further away from watering sites and explore less-grazed areas. They are considered well-adapted to extremely hot environments due to their hooves and skin pigmentation and are tolerant to local diseases such as heart water (Mohlatlole et al. 2015).

Smallholders and communal goat farmers often live in harsh environments, and are mostly localized in the arid and semi-arid agroecological zones. Although the commercial breeds have superior production and carcass traits, they cannot perform optimally in extremely challenging environments. The indigenous, unimproved veld goats are a valuable genetic resource in these conditions and are well-adapted to utilize the limited poor quality feed resources, withstand the water scarcity and have a natural resistance to disease such as pulpy kidney (enterotoxemia), gall sickness (anaplasmosis) and internal parasites (Webb and Mamabolo 2004).

6.5 Selection for Improvement

Pedigree recording and selection in South Africa was initiated in 1904, but performance recording only started in 1956 (Schoeman et al. 2010). Commercial goat breeds (most notably the Boer goat) take part in the official performance recording scheme, namely the National Small Stock Improvement Scheme. Selection emphasis is put on improving reproductive efficiency and increasing growth (Olivier et al. 2005).

Indigenous goats are kept in low-input systems and are mainly kept for subsistence-based production. The major objective of farming with this animal is to attain food security with little to no attention to genetic improvement of the animals (Olivier et al. 2005). Research on these goats have focussed on genetic characterization of the populations using microsatellite markers (Chenyambuga et al. 2004; Visser et al. 2004) and more recently single nucleotide polymorphism (SNP) markers (Mohlatlole et al. 2015; Mdladla et al. 2016). Production and reproduction performance of indigenous goats in Mpumalanga were quantified by Webb and Mamabolo (2004) and levels of inbreeding in Xhosa goats were estimated by Dube et al. (2016). It is clear that almost no effort is made to improve the indigenous veld goat of South Africa or to conserve its unique genetic attributes.

6.6   Concluding Remarks

The South African meat goat sector is comprised of three commercial goat breeds that have superior growth and carcass qualities. These breeds are part of the National Small Stock Improvement Scheme and are subjected to artificial selection and genetic improvement programs. They are adapted to the harsh South African climate and perform well in commercial production systems with suitable supplementation.

The indigenous veld goat is suitable for farming in suboptimal production systems (such as smallholder and communal systems) where resources are scarce and challenges are maximized. These goats have superior adaptability in harsh conditions and should be utilized in a responsible manner to conserve their unique genetic diversity. They could also be applied in the development of a composite breed that could have the superior growth and carcass traits of the commercial breeds, combined with excellent adaptability and survivability of the unimproved veld goat.

References

Alexandre G, Mandonnet N (2005) Goat meat production in harsh environments. Small Rumin Res 60(1–2):53–66

Campbell Q (1995) Indigenous goats. In: Campbell Q (ed) The indigenous sheep and goat breeds of South Africa. Dreyer printers and publishers, Bloemfontein, South Africa, pp 35–44

Casey NH, Webb EC (2010) Managing goat production for meat quality. Small Rumin Res 89(2–3):218–224

Campbell QP (2003) The origin and description of southern Africa's indigenous goats. S Afr J Anim Sci 4(1):18–22

Chenyambuga SW, Hanotte O, Hirbo J et al (2004) Genetic characterization of indigenous goats of Sub-Saharan Africa using microsatellite DNA markers. Asian-Australas J Anim Sci 17(4): 445–452

DAFF (2015) A profile of the South African goat market value chain. Directorate: Marketing, Pretoria, South Africa

DAFF (2016a) Newsletter: national livestock statistics. Directorate: Statistics and Economic Analysis, Pretoria, South Africa

DAFF (2016b) Economic review of the South African agriculture. Directorate: Statistics and Economic Analysis, Pretoria, South Africa

Devendra C, Solaiman SG (2010) Perspectives on goats and global production. In: Solaiman SG (ed) Goat science and production. Wiley-Blackwell, Ames, Iowa, USA, pp 3–20

Dube K, Muchenye V, Mupungwa JF (2016) Inbreeding depression and simulation of production potential of the communally raised indigenous Xhosa lop eared goats. Small Rumin Res 144:164–169

Du Toit CJL, Van Niekerk WA, Meissner HH (2013) Direct greenhouse gas emissions of the South African small stock sectors. S Afr J Anim Sci 43(3):240–361

Erasmus JA (2000) Adaptation to various environments and resistance to disease of the Improved Boergoat. Small Rumin Res 36:179–187

Hoon JJ (1999) Vegetation and animal production in South Africa. Grootfontein Agricultural Development Institute. Available at: http://gadi.agric.za/articles/Agric/zsap99.php

Malan SW (2000) The improved Boer goat. Small Rumin Res 36:165–170

Maree C, Casey NH (1993) Livestock production systems. Agri Development Foundation, Pretoria, South Africa

Mdladla K, Dzomba EF, Huson HJ et al (2016) Population genomic structure and linkage disequilibrium analysis of South African goat breeds using genome-wide SNP data. Anim Genet 47(4):471–482

Mirkena T, Duguma G, Haile A et al (2010) Genetics of adaptation in domestic animals: a review. Livest Sci 132(1–3):1–12

Mohlatlole RP, Dzomba EF, Muchadeyi FC (2015) Addressing production challenges in goat production systems of South Africa: the genomics approach. Small Rumin Res 13:43–49

Olivier JJ, Cloete SWP, Schoeman SJ et al (2005) Performance testing and recording in meat and dairy goats. Small Rumin Res 60:83–93

Pieters A, Van Marle-Köster E, Visser C et al (2009) South African developed meat type goats: a forgotten animal genetic resource? Anim Genet Resour 44:33–43

Ramsey KA (2016) Draft National goat development strategy

Scheepers RC, van Marle-Köster E, Visser C (2010) Genetic variation in the kappa-casein gene of South African goats. Small Rumin Res 93:53–56

Schoeman SJ, Cloete SWP, Olivier JJ (2010) Returns on investment in sheep and goat breeding in South Africa. Livest Sci 130(1–3):70–82

Silanikove N (2000) The physiological basis of adaptation in goats in harsh environments. Small Rumin Res 35:181–193

Simela L, Merkel R (2008) The contribution of chevon from Africa to global meat production. Meat Sci 80(1):101–109

Sambraus HH (1992) Goats. In: Sambraus HH (ed) A colour atlas of livestock breeds. Wolfe Publishing, Germany, pp 137–156

Tainton NM (1999) Veld management in South Africa. University of Natal Press, Pietermaritzburg, South Africa

Tosser-Klopp G, Bardou P, Bouchez O et al (2014) Design and characterization of a 52 K SNP chip for goats. PLoS ONE 9:e86227. https://doi.org/10.1371/journal.pone.0152632

United Nations (UN) (2012) World population prospects: the 2012 revision. Department of Economic and Social Affairs, Population Division. Available at: http://populationpyramid.net/south-africa/2050/#

United Nations (UN) (2014) World urbanization prospects: the 2014 revision, highlights (ST/ESA/SER.A/352). Department of Economic and Social Affairs, Population Division

Visser C, Hefer CA, van Marle-Köster E et al (2004) Genetic variation of three commercial and three indigenous goat populations in South Africa. S Afr J Anim Sci 34(1):24–27

Visser C, Van Marle-Köster E (2009) Genetic variation of the reference population for quantitative loci research in South African Angora goats. Anim Genet Resour 45:113–119

Visser C, Van Marle-Köster E (2014) Strategies for the genetic improvement of South African Angora goats. Small Rumin Res 121(1):89–95

Webb EC, Casey NH, Simela L (2005) Goat meat quality. Small Rumin Res 60:153–166

Webb EC, Mamabolo MJ (2004) Production and reproduction characteristics of South African indigenous goats in communal farming systems. S Afr J Anim Sci 34(1):236–239

Chapter 7
West African Goat Breeds

Diakaridia Traoré

Abstract African countries, particularly those West African ones, present a high diversity of goat breeds exploited in traditional production systems. Characterization studies particularly focused on zootechnical and morphological descriptions have been conducted on some goat breeds based on their role in the rural or regional economy. This chapter presents a review of the characterization studies (phenotypic) that have been carried on some goat breeds and on production systems, rearing conditions, and breeds' distribution in their natural environments. West African zones present different types of goat: long-legged goat represented by the Sahel and Touareg goats and the dwarf type, represented by the Djallonke goat. The local goat breeds are exploited in agropastoral or pastoral systems with low input. The local goat breeds are mainly raised for meat production, although some other breeds or varieties (e.g., Sahel and Touareg goats) in Sahelian or Saharian areas are also raised for milk production. However, very few studies have been carried out on their genetic characteristics. All these breeds are well adapted to their environment and play an important role in the small farmers' subsistence.

7.1 Introduction

West Africa is a big area of goat productions with an estimated population of 128,627,081 animals (Faostat 2013). A great diversity of goat breeds is found in Sahara, Sahelo-Sahara, Sudano-Sahel, and Sudan zones of West Africa with two main breed types, the Sahelian and the Djallonke goats, being this latter the far most well adapted to both pre-Guinean and Sudano-Sahelian areas.

West Africa is a large area including the countries of Mali, Niger, Guinea, Senegal, Burkina Faso, Côte d'Ivoire, Benin, Nigeria, Ghana, Togo, Liberia, Sierra Leone, Guinea Bissau, Gambia, and Mauritania. West Africa is endowed with

D. Traoré (✉)
Faculty of Sciences and Techniques (FST), University of Sciences,
Techniques and Technologies of Bamako (USTTB), Bamako BP E3206, Mali
e-mail: dtraore@laborem-biotech.com

© Springer International Publishing AG 2017
J. Simões and C. Gutiérrez (eds.), *Sustainable Goat Production in Adverse Environments: Volume II*, https://doi.org/10.1007/978-3-319-71294-9_7

several ecological zones including Sahara, Sahel, subhumid, humid, and forest zones (Fig. 7.1) with yearly rainfall ranging from less than 100 mm in the North to more than 1500 mm in the South.

In West Africa, goat production (milk and meat) presents an important protein source for human nutrition. Additionally, goat contributes more efficiently to food self-sufficiency as a result of: (i) a short production cycle, (ii) a high prolificity and (iii) a good potential for producing both meat and milk. Although goat production is generally characterized by a low input in pastoral and/or agropastoral production systems, it contributes greatly to both food and nutrition security as well as to the fight against poverty in rural zones.

The present chapter gives an insight into the phenotypic characterization of West African goat breeds as well as their rearing and production systems.

7.2 Breeds from Subhumid and Humid Zones

7.2.1 West African Dwarf Goats

West African dwarf goat (WAD) (Fig. 7.2) named also Djallonke goat is found in subhumid and humid areas, where rainfall is above 1000 mm per year. These zones

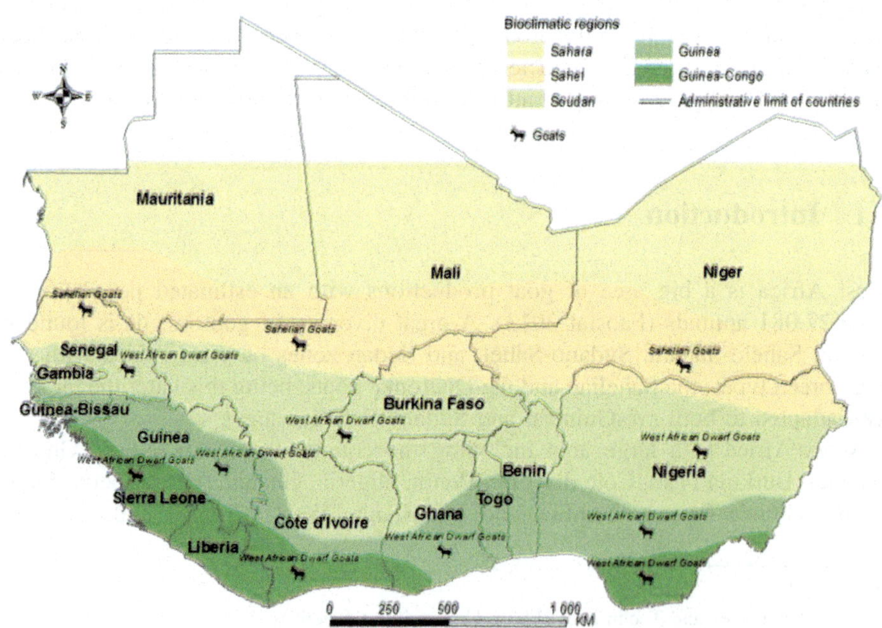

Fig. 7.1 Bioclimatic zones, and Sahelian and West African Dwarf goats distribution in West Africa

are characterized by the presence of tsetse fly responsible for trypanosomes transmission in humans and animals. Two main types of WAD goat are described: the subhumid and forest types.

WAD goats are rustic, small sized, and short animals measuring at withers 40 cm for forest type to 50 cm for subhumid type and presenting a concave profile. Ozoje (2002) reported for the heart girth 45 $\pm$ 0.4 ($\pm$S.E.) cm from a survey on about 500 WAD goats in South-western Nigeria, where body length of goats with smooth hair significantly longer was compared to those with wool. WAD goat is found in different coat colors (black, red, white). They are prolific and considered as a trypanoresistant breed (Sangaré 2005).

7.2.1.1 Reproductive Characteristics

Several reproductive traits for WAD goats have been established by Wilson (1991). The age of first kidding is estimated between 12 and 18 months with an average of 17 $\pm$ 4.6 ($\pm$S.D.) months in the traditional production system in South-western Nigeria; 361 $\pm$ 9 days in Senegal and 450 $\pm$ 8 days in Togo. The kidding interval was estimated to be 283 $\pm$ 88.4 days. Odubote (1996) reported a kidding interval of 275.7 days and a litter size of 1.79.

Females can give kids in all seasons presenting two births per year or three every 2 years. The prolificity rate can be often higher than 180%.

7.2.1.2 Production Characteristics

The lactation length is estimated to be 126 days in Nigeria with an average milk yield of 320 $\pm$ 20 g/day with a peak of 710 g at 40 days of lactation; fat content is about 8.3% (Wilson 1991).

Fig. 7.2 Djallonke female in Mali (provided courtesy of O. Ouattara)

In conventional raising condition, a single female produces 0.25 L of milk per day. This productivity is highly variable and can be influenced by many farming factors (Sangaré 2005).

The average birth weight is estimated between 1.0 and 1.6 kg in study reported by Wilson (1991); in Ghana the mean weight of the males was 1.5 kg when singles 1.2 kg in twins, and 1.0 kg in triplets, while in females the weights were 1.2 kg for singles, 1.3 kg for twins and 1.1 kg for triplets. In Togo, the average birth weight was 1.1 kg, with 1.2 ± 0.2 kg for males and 1.1 ± 0.2 kg for females, while for twins (both genders) the average was 1.0 ± 0.2 kg.

Adult weight ranges from 20 to 25 kg of live weight. The carcass yield is estimated about 55–60%.

7.2.2   *Maradi or Sokoto Red Goats*

Maradi or Sokoto Red goats are a Sudan and Sahelian zones based goats that can be easily found in southern Niger (Maradi) and northern Nigeria (Sokoto) between latitude 12–14° N and longitude 4–10° E, respectively. In the last decades, the Sokoto Red goat was introduced from Niger into Burkina Faso and is becoming increasingly popular in the Sahel area of Burkina Faso (Alvarez et al. 2012).

They might have been derived from a possible cross between long-legged and dwarf goats before selection in their current distribution zones. These goats are raised in semiarid areas (where there is only one rainy season lasting 4–6 months and where millet, sorghum, and groundnut are grown) mainly in the agropastoral system by sedentary farmers that belong to the Hausa tribe and or related Hausa-speaking groups (Wilson 1991).

They are relatively small sized. In adult males and females, the height-at-withers ranges from 60 to 65 cm and 54–65 cm, respectively, whereas the live weight is 27 and 25 kg in adult males and females, respectively. Marichatou et al. (2002) reported 64.2–65.5 cm for the height-at-withers from a survey in Maradi (Niger). Unlike these parameters, in animals of both genders horns are short or at medium size. Profuse hair beard is present in males, but mostly absent in females. Coat color is frequently red in animals originated from Sokoto but in those raised in Maradi, it is lighter or sometimes almost chestnut. Males are invariably darker than females and can have a black band on their back (Wilson 1991).

7.2.2.1   Reproductive Characteristics

Reproductive traits have been reported by Wilson (1991) and Marichatou et al. (2002) . The first estrus is detected at 157 ± 5.9 days of age; the first kidding is estimated at 435 ± 135 days in experimental farm conditions reported in Nigeria; while 13.6 months (408 days) were reported by Marichatou et al. (2002) in Niger. The kidding interval ranges from 240 ± 57.8 to 332 ± 109 days (Wilson 1991) to 386 days (Marichatou et al. 2002) in Niger under traditional production system. Kidding intervals are influenced by environmental factors (season in relation to food availability) where animals are raised. Birthing occurs all period of the year with multiple births (single, twin, triplet, and quadruplet).

7.2.2.2 Production Characteristics

Some production traits have been indicated by Wilson (1991). Milk yield is estimated to be 545 g/day in 12 weeks of lactation with a fat content of 4.7–7.8%.

The weight at birth varies from 1.8 ± 0.02 kg to 1.9 ± 0.02 kg in Niger (Wilson 1991; Marichatou et al. 2002). In Niger, the gender's unstratified weight in twin animals raised in the station, at 3 weeks, 2, 4, and 5 months of age is 2.7, 8.1, 9.9, and 12.1 kg, respectively. In the same country, the body weight in females raised in conventional systems is 8 kg; 18.5 and 26.3 kg at 2, 12 and 18 months old respectively. In Nigeria, in the station, body weight obtained by single-goat kids at 2, 8 and 12 weeks is 3.6, 6.2, and 7.6 kg and for twins, they are 3, 4.8, and 5.7 kg, respectively (Wilson 1991).

In varieties having red and black colors, females weigh 28.2 and 27.9 kg, respectively, and measure 64.9 and 65.7 cm height-at-withers (Marichatou et al. 2002). Across Kano area, 3–5-years-old males weigh 24–31.3 kg and size 64–69 cm. They are raised for meat and skin.

7.3 Breeds from Sahelo-Saharan Zone (Sahelian Goats or Large Goats)

7.3.1 Sahelian Peulh Goats

The favorite habitat of Sahelian Peulh goats (Fig. 7.3) is semiarid zone. They are managed in flocks in pastoral systems and are more and more found in Sudanian zone of agropastoral systems (Wilson 1991). Sahelian Peulh goats are long-legged, straight, longline with ears that can be long, large, and hanging or short (Wilson 1991; Traoré et al. 2008; Mani et al. 2014), and whose horns are spiral and are more developed in males than in females. Males display manes which more often extends to the middle of the back. In males, the height-at-withers is between 80 and 85 cm and the body weight is about 40 kg. In females, the height-at-withers ranges from 70 to 75 cm with a live weight varying from 27 to 30 kg. Coat color can be very variable ranging from uniform white, white with red dominant spots, to red pie or red pie combined with brown pie, to red pie, or red pie combined with brown pie (Sangaré 2005).

Fig. 7.3 Male Sahelian Peulh goat, Mali (provided courtesy of O. Ouattara)

7.3.1.1 Reproductive Characteristics

Some reproductive traits reported by Wilson (1991) have been the age at first kidding at 485 ± 128 days in central Mali, 455 ± 86 days in the transhumant system; the kidding interval is estimated to be 291 ± 105.2 days in central Mali, and 291 ± 73.4 days in Burkina Faso. Births occur year round and multiple births are fairly common.

7.3.1.2 Production Characteristics

Sahelian Peulh goats that are raised in a semiarid zone in Mali produce on average 627 ± 73 g of milk per day with 4% of fat during the first 12 weeks of lactation and a total of 108 kg in 26 weeks (Sangaré and Pandey 2000). Nantoumé et al. (2003) observed a dairy production which varied from 0.5 to 1 L per day; Momani et al. (2012) reported 600 g per day in a study at the regional research station of Institut d'Economie Rurale (IER) in Kayes (Mali).

In Sahelian Peulh goats, milk production seems to vary with litter size, number of lactation, weight, and age at birth. Females suckling twins have significantly higher raw milk yield ($P < 0.05$) than those suckling single kid (762 vs. 656 g per day). Raw milk production significantly increases from the first to the third lactation with 542–739 g per day (Nantoumé et al. 2003).

In kids, the weight at birth varies depending on litter size, this can be 2194 and 1966 g for single-litter and twins kids, respectively (Sangaré and Pandey 2000). Momani et al. (2012) indicated 2.4 kg for both genders. This breed is raised for meat and milk production.

7.3.2   *Sahelian Maure Goats*

Sahclian Maurc goats (Fig. 7.4) are found in southern Mauritania and in the northwestern Mali (Nioro, Nara, etc.) till Tombouctou, where the habitat of Touareg goats starts. Their coat color can be fawn or brown pie dominates. Their limbs are long and slender. The tail is short and raised. Teats are long and well separated and their milk production reaches 1 kg daily in Mali. Hairs are short and fine. The slope is slightly convex. Horns are present in both genders, directed upward at birth and slightly backward in adult females. The neck is long and thick (Sangaré 2005). According to Wilson (1991), their production systems are of the agropastoral or pastoral type in the arid and semiarid zones. They measure 70–85 cm at withers (80–85 and 70–75 cm in males and females, respectively). Adult males and females weigh 40 and 27 kg, respectively, with a heart girth estimated to 85 cm.

7.3.2.1   Reproductive Characteristics

The age at first kidding is 485 ± 128.9 days according to Wilson (1991) and 15 months (450 days) according to Dao et al. (2014). In females, the size of the litter increases with the age.

In females, the first kidding takes place around 13.7 months of age. This can vary from 13.1 ± 1.3 to 16.5 ± 1.5 months in those raised under the sedentary system. The kidding interval is estimated to be 234 ± 9 days in Tchad; 258 ± 10 days in Niger (Wilson 1991).

7.3.2.2   Production Characteristics

In Mali, Sahelian Maure goats raised on station produce 1.5 kg of milk daily, while 900 g per day is reported on station in Niger. The lactation period lasts 5–6 months;

Fig. 7.4 Female (**a**) and Male (**b**) Sahelian Maure goats raised in Oundam (Mali) (provided courtesy of O. Ouattara)

134.7 ± 5.6 days in the range 54–155 days on station in Niger as reported by Wilson (1991) and 3 months by Dao et al. (2014).

The average weight at birth is 2.2 ± 0.64 kg (2.3 kg in males and 2.1 kg in females) and varies according to parity and the type of birth (2.4 and 2.0 kg for single and twins, respectively); 2.0 kg for primiparous and 2.3 kg beyond the fourth parity. In pastoral systems average body weights at 1, 2, 3, 5, and 8 months of age are 5.5, 9.9, 12.8, 15.5, and 19.9 kg, respectively.

7.3.3 *Boureïssa Goats*

Boureïssa goats are found in Kidal region in the Sahara of Mali, mainly in Abébara, Boureïssa, and Tinzawatène localities. Main coat colors observed are black, light gray, fawn gray, and black pie (Fig. 7.5). Black coat color is the most commonly found. Its production system is the nomadic and transhumant type. Boureïssa goats are raised for milk, meat and mohair. Horns are present in both genders (Mohomoudou 2010).

7.3.3.1 Production Characteristics

Boureïssa goats have good dairy performances with a daily yield between 1 and 3 L of milk per female in the station in Gao (Mali), in the nomadic system, the milk production varies between 0.3 and 0.9 L per day (Mohomoudou et al. 2010).

Birth weight can reach up to 2.4 and 2.2 kg for males and females, respectively (Mohomoudou et al. 2010). In adults, the height-at-withers ranges from 66 to 69 cm with a mean weight varying between 24 and 32 kg in females and males, respectively.

Fig. 7.5 A herd of Boureïssa goats raised in Mali (provided courtesy of M. Mohomoudou)

7.3.4 *Touareg Goats*

Tourareg goats are raised in semiarid and arid zones in northern Africa and they can be found in Tombouctou region (locality of Gourma) in Mali. Touareg goats do not show a natural resistance to animal trypanosomosis. They are bred and raised in traditional pastoral systems. These goats are large in size and measure about 70–82 cm at withers in females and males, respectively. The thoracic perimeter is estimated to be 72 cm with a scapulo-ischial length of 67 cm. They have a small head with a slightly convex profile and their coat color is mostly red pie or black pie (Fig. 7.6a, b). These goats can produce 600–800 g of milk per day (Wilson 1991).

7.3.5 *Guera Goats*

Guera goat had been introduced in Mali from Mauritania. They are a short breed and measure 40–70 cm at withers with a weight ranging from 30 to 45 kg (Nantoumé et al. 2008). The forehead has a rectilinear or slightly concave and hairy profile. Their coat color can be uniform (white, brown, and black) or a combination of different colors. Females have fine arc-shaped horns directed toward the back (Traoré et al. 2007). Horns may also be absent in males and females (Fig. 7.7a, b).

7.3.5.1 Reproductive Characteristics

The kidding rate is estimated to be 97% in the station in Kayes (Mali), the first kidding is observed at the age of 352 days; the average kidding intervals is

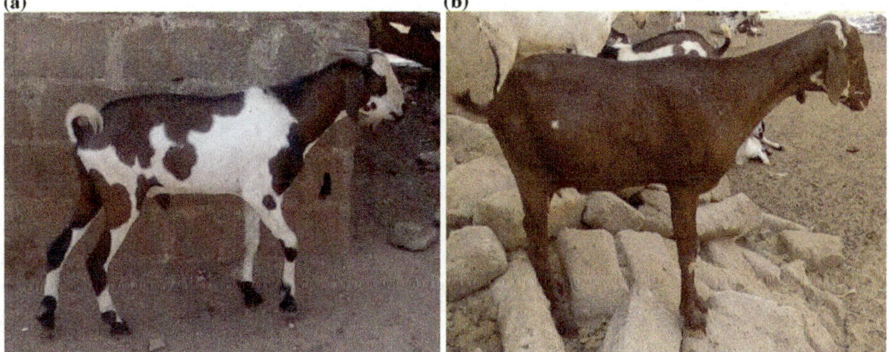

Fig. 7.6 Touareg goats raised in Mali. A male (**a**) and a female (**b**) (provided courtesy of O. Ouattara)

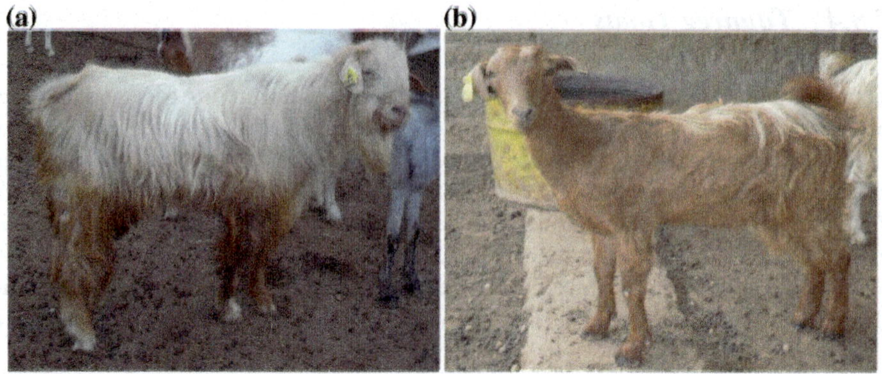

Fig. 7.7 Guéra goat in Mali. A male (**a**) and a female (**b**) (provided courtesy of D. Madou)

326 days (Traoré et al. 2007). The annual reproduction rate and the prolificity rate were estimated at 1.2 and 1.8, respectively.

7.3.5.2 Production Characteristics

The average daily milk yield has been estimated in 1.9 L, varying from 1 to 3 L, during 142 days of lactation, for a total milk production of 262 L per doe (Traoré et al. 2012). Milk yield increased with the number of births. Average birth weight was 2.1 kg for both genders. On the other hand, the weight of single kids was significantly superior to those found in twins and triplets. Average adult weight was 35 kg for the females and 42 kg for males (Traoré et al. 2012).

7.4 Genetic Diversity Studies by West African Goats Breeds

Several studies on the genetic characterization of goat breeds have been undertaken over the world.

Genetic studies were carried out by Missohou et al. (2006) to determine the genetic relationships among seven West African breeds: Casamance Goat (Kolda, Senegal), Labe Goat (Fouta Djallon, Guinea), three Sahel Goat (Djoloff, Senegal; Maradi, Niger; and Gorgol, Mauritania) red Sokoto Goat (Maradi, Niger), and Guera goat (Atar, Mauritania). The polymorphism of six microsatellites and the αs1-casein locus were analyzed. The six microsatellite loci were polymorphic with a mean number of alleles ranging from 2.7 to 4.0. At the αs1-casein locus, alleles A and B, which are known to be associated with a high level of protein synthesis, were the most frequent Missohou et al. (2006). A neighbor-joining tree and a Principal Component Analysis were performed and the reliability of both methods was tested, the study showed that the genetic relationships among the breeds analyzed correspond to their geographical distribution and, in addition, that the Labe Goat is strongly separated from the other breeds.

Poutya (2008) undertook a survey focused to analyze the polymorphism of the microsatellites of West African goats population. Nine different goat populations were included: the Djallonke goats of Togo, Ghana, and Senegal; the Kirdi goat of Chad, the Mossi goat of the Burkina-Faso, the Laobé goat of Guinea, the Sahel goats in Mali, Mauritania, and Chad. The results showed a high genetic diversity among the different populations. The ten microsatellites markers showed a high polymorphic level for the nine goat populations; the allelic number by markers were: the SRCRSP23 scorer with 12 alleles, SRCRSP09 with 14, OARFCB48 with 11, OARAE054 with 12, ARFCB20 with 10, MCHLLDR with 13, INRA172 with 10, INRA063 with 6, ILSTS011 with 9, MAF65 with 20. An allelic diversity of 11.7 has been indicated by the same researcher.

The observed (ho) heterozygosity values were 0.602–0.725 and the theoretical heterozygosis (ht) were 0.6031–0.7278. All markers were polymorphic with an average allelic number of 11 (Poutya 2008).

The most polymorphic marker was MAF65, with 20 alleles and the least one was INRA063 that revealed six alleles. The analysis showed two distinct Sahel goat populations (one from Mali and another one from Mauritania). On the other hand, three groups of Djallonke goats were also observed. The first group included populations from Senegal and Guinea, the second those from Togo and Burkina Faso, and the third group those from Ghana.

In another survey realized by Traoré et al. (2009), 27 microsatellite markers were used to study the genetic characterization of the Djallonke goat, the Sahel and the Mossi goats in Burkina Faso. All markers were polymorphic, the number of alleles ranging from a minimum of four observed with the BM2504 to a maximum of 33 observed with the CSSM66*** with 33. These results showed a minimum observed heterozygosity rate of 0.024. BM2504 marker showed the minimum theoretical heterozygosity rate of 0.022. The maximum observed heterozygosity rate was 0.934. The maximum theoretical heterozygosity rate of 0.909 was observed with the CSSM66*** marker. The average allelic number of 5.4 was observed in the Djallonke goat and 6.4 in the Sahel goat. The Mossi goat came out, genetically, an intermediate product between the two types (Djallonké and Sahel).

Traoré et al. (2014) developed a survey on the genetic polymorphism of alphaS1 casein in the Guera and Sahel goats in Mali. The results showed three genotypes (BB, BE, and EE) with respective frequencies of 0.77, 0.17, and 0.06 on the Guera goat. For the Sahel goat, however, only one genotype (BB) was observed. The frequencies of the B and E alleles shown by the Guera goats were, respectively, 0.86 and 0.14. The observed and waited heterozygosities were 0.08 and 0.12.

In another study on the Guera goat and its crosses with the Sahel goat, Camara (2016), analyzed samples from a total of 58 goats including 28 Guera goats and 30 Guera × Sahel goat crossbreds. The analyses used five markers to determine the genetic diversity and to indicate the specific genetic rare allele of the Guera and its crossbreds (Guera × Sahel goats). The survey revealed a genetic diversity by the concerned marker. Ten allele was observed in the two groups of populations. An average heterozygosity rate of 0.3478 was obtained with an average polymorphic information content of 0.2797. In the same way, the crossbred presented an average heterozygosity rate of 0.3676 with an average polymorphic information content of 0.2974.

Olukoya et al. (2016) examined West African goats populations in Southwestern of Nigeria for genetic variation at three allozymes (hemoglobin, carbonic anhydrase, and transferrin) loci. The number of alleles observed across the allozyme loci varied from 246 to 250 with an overall mean of 247.33. The study revealed that West African goat has substantial genetic variation but there is a fairly high degree of outbreeding. The influx of other germplasms is affecting the founder alleles in the gene pool of West African goat and breed purity is at stake.

The genetic studies were undertaken on the West African breeds aimed to demonstrate, according to the geographical distribution of the breeds, diversity in breeds, and among breeds. These studies tried to analyze the genetic link among the different geographical goat populations. It is also evident from these studies that there were very few carried genes of economic interest for the characterization of the production traits. The different studies confirmed the existence of two types (Djallonke and Sahel goat) and the intermediate products between these two types. The names often assigned to the breeds according to the geographical localities don't confer them a genetic entity different from the other. The genetic analysis showed that several breed names exist for the same genetic type. The results observed through the different investigations constitute good information for the development of genetic improvement and conservation programs for goats in West Africa.

7.5 Trends and Challenges

On the one hand, local goats in West Africa are well adapted to the rearing conditions of their natural environment. Breeds in subhumid and humid zones, as well as those in Sahelo-Saharan zone show less health problems in their natural environment. Most of the weight and milk performances described above were obtained by animals raised in traditional farming conditions without supplementation.

On the other hand, feeding of goat breeds is mainly based on the use of natural pastoral resources (natural grazing and water resources), which are most often deficient in quantity and quality over time. It constitutes a major constraint for the exteriorization of their genetic potential. Some periods are characterized by weight loss in animals. In addition, goats receive very little health monitoring, regularly organized in the form of an appropriate prophylactic program. In Mali, the number of Boureïssa and Touareg goats are limited and they have been subjected to very few characterization studies. Djallonke goats from the Sudano-Sahelian zone are highly crossed with Sahelian goats. The genetic potential of local breeds is also poorly known and is assumed to be low. Efforts to improve genetic potentials of local breeds through selection are very limited and mostly crossbreeding among them and or with imported breeds are observed. Potentials for milk and/or meat productions exist in some breeds. Data collected in controlled environments (experimental farm and station) can be used for the elaboration and implementation of selection programs.

7.6 Concluding Remarks

This chapter highlights the presence of a great diversity of genetic resources in goats being raised in extensive low-input farming systems in West Africa. Major constraints related to goat production remain the improvement of the environmental conditions and the poor knowledge of their genetic characteristic. Djallonke goats are raised for meat production. Guéra and Sahel goats present a good potential for dairy production and some Sahel goat varieties for meat. The vast majority of local goat breeds remain to be characterized at the genetic level.

References

Alvarez I, Traoré A, Kaboré A (2012) Microsatellite analysis of the Rousse de Maradi (Red Sokoto) goat of Burkina Faso. Small Ruminant Res 105:83–88

Camara T (2016) Caractérisation moléculaire des chèrvres guéra et de leurs métisses (chèvres guéra x chèvres du sahel) dans la région de Kayes par l'utilisation des marqueurs microsatellites, Mémoire de fin d'étude, spécialité zootechnie, cycle Ingénieur de l'Institut Polytechnique Rural/Institut de Recherche Appliquée de Katibougou, Décembre 2006, Mali, 50 p

Dao M, Coulibaly MD, Sanogo S (2014) Caractérisation des chèvres africaines et de leurs environnements de production. Rapport IER-FAO, Rome, Italy, p 8

Faostat (2013) Statistical database. Food and Agriculture Organization of the United Nations. Available at: www.fao.org

Mani M, Marichatou H, Mouiche MMM (2014) Caractérisation de la chèvre du Sahel au Niger par analyse des indices biométriques et des paramètres phénotypiques quantitatifs. Anim Genet Resour 54:21–32

Marichatou H, Mamane L, Banoin M (2002) Performances zootechniques des caprins au Niger: étude comparative de la chèvre rousse de Maradi de la chèvre noire dans la zone de Maradi. Rev Elev Med Vet Pays Trop 55(1):79–84

Missohou A, Talaki E, Maman Laminou I (2006) Diversity and genetic relationships among seven West African goat breeds. Asian Australas J Anim Sci 19(9):1245–1251

Mohomoudou M, Nantoumé H, Niang M (2010) Caractérisation et amélioration du système d'élevage de la chèvre de Bourïssa au Mali. Rapport de recherche, Institut d'Economie Rurale (IER), Bamako, Mali

Momani M, Sanogo S, Coulibaly S (2012) Growth performance and milk yield in Sahelian × Anglo-Nubian goats following crossbreeding in the semi-arid zone of Mali. Agricultura Tropica et Subtropica 45(3):117–125

Nantoumé H, Traoré D, Diarra CHT (2003) Mise au point de techniques d'amélioration des productions de lait, de viande et de laine des petits ruminants. Rapport de recherche, 9ième Commission Scientifique/Bamako, Mali, 16 p

Nantoumé H, Traoré D, Diarra CHT (2008) Elevage de la chèvre Guera. Ministère de l'Agriculture. Institut d'Economie Rurale, Centre Régional de Recherche Agronomique de Kayes. Manuel d'élevage de la chèvre Guera, Mali

Odubote IK (1996) Genetic parameters for litter size at birth and kidding interval in West African Dwarf goats. Small Ruminant Res 20(3):261–265

Olukoya KA, Adebowale ES, Mabel OA et al (2016) Analysis of genetic structure of West African Dwarf goats by allozyme markers. Small Ruminant Res 136:145–150

Ozoje MO (2002) Incidence and relative effects of qualitative traits in West African Dwarf goat. Small Ruminant Res 43(1):97–100

Poutya MR (2008) Analyse du polymorphisme des microsatellites: application a la caractérisation des chèvres naines et du sahel d'Afrique de l'ouest. Thèse de Diplôme d'Etat de Médecine Vétérinaire de l'Ecole Inter-Etats des Sciences et Médecine Vétérinaires (EISMV), Dakar

Sangaré M, Pandey VS (2000) Food intake, milk production and growth of kids of local, multipurpose goats grazing on dry season natural sahelian rangeland in Mali. Anim Sci 71 (1):165–173

Sangaré M (2005) Synthèse des résultats acquis sur l'élevage des petits ruminants dans les systèmes de production animale d'Afrique de l'Ouest, PROCORDEL, URPAN, CIRDES, Burquina Faso, 176 p

Traoré D, Nantoumé H, Diarra CHT (2007) la chèvre Guéra. Monographies de l'INSAH N°15 (ISBN:2-912693-48-9)

Traoré D, Nantoumé H, Diarra CHT (2012) Milk production parameters and growth traits of the Guéra goat in Kayes (Mali). Livestock Res Rural Dev 24(12). Retrieved from: http://www.lrrd. org/index.html

Traore A, Tamboura HH, Kabore A et al (2008) Multivariate analyses on morphological traits of goats in Burkina Faso. Arch Anim Breed 51(6):588–600

Traoré A, Álvarez I, Tambourá HH et al (2009) Genetic characterisation of Burkina Faso goats using microsatellite polymorphism. Livest Sci 123(2–3):322–328

Traoré D, Sanogo Y, Fané R et al (2014) Genetic polymorphism of αS1 casein in Guéra and Sahel goat. Anim Genet Resour 54:79–83

Wilson RT (1991) Small ruminant production and the small ruminant genetic resource in tropical Africa. FAO Animal Production and Health Paper 88, Rome, Italy, 231 p

Chapter 8
Nigerian West African Dwarf Goats

Saidu O. Oseni, Abdulmojeed Yakubu and Adenike R. Aworetan

Abstract West African dwarf (WAD) goats represent a major livestock resource in the humid West and Central Africa where they are distributed across 15 countries. These goats are raised in low-input systems where they contribute to income and livelihoods of millions of people, with women playing key roles in local WAD goat value chains. These goats are renowned for their high fertility, multiple births, high twining rates, all season breeding, in addition to variations in qualitative traits within populations, justifying further policies for their conservation and sustainable use. Their rusticity and adaptation to backyard systems, as well as their cultural significance, contribute to their popularity. In spite of these attributes, severe constraints to production include absence of a policy-driven agenda for their sustainable production and utilization and no systematic long-term breeding programmes for their genetic improvement. This chapter reviews the status of WAD goat production and proposes strategies for their full exploitation as part of a poverty reduction agenda. Knowledge gaps including situation analysis (i.e. status of policies, institutions, infrastructure and capacities for sustainable WAD goat production) and analysis of strengths, weaknesses, opportunities and threats to WAD goat production systems are suggested. Proposed interventions include the following: a regional policy-driven agenda on sustainable WAD goat production, systematic long-term research and development strategy (i.e. breeding policy, infrastructure for recording, genetic evaluation and provision of estimated breeding values to farmers as a clientele service, etc.), WAD goat value chain mapping, analysis, chain empowerment, gender inclusiveness and livestock entrepreneurship through WAD goat production. These programmes could contribute to the sustainable exploitation and conservation of the genetic potentials of WAD goats for wealth creation, especially for resource-limited families.

S. O. Oseni (✉) · A. R. Aworetan
Department of Animal Sciences, Obafemi Awolowo University, Ile-Ife 220005, Nigeria
e-mail: soseni@oauife.edu.ng

A. Yakubu
Department of Animal Science, Nasarawa State University,
Keffi, Shabu-Lafia Campus, Lafia 950101, Nigeria

© Springer International Publishing AG 2017
J. Simões and C. Gutiérrez (eds.), *Sustainable Goat Production in Adverse Environments: Volume II*, https://doi.org/10.1007/978-3-319-71294-9_8

8.1 Introduction: Brief History and Domestication

The present-day dwarf goats of West and Central Africa (WAD) are traceable to the so-called pigmy goat, which is one of the 10 primary goat breeds believed to have originated from the wild Bezoar goat, *Capra aegagrus*, indigenous to the mountains of Asia Minor across the Middle East (see http://www.ansi.okstate.edu/breeds/goats). Other names such as Liberian Dwarf, African Pygmy, African Dwarf, Chevre de Fouta Djallon, Guinean, Guinean Dwarf, Chevre Guineene, Dwarf Congo, Cameroon Dwarf, Ghana Dwarf, Forest Dwarf, Nigerian Dwarf, Grassland Dwarf, Congo Dwarf; Chevre Naine, etc., are sometimes used to describe WAD goats according to different countries in the region, but these may be considered as ecotypes of WAD goats, which have adapted to the different ecosystems (DAGRIS 2007).

WAD goats are found predominantly in the humid, subhumid and in the drier, savannah climates, below latitude 14° N. It is popularly believed that all dwarf goats are found in West and Central Africa (Gall 1996; Mason 1996; DAGRIS 2007; also see http://nigerianpygmygoats.com/pygmygoats-origin.html). According to Epstein (1971) (cited in Gall 1996), in general terms, goats with height at withers less than 50 cm are classified as dwarf goats. Gall (1996) described two categories of dwarf goats to include (a) disproportionate dwarfs whose small size is due to the reduced length of extremities, and (b) proportionate dwarf goats (or true dwarfs) with small body size but with body proportions equal to normal sized goats.

Statistics on WAD goats across countries in the humid West and Central Africa revealed that 38% of the 38 million goats in the West African humid zone are WAD goats (Gall 1996). For Liberia, Sierra-Leone, Congo DR, Equatorial Guinea and Gabon, WAD goats represent the only breed of goats kept in these countries. For other countries in West Africa, including Nigeria, WAD goats represent 29–80% of all goats kept (Gall 1996).

The present chapter addresses opportunities, constraints, trait-level information, as well as intervention programmes (e.g. policy, research and development strategy, and genetic improvement programmes) and cross-cutting and emerging issues (e.g. value chain mapping and analysis, gender inclusiveness and promotional strategies) for WAD goats.

8.2 Significance, Opportunities and Constraints Associated with West African Dwarf Goat Production and Sustainable Utilization

8.2.1 Significance of West African Dwarf Goat Production

WAD goat production plays a very vital role in the livelihood of rural populations in Nigeria as sales of live animals and their products help to stabilize household income (Ademosun 1987). The WAD goat is the commonest and most important indigenous goat breed in the humid and subhumid zones of the 15 countries of West and Central Africa (Gall 1996). These animals are raised exclusively for meat, providing a flexible financial reserve for the rural population and playing important social and cultural roles. In spite of their small size, WAD goats provide their owners with a broad range of products and socio-economic benefits and services, such as income from the sale of goats, as gifts, source of meat, milk and manure for their crops, etc. Therefore, WAD goats not only play a vital role in ensuring food security of a household, often being the only asset possessed by the rural poor people, but when needed and in times of hardship such as crop failure, family illness or unforeseen expenditure, WAD goats may be sold to provide the cash to meet such emergencies. The socio-economic importance of WAD goats in the area is best illustrated by the popular expressions: 'goat is the cow of the poor' and 'bank on the hoof', which are commonly used expressions to describe them (Ngere et al. 1984; FAO 1985; Abu et al. 2013; Chiejina et al. 2015).

8.2.2 Opportunities

Opportunities presented by WAD goat production include the following: (a) they are raised under low-input systems across millions of households in the humid zones of West Africa, where they contribute to income, 'live' savings and are part of a diversified livelihood base of impoverished households; (b) contributions of WAD goats cover financial, cultural and traditional purposes; (c) meat is highly demanded and marketable where special local menus are prepared for clients as part of celebrations and festivities (Sumberg and Cassaday 1985); and (d) being a small stock, women play a fundamental role in its ownership, management, sale, income and asset base (Davran et al. 2009). Thus, gender mainstreaming and inclusiveness could be integral components of sustainable WAD goat development policies and programmes.

8.2.3 Critical Constraints

Critical constraints to WAD goat production and sustainable utilization hinge on policy and institutional arrangements, as well as technical and socio-economic aspects of production. As a matter of fact, the potential roles of WAD goats in income generation, food security and poverty alleviation, in general, are not well recognized. The preponderance of WAD goats all across humid West and Central Africa (Wilson 1991; Gall 1996; DAGRIS 2007), including their unique adaptive features and prolificacies, underscore the relevance of WAD goats in the local economies of the West African subregion.

Specific constraints to WAD goat production include high kid mortality (sometimes reaching 50% or higher), long kidding intervals and some diseases, especially PPR (Odubote 1992; Ademosun 1993; Egbunike et al. 1993). These constraints have seriously undermined the potential outputs derivable from WAD goat production. Ademosun (1993) observed that a template for standard management for WAD goats under backyard systems that addresses critical areas of nutrition, health care and housing, especially suitable for *on-farm* conditions in rural areas was lacking. The author noted that such an integrated management package will enhance the overall efficiency of WAD goat production and contribute to higher outputs particularly under rural and peri-urban settings.

8.2.4 Lessons from the Opportunities and Constraints Associated with West African Dwarf Goats

Opportunities and constraints associated with WAD goat production highlighted above present an avenue to undertake an analysis of the inherent strengths, weaknesses, opportunities and threats (or SWOT analysis) of WAD goat production systems and value chains (VC) following EURECA Consortium (2010). Part of the documented strengths associated with WAD goats include their production under low-input backyard system, high twinning rates, non-seasonal breeders and ready source of income (Ademosun 1987; Bitto and Egbunike 2006). Weaknesses, nevertheless, include high kid mortality and prolonged kidding interval, which contribute to low overall yield or output (Odubote et al. 1993). Opportunities, as previously highlighted, include their contribution to family income and food security (Ademosun 1987), while threats to their production could be connected to the absence of a policy-driven strategy for their sustainable production and utilization. Outcomes of a comprehensive SWOT analysis will guide policy interventions to harness the full advantages inherent in WAD goat production as a key strategy in poverty alleviation programmes, while addressing critical weaknesses and barriers (threats) to their sustainable use.

These scenarios provide very strong rationale basis to build policies, institutional capacities and national strategies for the sustainable utilization of WAD goats in Nigeria and across humid zones of West and Central Africa. Further, research and development (R&D) as well as research and innovation (R&I) programmes geared towards sustainable WAD goat production need to provide templates for optimal production and utilization of WAD goats across production (or farming) systems, agro-ecologies, socio-economics and marketing contexts. Resolving these institutional, technical and socio-economic constraints will promote sustainable exploitation of WAD goat genetic resource for income generation, poverty reduction and gender inclusiveness.

A robust technical package for WAD goat production must explore or take advantage of its high prolificacy and twinning rates (Egbunike et al. 1993; Gall 1996), while maintaining high kid survival. These were the main focus of the West African Dwarf Goat Project funded by the government of the Netherlands and implemented at the Obafemi Awolowo University, Ile-Ife, Nigeria from 1981 to 1992. According to Ayeni and Bosman (1993), the goal was to develop and test a flexible management package for WAD goat production that provided practical solutions to critical challenges that undermine or hinder WAD goat production and its contributions to household income and food security. The West African Dwarf Goat Project package, according to Bosman and Ayeni (1993), consisted of three key components: (a) a health component that included annual vaccinations against PPR and regular washing to protect against ectoparasites; (b) a nutrition component based on *Panicum maximum* and browses (*Gliricidia sepium* and *Leucaena leucocephala*) and agricultural by-products; and (c) a management component that included prototype housing, group feeding twice daily and semi-controlled breeding. The overriding goal was to address the critical limiting factors and constraints affecting the technical efficiency of WAD goat production under backyard and extensive systems. According to Ademosun (1993), simple interventions involving disease control (especially, the endemic PPR), improved nutrition and management are known to have marked positive effects on overall performance and productivity of WAD goats.

8.3 Trait-Level Information on West African Dwarf Goats

The scientific literature is filled with contributions to knowledge for WAD goats on themes related to the technical efficiency of their performance and output (e.g. health, adaptation, fertility, reproduction, growth, carcass yield, etc.). In particular, Gall (1996) and the ILRI DAGRIS database (see http://civ.dagris.info/node/2517) provided literature summaries of detailed trait-level information on WAD goats. Some of the thematic areas covered included reproduction, nutrition, management systems, health, meat science, genetics, socio-economics and marketing, among others. Broad categories of these trait-level information are discussed below.

8.3.1 Rusticity, Adaptation and Fitness-Related Traits

The WAD goat is an exceptional goat breed with remarkable ability to make maximum use of roughages. Its preference for browsing on a wide variety of vegetation, as well as its ability to withstand the extremes of the tropical climate and its trypanotolerance, accounts for its widespread distribution throughout the humid West and Central Africa (Oyeyemi et al. 2000). Important attributes of the WAD goat are its excellent adaptation to its native habitat, including the unique ability to thrive and be productive in trypanosome-endemic zones of West and Central Africa (Ngere et al. 1984; Adeoye 1985; Ademosun et al. 1987). The Nigerian WAD goats have also been reported to be haemoncho- and trypanotolerant (Chiejina and Behnke 2011; Chiejina et al. 2015; Ngongeh and Onyeabor 2015), and have been reported to resist infections with *Haemonchus contortus* (Chiejina et al. 2015).

8.3.2 Qualitative Variation

There is a high level of diversity in the gene pool of WAD goats as reflected in the varied expression of a number of qualitative traits. Qualitative variation is expressed through various coat colours and their combinations, possession of wattles and supernumerary teats in females (Odubote et al. 1993; Odubote 1994; Adedeji et al. 2006; Oseni et al. 2006; Oseni and Ajayi 2014). Coat colours include basic white to basic brown to pied and mixed colours (Odubote 1992; Ozoje and Mgbere 2002). Majority of the WAD goats have black coat colours (36%) and smooth hair type (84%). Similarly, Oseni et al. (2006) observed predominantly all black goats to be one-third. The presence of wattles, beard and horns is prominent in males (Adedeji et al. 2006).

8.3.3 Fertility and Reproductive Performance of West African Dwarf Goats

Ola and Egbunike (2004) reported some morphological and behavioural attributes of oestrous in WAD goats that could increase the precision of oestrous detection. Such attributes include standing to be mounted by the buck, lordosis posture, tail wagging, keen interest in the male and slight swelling and reddening of the vulva lips. Similarly, Bitto and Egbunike (2006) investigated the effect of season on daily sperm production, daily sperm production per gram, gonadal and extra-gonadal sperm reserves in pubertal WAD bucks. The study reported that daily sperm production and daily sperm production per gram were similar across seasons and concluded that WAD bucks are not seasonal breeders and that reproduction could be obtained all year round from superior sires for use in planned breeding programmes.

On the effect of management systems on the performance of WAD goats, Ogebe et al. (1995) investigated growth and reproductive performance of WAD goats under varied management systems, based on the modifications of the traditional system. Results showed superior performance with improved daily weight gain to 20 weeks for WAD goats provided with a combination of shelter, supplementary minerals and supplements of crop residues. This study revealed the importance of intervention strategies (e.g. proper housing, supplemental feeds and minerals) on the performance of WAD goats under traditional systems.

Reports from Nigeria (Odubote 1992; Egbunike et al. 1993) and Ghana (Hagan et al. 2014) presented results for vital reproductive and performance data on WAD goats, including the following: (a) weight of kids at birth was 1.20 ± 0.01 ($\pm$S.E. M.) kg and was significantly affected by birth type (singletons, twins, etc.), season of birth, gender of kids, parity and year of kidding; (b) male kids were heavier than female kids (1.25 ± 0.01 vs. 1.15 ± 0.01 kg, respectively), while singletons were heavier than kids in twins and triplets (1.28 ± 0.02, 1.21 ± 0.01 and 1.13 ± 0.02 kg, respectively); mean litter size at birth was 2.07 ± 0.03; and (c) overall pre-weaning survival rate was 79.9% and was affected by birth type, parity of does and year of birth of the kids. Also, for boosting reproductive efficiency, Akusu and Egbunike (1984) reported that $PGF_2\alpha$ could be useful for oestrous synchronization. WAD goat does on $PGF_2\alpha$ treatment recorded shorter interval from time of injection to oestrous compared to the controls.

The WAD goat is highly fertile and prolific, which largely compensate for its small size and low body weight in comparison to commercial goat breeds (Ngere et al. 1984). Ogebe et al. (1995) reported that puberty occurs at 4 months old for both male and female WAD goats, with average body weight ranging between 6.3 and 7.3 kg and 6.2 and 7.2 kg, for males and females, respectively. Some behavioural manifestations of puberty for bucks include rapid wagging of upturned tail, nudging, sniffing, courting grunts, sniffing and licking of female genitalia, grunting and attempting to mount females, and frequent chasing of females (Ogebe et al. 1995). For the does, signs include sniffing of male body and frequent bladder evacuation, frequent micturition stance, bleating and indiscriminate mounting of other does (Ogebe et al. 1995). Further, the onset of sperm production in young WAD bucks was 5 months of age (Daramola et al. 2007), while age at first parturition ranged between 15 and 18 months old (Adeoye 1985; Mack et al. 1985; Wilson 1991; DAGRIS 2007). Overall birth weights of 1.4–1.7 kg for male and female kids, respectively, have been reported by various authors (Mack et al. 1985; Omeke 1988; Wilson 1991). The gestation length of WAD goats across countries ranged between 142 and 149 days (Wilson 1991). Adeoye (1985) reported a mean litter size of 1.6 and annual reproductive rate of 2.3 kids/doe/year and kidding interval of 261 days. Otchere and Nimo (1976) reported 68% of multiple births, with twining accounting for 52%, litter size of 1.87 kids and kidding interval of 266 days for WAD goats in Ghana. However, for WAD goats in Nigeria, Ngere et al. (1984) reported twin births at 46%, birth weight of 1.2–1.5 kg and 1.2–1.3 kg for single and twin births, respectively. The same authors reported birth weight ranges of 1.2–1.3 kg for female kids and 1.2–1.5 k for male kids. Otuma and Onu (2013) noted that litter sizes and body weights of WAD goats were significantly affected by parity and season of rearing and that birth and weaning weights increased with parity of the doe.

Several reports (Egbunike et al. 1993; Odubote et al. 1993) presented data on the reproductive performance of WAD goats under improved management *on-station* and reported the following: (a) a mean doe age at first kidding of

17.4 ± 0.40 months and kidding interval from 201 to 283 days; (b) that the pre-weaning mortality was more severe in males than in females and was significantly higher in the dry season; (c) litter sizes favoured twins and triplets; and (d) mean weight at birth, weaning and yearling were 1.3 ± 0.1, 6.3 ± 0.1 and 12.3 ± 0.1 kg, respectively.

The annual reproductive rate was 2.2 kids per breeding doe, while doe productivity index (DPI)[1] was 9.9 kg. A detailed summary of reproductive and growth performance of WAD goats across West and Central Africa has been documented by Gall (1996).

8.3.4 Growth-Related and Carcass Traits

Overall average daily gain (male or female WAD goat kids) was reported by Ikwuegbu et al. (1995) in the DAGRIS database: (a) 55–63 g/day from birth to 30 days of age, (b) 25–33 g/day from 60 to 90 days and (c) 18–22 g/day from 150 to 365 days of age. Ngere et al. (1984) reported a weekly gain of 116 g for females and 141 g for males consistently for a year. Mature body weight for males ranged between 18 and 34 kg, while that of females was 18–32 kg. Wilson (1991) reported 16.5–17 and 18.6–20 kg for females and males, respectively, at 18 months of age. The heritability estimate for body weight at 12 months of age was 0.33 (Otuma and Onu 2013), implying that the trait could be moderately heritable (Falconer and Mackay 1998).

8.4 Intervention Programmes

8.4.1 Regional and National Policy on WAD Goat Production

The efficiency and productivity of WAD goats in West and Central Africa can be enhanced by well-crafted regional and national policies that address critical constraints and challenges confronting WAD goat production and local value chains (VC). Such policy instruments should involve legislation, regulations and

---

[1]Doe productivity index is an assessment of the performance of a doe based on its reproductive parameters. This can be evaluated using the method of Knipscheer et al. (1984):

$$\mathrm{DPI} = \frac{365*(N-1)}{T_n - T_1} * LS_b * S * W_w$$

where DPI = doe productivity in kg/doe/year; N = number of parturitions; LS_b = average litter size at birth; S = average survival rate until weaning; W_w = average weaning weight of kids (kg); T_1 = age at first parturition (days); and T_n = age at nth parturition (days).

institutional arrangements that would recognize the important contributions of WAD goats to family income, food security and rural economy. Such policies should effectively mobilize all stakeholders including WAD goatherd owners, breeders' associations, governments and non-governmental organizations, financial sector and women groups. Policies on WAD goat production should embrace input supply, production, VC, conservation, sustainable use and capacity building for its sustainable utilization. Other matters including breed registration, animal and pedigree recording and genetic evaluation, and traceability, while developing market infrastructure along WAD goat VC, and setting up investments to strengthen such VC (Bett et al. 2009; You and Johnson 2010) should be included.

8.4.2   Long-Term R&D Strategy for WAD Goats

In the design of long-term breeding programmes for WAD goats in West and Central Africa, breeding policies need to incorporate multifunctional roles of WAD goats such as sources of meat, investment ('savings bank on the hoof'), as well as key cultural and traditional roles. There is a need for international development and conservation agencies (e.g. Rare Breed Survival Trust, Slow Foods International, etc.) to provide supportive roles in the conservation and sustainable utilization of WAD goat genetic resources.

Performance recording is generally not done on traditional farmer's herds in Nigeria (FAO 2004) and neither is it done in many other countries in West and Central Africa. Thus, well-coordinated performance recording schemes involving the government (through Ministries of Agriculture in States and Local Government Areas), research organizations and farmer associations need to be initiated. ICT-driven recording systems and databases (Oseni et al. 2006) should be put in place in this direction and centrally controlled and coordinated by recognized institutions. These arrangements will form the core foundation for genetic evaluation and the provision of estimated breeding values for key performance traits, as a clientele service to WAD goat farmers.

8.4.3   Genetic Improvement Programmes

Estimates of genetic parameters are rather few (Odubote 1996; Oseni and Ajayi 2014), while those studies on molecular association have been restricted to single genes (Yakubu et al. 2016, 2017) indicating that research work on WAD goat breeding and genetics deserves urgent priority attention.

A quantitative-molecular paradigm for livestock improvement advocated by Notter et al. (2007) aspires to provide a structure to combine established strategies for prediction of estimated breeding values from performance records on individual animals and their relatives with modern molecular techniques to determine parentage, identify major genes or genetic markers associated with desirable phenotypes, and utilize the power of functional genomics to improve understanding of the genetic mechanisms that control expression of complex traits.

The collection and integration of performance data with molecular information on WAD goats combined with a clientele service delivery mechanism will enable farmer association's access to superior WAD goat genetics that will increase overall productivity and product quality. These require synergy among researchers, government agencies, non-governmental organizations, breeders' associations, breeding companies and farmers who have been mobilized as key actors and players. Currently, there is no structured breeding programme for WAD goats in Nigeria and a lot of conscious effort involving key stakeholders is needed in this direction. However, genetic improvement, conservation and enhanced use of WAD goats are part of the 2013–2022 Strategic Plan of the West Africa Livestock Innovation Centre (WALIC, http://www.walic-wa.org/genetic-improvment/). There was also a collaborative attempt in 2007 by the International Atomic Energy Agency (IAEA), Austria, geared towards the genetic improvement of WAD goats through the distribution of semen of superior males and/or semen from foreign breeds with proven ability to perform well in the Western Highlands of Cameroon (see http://www-naweb.iaea.org/nafa/aph/stories/2007-goats-cameroon.html). The establishment of a specific breeding programme requires a good understanding of the farming system, institutional organizations and roles, prior to genetic improvement activities (Bett et al. 2009; Biscarini et al. 2015).

Programmes on genetic improvement of WAD goats in West and Central Africa can be executed using within-breed selection based on the level of performance of the animals. This is because earlier cross-breeding attempts in the tropics were not successful and sustainable due to incompatibility of the breeding objectives and the management approaches of the existing production system in the area (Kosgey et al. 2006; Philipsson et al. 2011). In this regard, open nucleus breeding schemes (ONBS) and community-based breeding schemes have been proposed for the genetic improvement of WAD goats (Dossa et al. 2009; Oseni and Ajayi 2014; Adedeji et al. 2015).

In particular, Oseni and Ajayi (2014) recommended a dispersed open nucleus breeding programme for WAD goats in West and Central Africa operated on a communal or cooperative basis. According to the authors, the breeding scheme will promote the use of superior bucks in local communities. A practical ONBS was demonstrated by Yapi-Gnoare (2000) for Djallonke rams, in a process that involved two phases—an *on-farm* preselection phase, based on live weight at 90 days old; an *on-station* final selection phase based on yearling weight, followed by the distribution of the selected rams to participating farmers in each locality or region. In Ghana, research activities are ongoing at the Kintampo National Goat Nucleus Breeding Centre for WAD goats of Ghana (Birteeb et al. 2015). Further, Dossa et al. (2009) presented a detailed investigation involving the application of the

ONBS under a community-based approach to initiate genetic improvement programmes for WAD goats owned by community members in Benin Republic. The details presented in the report could form a template for actual implementation of ONBS as a tool for genetic improvement of WAD goats with full community ownership of such programmes across West and Central Africa. Similarly, an open nucleus breeding programme for improving the trypanotolerant WAD goats for smallholders was started at the International Trypanotolerance Centre in the Gambia in 1994. The programme aimed at increasing meat production efficiency in combination with the improvement of the trypanotolerance traits of WAD goats (see http://www.itc.gm/html/small_ruminant_project.html). Farmers entered into a contract with International Trypanotolerance Centre to use males from the nucleus provided that they were willing to eliminate all other males in their flock. However, given the approach—farmers' involvement, choice of local breeds, selection under low-input conditions—the programme had potential for success (Kosgey et al. 2006).

Community-based organizations for WAD goat genetic improvement could also provide a strategic option for WAD goat production and development. Community-based breeding schemes are especially suitable for low-input traditional smallholder farming systems (Kahi et al. 2005; Haile et al. 2011; Wurzinger et al. 2011). Different from the conventional top-down approach, community-based breeding programmes take into account the indigenous knowledge of the communities on breeding practices and breeding objectives (Gizaw et al. 2013; Wurzinger et al. 2013). Kahi et al. (2005) proposed the establishment of community-based organizations for the genetic improvement of livestock as a likely measure that could be made to work within the existing long-term socio-economic, sociopolitical and infrastructural limitations, especially in less developed countries. This adequately takes the views, knowledge, attitude, practices and decisions of farmers into consideration in all facets of the design and execution of the breeding programme. Thus, community-based breeding programmes, when adopted for WAD goats, could prove to be the best way to obtain permanent gains in these indigenous stocks in terms of genetics and profitability in West and Central Africa.

8.5 Cross-Cutting and Emerging Issues in Sustainable WAD Goat Production

8.5.1 Value Chain Mapping and Analysis

VC constitutes another important concept in the livestock sector. The goat value chain includes the full range of activities required to bring goats and their products (e.g. meat, milk, hides and skins, etc.) from the different phases of production to delivery to the final consumers (Heifer Project International 2013; Ilu et al. 2016). The VC for enhancing the contributions of goat production to the livelihood of low-income stakeholders has been proposed. According to the 'Goats Value Chain for Prosperity' (or G4P; see http://www.sarilab.ranlab.org/content/goats-value-chain-prosperity-g4p), this is seen as a strategic intervention that addresses challenges associated with limited opportunities for income generation in the local economy and food and income insecurities, especially among actors in the goat value chain. Further, Sesay (2016) noted that attention should be drawn to often neglected sectors such as the goat meat industry and in particular improving the goat VC.

According to Zvavanyange (2016), part of a strategy for climate resilient farming systems is the development of goat value chain. The process to accomplish such a strategy includes (a) mapping key goat VC actors from production to terminal markets; (b) identifying constraints facing the sub-sector and delineating commercialization opportunities along the goat VC; (c) identify key actors and stakeholders, including women groups; (d) access markets that work for the poor; and (e) invest in capacity development for all goat VC actors (IGAD 2016). All these steps could also be applied to the development of efficient and sustainable WAD goat value chains.

A typical WAD goat VC in Nigeria is shown schematically in Fig. 8.1. Effectively, the WAD goat VC includes input suppliers especially with respect to the provision of breeding stocks, prototype housing designs, healthcare system (involving access to veterinary and para-veterinary services), feeds, supplements and sundry inputs needed for efficient and effective management of WAD goat enterprises. Also, the actors connected with these key and miscellaneous inputs are effectively mobilized as components of the WAD goat VC.

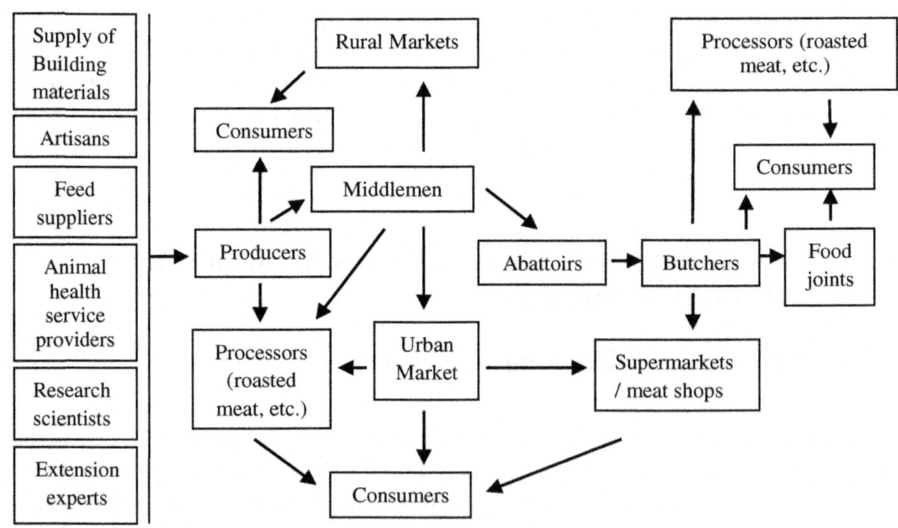

Fig. 8.1 A typical goat value chain framework in Nigeria, West Africa. *Source* Field Survey (2015) (Unpublished)

Some studies (e.g. Ademosun 1993; Pamo et al. 2006; Birteeb et al. 2015; Yagoub and Babiker 2016; Yakubu et al. 2017) noted that improved technologies and innovations in goat production are principally carried out by researchers mainly from universities or research institutes. The dissemination of such research findings is the main activity of agricultural extensionists, who are institutions-based or from governments/non-governmental organizations. Such research findings, ideally, provide practical technical solutions to the problems and challenges faced by goat farmers who are at the centre of the production enterprise. Thus, functional and virile linkages between goat farmers, extension agencies and research institutions, government agencies and NGOs could contribute to the overall success of WAD goat enterprises and WAD goat VC, especially with respect to wealth creation and poverty alleviation programmes. The farmers sell live goats mainly to middlemen and major marketers (in rural and urban areas), who in turn extend the supply chain to abattoirs, butchers (meat sellers), processors of meat, hides and skins, restaurants, supermarkets/meat shops and, ultimately, to the consumers. The VC illustrated in Fig. 8.1 is similar to that reported by Woode (2013) in Ghana.

Producers are the most critical part of the entire goat VC. The analysis of the goat VC shows that production is still largely in the hands of smallholder producers in backyard systems (Ademosun 1993). Some of the constraints to goat production include limited capacity and resources, inadequate access to inputs and services including technologies, weak networks among the actors of VC, limited knowledge and lack of empowerment (Heifer Project International 2013). Goat production is also affected by sociocultural factors such as taboos and legislation which prevent the production of goats in some areas, cultural beliefs with respect to the hair (coat) colour of the goat influencing consumer preferences, or norms regarding which gender (men or women) could engage in goat trading in the market (Woode 2013).

Goat traders/middlemen are believed to be the most important to the smallholder farmers as far as the marketing of their goats is concerned (Woode 2013; Ilu et al. 2016). This is because middlemen provide the critical link between the goat owners and the markets—they buy and sort WAD goats from remote locations and bulk them for market sales. It has been argued that rural goat marketing system is haphazardly done as there exist no standard measures to guide transactions (Banda et al. 2011) nor is there a well-defined regulatory framework to smoothen its operations (Okewu and Iheanacho 2015). The marketing system is not fully integrated regionally and has no recognized VC management structures (ERA 2009). Integration of national VC to regional and globally significant VC to identify market niches (Muthee 2006) becomes imperative. For this, however, a traceability system (FAO 2016) needs to be in place. In essence, the WAD goat VC provides an opportunity to streamline WAD goat production towards higher efficiency and enrichment of all key actors and stakeholders.

8.5.2 Inclusiveness

Inclusiveness is the quality of involving different types of people and treating them all fairly and equally (http://dictionary.cambridge.org/dictionary/english/inclusiveness). Inclusiveness helps to ensure that all key participants and stakeholders including women and youth groups are well mobilized and involved in the WAD goat VC. Goats can be an important tool for empowering women (Miller et al. 2015), youths and men, considering the nature of activities along the goat VC. From the gender point of view, women tend to have more passion for goat production compared to their male counterparts as the latter looked at goat production from the economic perspective while the former think more of the social relevance (multipurpose production and support to the household economy) (Davran et al. 2009). Instances of gender involvement in goat marketing in south-western Nigeria are shown in Fig. 8.2, indicating the special roles of women in local WAD goat VC. Further, it has been reported that gender equality contributes to higher efficiency and a boost to agricultural businesses in general (KIT-Agri-ProFocus and IIRR 2012). The Harvard Analytical Framework (Gender Roles Framework, March et al. 1999) for gender inclusiveness and mainstreaming is also advocated for WAD goat VC in West and Central Africa as it encapsulates the major roles and contributions of men and women along the VC. This becomes important considering the fact that gender inequality is one of the contributing factors to poverty in developing countries (Dormekpor 2015). Thus, gender inclusiveness could be adopted for WAD goat VC in West and Central Africa and sustained through innovation platforms (IP). Such IPs could involve gatherings or meetings involving relevant stakeholders in goat businesses and enterprises where solutions to the problems and constraints affecting such enterprises are co-created for the goat VC (Miller et al. 2015). Furthermore, IPs could create space to bring together all stakeholders to establish common interests, and work in synergy to improve production, value addition and marketing (van Rooyen and Homann 2009).

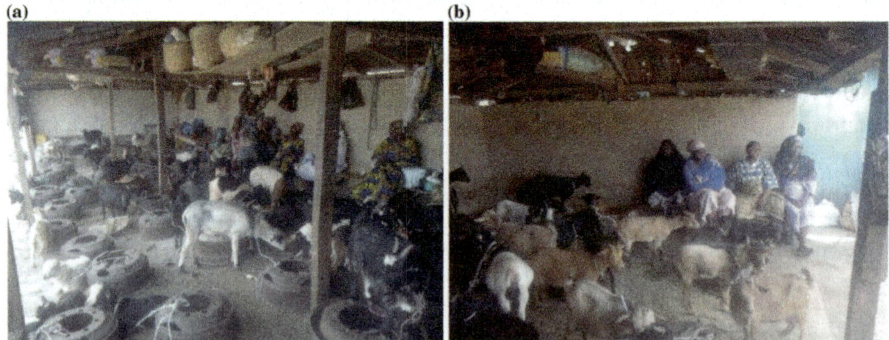

Fig. 8.2 Pictures of WAD goats (**a**) and herd keepers (**b**), Ede, south-west Nigeria (provided by S. Oladepo, Ede, Osun State, May, 2016)

8.5.3 Promotional Strategies

Promotional strategies to enhance WAD goat production and their contribution to income generation and family welfare need to be initiated and implemented. Such strategies could involve business models for smallholder WAD goat production, processing, value addition and market—orientation and commercialization of WAD goat production operations. Peacock et al. (2005) described a successful market-oriented goat production and value chain in South Africa that effectively applied business models and created opportunities that were so previously underutilized. The 'model' effectively linked farmers with processors and markets through vertical integration and ultimately, to export markets, with the establishment of a traceability system.

A second promotional strategy for sustainable WAD goat production is through livestock entrepreneurship. Livestock-based enterprises are pathways out of poverty for many people in Africa. Linking up the farm to market can be a source of significant job creation and income generation (Lemma 2014). Goat farming (especially fattening operations) at low, medium and commercial scales is fast evolving (Kumar 2007; Kumar et al. 2010), while involvement in the sale of goat milk and adding value to goat products, for example, processing milk into cheese or yoghurt is a veritable source of income.

There is potential in biogas production from WAD goat manure. The option of biogas for local or domestic use, either for the replacing of natural gas directly in certain consumers' facilities or for the enrichment of low-pressure natural gas network, appears to be more and more promising (Batzias et al. 2005). Manure from WAD goats could also be used as a form of organic fertilizer to improve crop production thereby offering job opportunities to those involved in the gathering and sale of the manure. Forage production is another good source of employment as this could supplement natural grazing (Adjolohoun et al. 2008). All these activities could effectively contribute to nutrient recycling among farm components (e.g. manure used as organic fertilizer and for biogas, while the effluents could be channelled to a fish pond), leading to whole farm integration, with additional sources of income from multiple farm components.

Some innovative business models that could be adopted in WAD goat production and VC include contract farming and micro-franchising, as these could unlock the value and income generating potentials of animals kept by resource-poor farmers (Peacock 2010). In a typical contract farming, purchasers (investors) provide technical inputs and services for efficient and wholesome goat production, while livestock farmers provide the requisite land and labour (Morrison et al. 2006). Micro-franchising, on the other hand, involves offering the farmers some entrepreneurial skills to boost livestock production and marketing.

8.6 Concluding Remarks

This chapter has covered WAD goat production in West and Central Africa. Attention is drawn to opportunities associated with its production in local economies across the region. Critical constraints including institutional, policy and technical issues that grossly undermine its overall output and contributions to food security and rural economy are highlighted. A case is made for WAD goat development strategy that is community-driven, systematic, inclusive and entrepreneurial, as part of a poverty alleviation programme.

Acknowledgements EU-funded iLINOVA project provided the platform and facilitated the development of this work. WAD goat farmers and market women in Osun and Oyo States, south-west Nigeria, who gave us full cooperation during the course of field work on WAD goat value chains.

References

Abu AH, Mhomga LI, Akogwu EI (2013) Assessment of udder characteristics of West African Dwarf goats reared under different management systems in Makurdi, Benue State, Nigeria. African J Agric Res 8:3255–3258

Adedeji TA, Ogundipe RI, Ige AO et al (2015) Smallholders' willingness to participate in a nucleus breeding programme for West African Dwarf goats under low-input environment. J Environ Issues Agric Developing Countries 7(1):55–60

Adedeji TA, Ojedapo LO, Adedeji OS et al (2006) Characterization of traditionally reared WAD goats in the derived savannah zone of Nigeria. J Anim Vet Adv 5(8):686–688

Ademosun AA (1987) Appropriate management system for the West African Dwarf goat in the humid tropics. In: Smith OB, Bosman HG (eds) Goat production in the humid tropics. Proceedings of a workshop at the University of Ife, Ile-Ife, Nigeria, pp 21–28

Ademosun AA (1993) The scope for improved small ruminant production in the humid zone of West and Central Africa. The approach of the WAD goat project. Proceedings of an International Workshop, OAU, 6–9 July 1992, Ile-Ife, Nigeria. In: Ayeni AO, Bosman HG (eds) Goat production systems in the humid tropics, Pudoc Scientific Publishers, Wageningen, The Netherlands, pp 2–13

Ademosun AA, Jansen HJ, Van Houtert V (1987) Goat management research at the University of Ife. In: Sumberg JE, Cassaday K (eds) Sheep and goats in humid West Africa. ILCA, Addis Ababa, Ethiopia, pp 34–37

Adeoye SAO (1985) Reproductive performance of West African Dwarf goats in southwestern Nigeria. In: Bourzat D, Wilson RT (eds) Small ruminants in African agriculture. ILCA, Addis Ababa, Ethiopia, pp 18–24

Adjolohoun S, Bindelle J, Adandedjan C et al (2008) Some suitable grasses for ley pastures in Sudanian Africa: the case of the Borgou region in Benin. Base 12(4):405–419

Akusu MO, Egbunike GN (1984) Fertility of the WAD goat in its native environment, following prostaglandins F_2-alpha induced estrus. Vet Q 6(3):173–176

Ayeni AO, Bosman HG (1993) The WAD goat project package. How it was developed and tested. Proceedings of an International Workshop, OAU, 6–9 July 1992, Ile-Ife, Nigeria. In: Ayeni AO, Bosman HG (Eds.) Goat production systems in the humid tropics. Pudoc Scientific Publishers, Wageningen, The Netherlands, pp 23–32

Banda LJ, Dzanja JL, Gondwe TW (2011) Goat marketing systems and channels in selected markets of Lilongwe district Malawi. J Agric Sci Technol 54(1):1200–1203

Batzias FA, Sidiras DK, Spyrou K (2005) Evaluating livestock manures for biogas production: a GIS based method. Renew Energy 30:1161–1176

Bett RC, Kosgey IS, Kahi AK et al (2009) Realities in breed improvement programmes for dairy goats in East and Central Africa. Small Ruminant Res 85:157–160

Birteeb PT, Danquah BA, Salifu A-RS (2015) Growth performance of West African Dwarf goats reared in the transitional zone of Ghana. Asian Aust J Anim Sci 9(6):370–378

Biscarini F, Nicolazzi EL, Stella A et al (2015) Challenges and opportunities in genetic improvement of local livestock breeds. Front Genet 6:33. https://doi.org/10.3389/fgene.2015.00033

Bitto II, Egbunike GN (2006) Seasonal variation in sperm production, gonadal and extra-gonadal sperm reserves in pubertal WAD goat bucks in their native tropical environment. Livest Res Rural Dev 18(9) (n° 134)

Bosman HG, Ayeni AO (1993) Zootechnical assessment of innovations as adapted and adopted by the goat keepers. Proceedings of an international workshop, OAU, 6–9 July 1992, Ile-Ife, Nigeria. In: Ayeni AO, Bosman HG (eds) Goat production systems in the humid tropics. Pudoc Scientific Publishers, Wageningen, The Netherlands, pp 45–57

Chiejina SN, Behnke JM (2011) The unique resistance and resilience of the Nigerian WAD goat to gastro-intestinal nematode infections. Parasit Vectors 4:12. http://doi.org/10.11862756-3305-4-12

Chiejina SN, Behnke JM, Fakae BB (2015) Haemoncho-tolerance in West African Dwarf goats. Contribution to sustainable, anthelmintic-free helminth control in traditionally managed Nigerian dwarf goats. Parasite 22:7. http://doi.org/10.1051/parasite/2015006

DAGRIS (2007) Domestic animal genetic resource information system database. The West African Dwarf goat breed traits. Available at: http://dagris.ilri.cgiar.org/. Accessed 20 Dec 2016

Daramola JO, Adeloye AA, Fatoba TA and Soladoye AO (2007) Induction of puberty in West African Dwarf buck-kids with exogenous melatonin. Livest Res Rural Dev 19 (9):2007, n° 127

Davran MK, Ocak S, Secer A (2009) An analysis of socio-economic and environmental sustainability of goat production in the Taurus Mountain Villages in the Eastern Mediterranean Region of Turkey, with consideration of gender roles. Trop Anim Health Prod 41:1151–1155

Dormekpor E (2015) Poverty and gender inequality in developing countries. Developing Country Stud 5(10):76–102

Dossa LH, Wollny C, Gauly M et al (2009) Community-based management of farm animal genetic resources in practice: framework for focal goats in two rural communities in Southern Benin. Anim Genet Resour 44:11–31

Egbunike GN, Akusu MO, Carew BAR (1993) Vital reproductive statistics of WAD goats does. Proceedings of an international workshop, OAU, 6–9 July 1992, Ile-Ife, Nigeria. In: Ayeni AO, Bosman HG (eds) Goat production systems in the humid tropics. Pudoc Scientific Publishers, Wageningen, The Netherlands, pp 202–207

Epstein H (1971) The origin of the domestic animals of Africa. Africana Publication Corporation, New York, pp 214–220

ERA (2009) An integrated regional value chains approach to agricultural development in Africa. Economic report on Africa (ERA), 2009. Chapter 5, pp 143–182

EURECA Consortium (2010) Local cattle breeds in Europe In: Hiemstra SJ, de Haas Y, Mäki-Tanila A, Gandini G (eds) Wageningen Academic Publishers, Wageningen, the Netherlands, 154 p. Available at http://www.regionalcattlebreeds.eu/

Falconer DS, Mackay TFC (1998) Introduction to quantitative genetics, 4th edn. Longman

FAO (1985) Small ruminant production in the developing countries. In: Tilmon VM, Hanraho JP (eds) Proceedings of an expert consultation held in Sofia, Bulgaria, pp 1–15

FAO (2004) 1st state of the world's animal genetic resources. Nigeria country report. March, 2004

FAO (2016) Development of an integrated multipurpose animal recording system. FAO animal production and health guidelines, n° 19. Food and Agriculture Organization of the United Nations, Rome, Italy, 167 p

Gall C (1996) Goat breed of the World. CTA Wageningen, The Netherlands

Gizaw S, Getachew T, Edea Z et al (2013) Characterization of indigenous breeding strategies of the sheep farming communities of Ethiopia: a basis for designing community-based breeding programs. ICARDA working paper, Aleppo, Syria, 47 p

Hagan BA, Nyameasem JK, Asafu-Adjaye A et al (2014) Effects of non-genetic factors on the birth weight, litter size and pre-weaning survivability of WAD goats in the Accra plains. Livestock Res Rural Dev 26(1) (n° 13)

Haile A, Wurzinger M, Mueller J et al (2011) Guidelines for setting up community-based sheep breeding programs in Ethiopia. ICARDA—tools and guidelines No. 1. ICARDA, Aleppo, Syria

Heifer Project International (2013) Goat value chain toolkit: a guideline for conducting value chain analysis of the goat sub-sector. Retrieved from: http://www.igagoatworld.com/uploads/6/1/6/2/6162024/scalingup_successful_practices-part05.pdf

IGAD (2016) Validation of the report of diagnostic goat value chains study. Retrieved from: http://icpald.org/validation-report-of-goat-value/

Ikwuegbu OA, Tarawali G, Rege JEO (1995) Effects of fodder banks on growth and survival of West African Dwarf goats under village conditions in subhumid Nigeria. Small Ruminant Res 17:101–109

Ilu IY, Frank A, Annatte I (2016) Review of the livestock/meat and milk value chains and policy influencing them in Nigeria. In: Smith, OB, Salla A, Bedane B (eds). Food and Agriculture Organization of the United Nations and the Economic Community of West African States, 2016

Kahi AK, Rewe TO, Kosgey IS (2005) Sustainable community-based organizations for the genetic improvement of livestock in developing countries. Outlook Agric 34:261–270

KIT-Agri-ProFocus and IIRR (2012) Challenging chains to change: gender equity in agricultural value chain development. KIT Publishers, Royal Tropical Institute, Amsterdam, The Netherlands, 347 p

Knipscheer HC, Kusnadi U, de Boer AJ (1984) Some efficiency measures for analysis of the productive potential of Indonesian goats. Agric Syst 15:125–135

Kosgey IS, Baker RL, Udo HMJ et al (2006) Successes and failures of small ruminant breeding programmes in the tropics: a review. Small Ruminant Res 61(1):13–28

Kumar S (2007) Commercial goat farming in India: an emerging agri-business opportunity. Retrieved from: https://ideas.repec.org/a/ags/aerrae/47443.html#author

Kumar S, Rama CA, Kareemulla K et al (2010) Role of goats in livelihood security of rural poor in the less favoured environments. Indian J Agric Econ 65(4):761–781

Lemma H (2014) Livestock entrepreneurship as an emerging self-employment option for university graduates in Ethiopia: overview of concerns and potentials for growth. Eur J Bus Manage 6(4):95–105

Mack SD, Sumberg JE, Okali C (1985) Small ruminant production under pressure: the example of goats in southeast Nigeria In: Sumberg S, Cassaday K (eds) Sheep and goats in humid West Africa. Proceedings of the workshop on small ruminant production systems in the humid zone of West Africa, held in Ibadan, Nigeria, 23–26 Jan 1984, ILCA, Addis Ababa, Nigeria, pp 47–52

March C, Smyth IA, Mukhopadhyay M (1999) Harvard analytical framework and people-oriented planning. A guide to gender-analysis frameworks. Oxfam, p 43

Mason IL (1996) A world dictionary of livestock breeds, types and varieties, 4th edn. C.A.B. International, 273 p

Miller BA, Dubeuf J-P, Luginbuhl J-M, Capote J (2015) Scaling up goat-based interventions to benefit the poor: a report by the International Goat Association based on the IGA/IFAD knowledge harvesting project, 2011–2012. Retrieved from: http://www.iga-goatworld.com/uploads/6/1/6/2/6162024/scaling_up_goat_based_interventions.pdf

Morrison PS, Murray WE, Ngidang D (2006) Promoting indigenous entrepreneurship through small-scale contract farming: the poultry sector in Sarawak, Malaysia. Singap J Trop Geogr 27:191–206

Muthee AM (2006) An analysis of pastoralist livestock and livestock products market value chains and potential external markets for live animals and meat. AU-IBAR-NEPDP-2006, Nairobi, Kenya

Ngere LO, Adu IF, Okubanjo IO (1984) Indigenous goats of Nigeria. Anim Genet Resour 3:1–9

Ngongeh LA, Onyeabor A (2015) Comparative response of the West African Dwarf goats to experimental infections with red Sokoto and West African Dwarf goat isolates of *Haemonchus Contortus*. J Pathog 728210. http://doi.org/10.1155/2015/728210

Notter DR, Baker RL, Cockett NE (2007) The outlook for quantitative and molecular genetic applications in improving sheep and goats. Small Ruminant Res 70:1–3

Odubote IK (1992) Characterization of the WAD goat for certain qualitative traits. Niger J Anim Prod 19:37–41

Odubote IK (1994) Influence of qualitative traits on the performance of WAD goats. Niger J Anim Prod 21:25–28

Odubote IK (1996) Genetic analysis of the reproductive performance of West African Dwarf Goats in the humid tropics. In: Lebbie SHB, Kagwini E (eds) Small ruminant research and development in Africa. Proceedings of the 3rd Biennial congress of the African small ruminant research network, Kampala, Uganda, pp 33–36

Odubote IK, Akinokun JO, Ademosun AA (1993) Production characteristics of WAD goats under improved management in the humid tropics of Nigeria. Proceedings of an international workshop, OAU, 6–9 July 1992, Ile-Ife, Nigeria. In: Ayeni AO, Bosman HG (eds) Goat production systems in the humid tropics. Pudoc Scientific Publishers, Wageningen, The Netherlands, pp 202–207

Ogebe PO, Ogunmodede BK, McDowell LR (1995) Growth and reproductive characteristics of Nigerian Southern goats, raised by varying management systems. Livestock Res Rural Dev 7 (1) (n° 6)

Okewu J, Iheanacho AC (2015) The marketing channels and chains for goats in Benue State, Nigeria. ARC J Acad Res 1(1):51–70

Ola SI, Egbunike GN (2004) Behavioural and morphological attributes of oestrous in WAD goat does under different physiological states. Livestock Res Rural Dev 16(10) (n° 75)

Omeke BCO (1988) Improving goat productivity in the humid zone of the tropics. Bull Anim Health Prod Afr 36(2):126–130

Oseni SO, Ajayi BA (2014) Phenotypic characterization and strategies for genetic improvement of WAD goats under backyard systems. Open J Anim Sci 4:253–262

Oseni SO, Sonaiya EB, Omitogun G et al (2006) West African Dwarf goat production under village conditions: 1. Characterisation and the establishment of breed standards. Conference on international agricultural research for development, 11–13 Oct 2006, Tropentag: University of Bonn, Germany

Otchere EO, Nimo MC (1976) Reproductive performance of West African dwarf goat. Ghana J Agric Sci 9:57–58

Otuma MO, Onu PU (2013) Genetic effects, relationships and heritability of some growth traits in Nigeria crossbred goats. Agric Biol J North America 4(4):388–392

Oyeyemi MO, Akusu MO, Ola-Davies OE (2000) Effect of successive ejaculations on the spermiogram of West African Dwarf goats (*Capra Hircus* L.). Vet Arh 70:215–221

Ozoje MO, Mgbere OO (2002) Coat pigmentation effects in West African Dwarf goats: live weights and body dimensions. Niger J Anim Prod 29:5–10

Pamo ET, Fonteh FA, Tendonkeng F et al (2006) Influence of supplementary feeding with multipurpose leguminous tree leaves on kid growth and milk production in the West African dwarf goat. Small Ruminant Res 63:142–149

Peacock C (2010) Making livestock services accessible to the poor: moving towards a new vision for livestock service delivery. In: Book of abstracts. 5th all Africa conference on animal agriculture and the 19th annual meeting of the Ethiopian Society of Animal Production (ESAP), 25–28 Oct 2010, Addis Ababa, Ethiopia, pp 13–16

Peacock C, Devendra C, Ahuya C et al (2005) Goats. In: Owen E, Kitaili A, Jayasuriya N et al (eds) Livestock and wealth creation-improving the husbandry of animals kept by resource-poor people in developing countries. Nottingham University Press, United Kingdom, pp 356–386

Philipsson J, Rege, JEO, Zonabend E et al (2011) Sustainable breeding programmes for tropical farming systems. In: Ojango JM, Malmfors B, Okeyo, M (Eds) Animal genetics training resource, version 3, 2011. International Livestock Research Institute, Nairobi, Kenya, and Swedish University of Agricultural Sciences, Uppsala, Sweden

Sesay AR (2016) Review of the livestock/meat and milk value chains and policy influencing them in Sierra Leone. In: Smith OB, Salla A, Bedane B (eds). Published by the Food and Agriculture Organization of the United Nations and the Economic Community of West African States, 66 p

Sumberg S, Cassaday K (1985) Sheep and goats in humid West Africa. Proceedings of the workshop on small ruminant production systems in the humid zone of West Africa, 24–24 Jan 1984, Held in Ibadan, Nigeria, pp 3–5

van Rooyen A, Homann S (2009) Innovation platforms: a new approach for market development and technology uptake in southern Africa. Tropical and subtropical agroecosystems. Retrieved from: http://www.icrisat.org/locations/esa/esa-publications/Innovation-platform.pdf

Wilson RT (1991) Small ruminant production and the small ruminant genetic resource in tropical Africa. FAO animal production and health paper 88, Rome, Italy, 181 p

Woode G (2013) An analysis of the goat value-chain as a strategy for poverty reduction in Ghana. Retrieved from: https://www.academia.edu/20649256/an_analysis_of_the_goat_valuechain_asa_stategy_for_poverty_reduction_in_ghana

Wurzinger M, Escareno M, Pastor F et al (2013) Design and implementation of a community-based breeding programme for dairy goats in northern Mexico. Trop Subtrop Agroecosyst 16(2):289–296

Wurzinger M, Sölkner J, Iniguez L (2011) Important aspects and limitations in considering community-based breeding programs for low-input smallholder livestock systems. Small Ruminant Res 98:170–175

Yagoub YM, Babiker SA (2016) A study on goat meat production in Sudan. Int J Life Sci Eng 2 (3):21–26

Yakubu A, Salako AE, De Donato M et al (2016) Interleukin-2 (IL-2) gene polymorphism and association with heat tolerance in Nigerian goats. Small Ruminant Res 141:127–134

Yakubu A, Salako AE, De Donato M et al (2017) Association of SNP variants in MHC-Class II DRB gene with thermo-physiological indices in tropical goats. Trop Anim Health Prod 49 (2):323–336

Yapi-Gnoare CV (2000) The Open nucleus breeding programme of the Djalloke sheep in Coted'Ivoire. In: Galal S, Boyazoglu J, Hammond K (eds) Workshop on developing breeding strategies for lower input animal production environments, 22–25 Sept 1999, ICAR Series 3, Bella, Italy, pp 283–292

You L, Johnson M (2010) Exploring strategic priorities for regional agricultural R&D investments in East and Central Africa. Agric Econ 41(2):177–190

Zvavanyange RE (2016) Powering agribusiness with improved goat value chains. Technical Centre for Agricultural and Rural Cooperation CTA Publication. Retrieved from: http://www.cta.int/en/article/2016-10-28/powering-agribusiness-with-improved-goat-value-chains.html

Part III
Europe and America

© Jorge Bacelar

Chapter 9
Turkish Hair Goat, the Main Pillar of Goat Population in Turkey

Özkan Elmaz and Mustafa Saatcı

Abstract Turkish Hair goat is a breed dating back to history of Anatolia and integrated with these territories. Turkish Hair goat is regarded not only as a farm animal in Anatolia but also as a piece of the system from which numerous cultural values are originated. In Turkey, Turkish Hair goat is the most raised goat breed, supposing 98.2% of more than 10 million goats. Turkish Hair goats are raised in every part of Anatolian geography and are also identified with extensive breeding. It can maintain its life under mountain, plateau, and plain conditions and in pastures, meadow, forest, brush, and maquis areas. Its enormous ability of adaptation has allowed this goat to live in such wide areas. Both its survival and productivity in an environment where no other farm animals can inhabit indicate its endurance under the harshest conditions. Hair goats displaying multipurpose yield characteristics have been bred by nomadic, seminomadic, and settled breeders. Its milk production is rarely utilized. Milk is generally consumed by kids of these goats. Earnings obtained from selling meat animals (kids and adults) are the main income of breeders. There is no additional feed provided for breeding and animals are completely fed by grazing and browsing in the region of Anatolia. An added value is that Hair goat is able to yield natural products in harsh conditions, which has been reported by many authors.

9.1 Introduction

Turkish Hair goat is the most raised breed in number, representing 98.2% of the total goat population in Turkey. It is a breed which is well adapted to all types of climatic and land conditions in Turkey and can be raised under poor care and feeding circumstances. These goats have a strong body structure, a capability to walk for long time, temperature (hot and cold) tolerance, and are resistant to

Ö. Elmaz (✉) · M. Saatcı
Department of Animal Science, Veterinary Faculty,
Mehmet Akif Ersoy University, 15100 Burdur, Turkey
e-mail: elmaz@mehmetakif.edu.tr

© Springer International Publishing AG 2017
J. Simões and C. Gutiérrez (eds.), *Sustainable Goat Production in Adverse Environments: Volume II*, https://doi.org/10.1007/978-3-319-71294-9_9

diseases (Koluman Darcan and Daşkıran 2010). It is a breed having ability to utilize efficiently shrubbery and maquis and to climb sloping and rocky terrains easily as well as endurance to harsh climate. Owing to these characteristics, it is raised completely under extensive conditions, generally in mountainside and forested lands, in regions not used for other agricultural purposes, acquiring multitude of high-value nutrients without bringing much cost for breeders.

From the historical viewpoint, it is possible to encounter Hair goat in every period of Anatolia's known history. Further, goat figures resembling Hair breed that were uncovered in Göbekli Tepe excavations have made existence of this breed in Anatolia date back to 12,000 years (Schmidt 2010).

There may be sheep and goats among the earliest animal species raised by human. When examining present evidence indicating that sheep, goats, cattle, and pigs were domesticated, it was seen that domestication took place in the Near East and especially northeastern area of the Mediterranean. Evidence also suggested that while sheep were living in northern Iraq by the year of 10,750 B.C., goats and sheep were living in eastern Asia Minor (Anatolian Turkey) by about the year of 9000 B.C. (Yalçın 1986). Hair goats breed raised in Turkey are originated from *Capra Prisca* among wild species. Horns of both bucks and does, as they are in *Capra Prisca*, follow a spiral route (Batu 1951).

Since it has spread almost every part of Anatolia, it has a distant or close genetic connection with other native goat breeds (Kul and Ertuğrul 2011; Ağaoğlu and Ertuğrul 2012). It has acquired a number of differences depending on the regions as its breeding geographies are different. Therefore, it is natural to see morphological and physiological differences among Hair goats. Flocks in which these differences become apparent are mentioned with different names. For example, while small bodied ones of these goats are called as *Pavga* in Western Mediterranean, middle bodied ones, which can be found generally in several regions, are called as *Çandır*. In addition, those having a relatively larger body structure are called as *Kabakulak* (Anonymous 2004). Additionally, numerous names can be found in each region according to color, size, and some morphological characteristics.

Goat is a cultural richness. In addition to feeding, clothing, and sheltering as a substantial item, goat has played an important role in enrichment of humanity, and particularly referred to Turkey, the Anatolian culture. The Turks have loved goats so much that they chose surnames such as *Karakeçili (Blackgoaty)*, *Sarıkeçili (Yellowgoaty)*, and *Karatekeli (Blackbucky)*. They called the area where they live as "Teke Yöresi (region of buck)", they chose their descriptions and nicknames from words associated with goats, and they gave names including the word goat to their mosques, castles, mountains, and fields (Koyuncu and Tuncel 2010).

As is also understood from mentioning it as black goat, the ratio of black goats is more prevalent than others. However, goats in gray, white, and brown colors are also seen in the breed. There are white marks on head and feet. Ears are often floppy. It is also possible to see ears rising sideways in some flocks as they get smaller.

Two words describing Turkish Hair goat best are "resistance" and "adaptation". Hair goat raised at altitudes between 0 and 3000 m and under all types of grazing and browsing conditions sustains breeders with the sale of animals for meat. Its capability to find feed in forestry and shrubbery areas provides a distinct advantage to this goat breed.

Turkish Hair goat is also the native Turkish breed on which crossbreeding studies have mostly been conducted. Some crossbreeding studies have been conducted in Turkey in order to improve yield of Hair goats. In this sense, crossbreeding such as Saanen × Hair goat (Grading up crossbreeding-Turkish Saanen), German Fawn × Hair goat (G_1) (Combination-Toros Fawn), Alpine × Hair goat (F_1 crossbreed), Alpine × Hair goat (F_2 crossbreed), Alpine × Hair goat (G_1 crossbreed), Saanen × Hair goat (F_1 crossbreed), Saanen × Hair goat (F_2 crossbreed), and Saanen × Hair goat (G_1 crossbreed) were conducted in order to increase milk yield (Kaymakçı 2000; Kaymakçı and Engindeniz 2010; Taşkın et al. 2010; Şengonca et al. 2003; Erduran and Dağ 2017). Honamlı × Hair goat crossbreeding is applied in Mediterranean region of the country to improve meat yield of this breed (Akbaş and Saatcı 2016).

Some of several studies conducted on Hair goat breed were chosen as references and used in this chapter. The chapter aims to reveal morphological, physiological, yield, and reproductive characteristics.

9.2 The Present Situation of Goat Population in Turkey

Turkey is one of the major goat raising countries in the world with a goat population of 10.4 million heads in 2015. Table 9.1 shows the goat population in the country in the past 15 years (FAO 2016; TURKSTAT 2016).

Turkish Hair goat population increased moderately until 1960. Thereafter, it showed a fairly consistent decline which resulted from measures taken for the protection of forests and woodlands and for reducing Turkish Hair goat numbers since the initiation of development plans in 1962. These measures involved substituting sheep and cattle for the Turkish Hair goats in forest areas and encouraging mass consumption and export of these goats. Number of Angora goats declined

Table 9.1 Goat population of Turkey in different years

	Turkish Hair goat (TURKSTAT 2016)	Total goat (FAO 2016)
1991	9,579,256	10,977,000
1995	8,397,000	9,564,000
2000	6,828,000	7,774,000
2005	6,284,498	6,609,937
2012	8,199,184	8,357,286
2013	9,059,259	9,225,548
2014	10,167,125	10,344,936
2015	10,210,338	–

from 6.0 millions in 1960 to 3.5 millions in 1975, and then showed a slight recovery by reaching 0.2 million in 2005. Prohibition of their grazing in brushy areas and low and fluctuating mohair prices are the main reasons for the reduction and inconsistency in Angora goat numbers.

Among the goat breeds, Turkish Hair goat is the most raised breed (98.2%), followed by Angora goat (0.02%). The Kilis goat (by crossing native Hair goats with Damascus goats), Gürcü goat, Abaza goat, Malta goat (Maltese Goat), Halep goat (Aleppo goat), Damascus goat, Saanen, and Turkish Saanen (by crossing Turkish Hair goats with Saanen goats) have small populations varying from 1 to 2%.

It is possible to assert that goat milk and its products have gradually become important economically thanks to their taste, aroma, and quality and goat cheese, traditionally consumed by several families in rural areas has an increasing demand with today's urban concentration and developing tourism. Goat meat, on the other hand, is mostly consumed by village's people in and around the forest. Prices, however, of goat meat in domestic market is considerably low. Producers have to market milk, goats, and kids in prices lower than their commercial value.

9.3 Production Systems and Environmental Description

The number of goats and other animal species raised in mountainous-forestry lands varies depending on factors such as climate conditions of the regions, altitude, and field conditions under which livestock enterprises are established, goat breed raised, plant production pattern, sociocultural structure, and feed and water resources. Mediterranean Region of Turkey is one of the most suitable places for Hair goat breeding given its climate conditions, abundance of high and mountainous lands, and vegetation of forestry and scrub-maquis shrublands. In this scenario, Hair goat constitutes the highest proportion (95%) among total animal population of Antalya province (Dellal et al. 2010).

Production system of Hair goat breeding is the silvopastoral found amongst agroforestry production systems. Silvopastoral is a production system in which meadow, pasture, and forage plants are cultivated together with tree, shrubs, and various woody plants. The aim of peasants for using this land is to breed Hair goat by using species of tree/shrubs as forage. There are similarities between borders of regions where Hair goat is raised and natural dispersion borders of some tree and shrub species are found within Mediterranean maquis vegetation. This similarity is clearly indicated by the kermes oak (*Qercus coccifera* L.), gray pırnal oak (Qercus *Qercus aucheri* Jaub. & Spach.) and pırnal oak (*Qercus ilex* L.) species. These tree species are the woody species whose leaves and shoots are heartily eaten by Hair goats. This breed has chosen the natural distribution area of these three tree/shrub species as their habitat (Tolunay and Ayhan 2010).

In Turkey, Hair goats are produced essentially by using the areas inappropriate for cultivating stubbles and fallow areas. Therefore, determination of the type of production system to be used in different areas and regions is depending on availability of forages, seasonality of vegetation, and topographical and climatic conditions. There are three types of production system in operation; sedentary, transhumant, and nomadic systems (Yalçın 1986).

(a) **Sedentary System**. In sedentary system, goat flocks are raised at or around the village or farm all year long. In the daytime, they grazed on the common village range or on private or hired grazing areas as well as stubbles and fallow fields. For the night, they return to their sheds in the village or on the farm. A shepherd always takes care of these flocks during grazing. In sedentary system, flocks spend winter in simple sheds for 1–5 months based on the region and severity of the climatic conditions;

(b) **Transhumant System**. In various regions of the country, particularly in the mountainous Mediterranean, Black Sea, and Eastern Anatolian regions, the traditional transhumant system of goat production has been performed and is still used. At the end of spring, transhumant goat flocks move from hot and dry lowland areas to the better and cooler grazing areas of highlands and plateaus. After they spend 4–5 months there, they turn back their villages or farms, where they are fed or grazed during spring, in fall;

(c) **Nomadic System**. Being carried out in eastern and southeastern regions of the country, nomadic system of production is restricted to goat keeping only. In these regions, it is performed in addition to the transhumant and sedentary systems. Nomadic flocks follow the seasonal growth of the vegetation by moving from the lowland winter ranges in Southeastern Anatolia to highland summer pastures in eastern Anatolia and back later. In addition to bringing relatively high income in terms of economic aspect, migratory goat farming is a breeding system sustained for centuries and is a traditional lifestyle shaped by the shepherds. Due to banning of forestry areas used as pastures and heavy fines, most of migratory families had to quit this job and this culture has been about to become disappear (Yılmaz et al. 2010).

Mean flock size for goat breeding in Turkey has been also revealed by studies conducted in different regions. For example, mean flock size was determined to be 55.7 heads in Çanakkale (Koyuncu et al. 2006), 117.8 heads in Burdur (Elmaz et al. 2014a), and 60.34 heads in Kahramanmaraş (Paksoy 2007). In a study conducted in Muğla province located in Aegean region in western Turkey, goat flock size was reported to be 304 adult animals (Yılmaz et al. 2010).

When it is said about extensive goat breeding in Turkey, Hair goat breeding comes to mind first. Problem of enterprises about finding and employing shepherds in the future to carry out a sustainable Hair goat breeding is one of the most critical problems expected for this sector (Dellal et al. 2010). Goat enterprises in Turkey supply shepherds from two different resources. While the first one is shepherds who descend from father to son within family and maintain this job with their spouses and children, the second one is employment (receiving a salary) of shepherds found out of family. In recent years, young people who are traditionally predecessor shepherds do not wish to do this job throughout Turkey. Sociocultural changes and economic effects occurring in Turkey and worldwide could explain why this kind of job is not so attractive for the people. Reasons such as negative impact of sociocultural changes as well as economic problems in the sector have contributed to decrease the external shepherds nowadays.

Turkish Hair goats is the only farm animal raised throughout the Anatolia. Sooner or later it adapts to every environment and starts to yield product. This characteristic has given it a privilege to inhabit in these lands for centuries and to take its name. Deep forestland, maquis area, harvested crop field, pasture or places among gardens are the places for this goat to maintain its life. It can inhabit at very different altitudes and under various climatic conditions. But maquis areas are the best for its growth. Every environment containing maquis is assumed as a natural habitat for Hair goat (TAGEM 2009; Koluman Darcan and Daşkıran 2010).

Breeders of Hair goat are people capable of coping with difficulties as much as it does. In both production season and migration season, not only breeders have to deal with this job but also their whole family. All of the breeders do this job by learning from their fathers and grandfathers. Thanks to this transfer, not only breeding techniques are transferred but also culture itself as a whole.

The role of the family is also very important because in both production season and migration season, the whole family shares all management activities around the animals. Thus, knowledge about not only the breeding techniques but also a whole culture is transmitted from one generation to next one (Saatcı et al. 2016).

9.4 Breed Characterization and Production

9.4.1 General Description and Breed Characteristics

Since Hair goat has a black color, this goat's name is also Black goat (Fig. 9.1). However, this goat has also brown, gray, white or spotted colors. Brown or white stains come down to the mouth on two sides of the black goats' face and, prevalently, the color is light at the end of the legs and rear surface of the udder. Bucks and does are generally horned and male ones have strong horns. Distance between the tips of horns is about 60–70 cm. Does have turned backward, sometimes twisted and more elegant horns compared to the buck's horns. Horn has an oval or circular section. Even though body of this goat is generally middle sized, there are remarkable differences in body size in different regions.

Mean withers height, chest girth, body length, and tail length, among some morphological body measurements reported in adult Hair goats, for bucks and does, are 81.86–86.6 cm, 98.89–100.7 cm, 81.78–93.7 cm, 19.9 cm and 71.7–74.8 cm, 81.64–88.24 cm, 69.1–80.6 cm and 16.6 cm, respectively (Table 9.2). Mean scrotum circumference, diameter of right testis, and length of right testis detected in adult bucks are 24.54–29.9 cm, 4.77–5.1 cm, and 10.30–11.9 cm (Table 9.2). This

Fig. 9.1 Turkish Hair buck (provided by O. Elmaz)

goat has large and floppy ears in general, but also middle or short ears (Fig. 9.2). Its hair is coarse and long as well as no undulation. The fleece has a thin coat of fine and soft hair (TAGEM 2009; Yalçın 1986).

9.4.2 Genetic Characterization

Various molecular genetic studies have been conducted in goats raised in Turkey (Kul and Ertuğrul 2011; Ağaoğlu and Ertuğrul 2012; Ağaoğlu et al. 2012, 2014, 2015; Kul et al. 2015; Ağaoğlu et al. 2016; Zeytünlü and Ağaoğlu 2016). One of the most remarkable studies was TURKHAYGEN-I project, whose results have been very relevant. In this context, Kul and Ertuğrul (2011) analyzing the mtDNA control region in Angora, Honamli, Kilis, Hair, and Norduz goat breeds revealed a diversity of mtDNA with differentiation of goat breeds, and characterization between genetic differentiations and geographic distributions. In comparison with goat breeds throughout the world, the haplotype number (208), nucleotide diversity (π = 0.02100, ± 0.00073), and haplotype diversity values (H = 0.9982, ± 0.0006) indicated that Turkey was situated in a central position during domestication process of the goat species. Based on haplotype sharing detection results, Kilis and Norduz breeds, which are known as crossbreeds of Hair goats, do not share haplotypes with Hair goats.

Ağaoğlu and Ertuğrul (2012) evaluated genetic diversity, genetic relationship and bottleneck in Angora, Kilis, Honamli, Hair, and Norduz goat breeds (native Turkish goat breeds) by using 20 microsatellite markers. Results of analyses such as allelic variation analysis, heterozygosity analysis, F statistics, structure test, and factorial correspondence analysis indicated that the Angora goat breed is different

Table 9.2 Morphological characteristics (mean ± S.E.M.) reported for Turkish Hair goat breed

Trait	Value (cm)				References
	Withers height	Chest girth	Body length	Tail length	
Male	86.6 ± 0.7	100.7 ± 0.9	93.7 ± 0.86	19.9 ± 0.3	Elmaz et al. (2016)
	81.9 ± 0.5	98.9 ± 0.9	81.78 ± 0.77	–	Cam et al. (2010)
Female	74.8 ± 0.2	86.8 ± 0.2	80.6 ± 0.2	16.6 ± 0.1	Elmaz et al. (2016)
	73.2 ± 0.2	88.2 ± 0.3	74.3 ± 0.3	–	Cam et al. (2010)
	71.7 ± 0.2	83.0 ± 0.4	69.1 ± 0.2	–	Erduran and Dağ (2016)
	72.5 (68–78)	81.6	71.5	–	Batu (1951)
	73.2 ± 0.3	–	71.3 ± 0.3	–	Atay and Gökdal (2016)

Trait	Value (cm)				References
	Udder length	Udder width	Udder girth	Teat length	
Udder traits	7.5 ± 0.05	10.1 ± 0.07	36.1 ± 0.16	5.8 ± 0.73	Elmaz et al. (2016)
	–	–	26.17 ± 0.15	3.20 ± 0.05	Erduran and Dağ (2017)
	–	–	–	5.7 ± 0.1	Atay and Gökdal (2016)

Trait	Value (cm)			References
	Scrotal circumference	Right testes diameter	Right testes length	
Testicular characteristics (at 8–8.5 months of age)	29.9 ± 0.4	5.1 ± 0.1	11.9 ± 0.2	Elmaz et al. (2016)
	24.5 ± 0.9	4.8 ± 0.2	10.3 ± 0.2	Türk et al. (2005)

than the other goat breeds. According to FST values; medium level of genetic diversity was found between Angora Goats and other breeds (Honamli, Kilis, Hair, and Norduz). Among the other breeds, genetic diversity was low but statistically significant.

In addition, existence of genetic polymorphisms at β-LG gene SacII (Ağaoğlu et al. 2012) and α-LG gene MvaI (Ağaoğlu et al. 2014), Melatonin receptor 1A gene RsaI and inhibin alpha-subunit gene HaeII polymorphisms were confirmed (Ağaoğlu et al. 2015), and also Y-chromosomal DNA polymorphisms (Kul et al. 2015) on Hair goat breeds.

A different study was conducted to detect GH, POU1F1, LEPTIN, myostatin gene (MSTN) and bone morphogenic protein (BMP15) gene polymorphisms

Fig. 9.2 Turkish Hair doe (provided by O. Elmaz)

(Ağaoğlu et al. 2016), and IGF-I gene HaeIII (g. 5752 G→C) polymorphism (Zeytünlü and Ağaoğlu 2016), to determine genetic structure and allele frequencies for the polymorphisms, and to examine their effects on growth performance in Honamlı and Hair goat breeds.

9.4.3 Breeding Conditions and Production Traits

Hair goats can be kept on the pasture for whole year (Fig. 9.3). Generally, it can be raised by scrubs, stubbles, plants formed like shrubs on high altitudes, in forests or in the villages near the forests with almost no expenditure (TAGEM 2009; Yalçın 1986).

Compared to selected breeds, native goat breeds raised in Turkey have advantages particularly in terms of resistance to diseases, ability to utilize poor-quality vegetation, and drought tolerance. Native breeds are capable of using lesser feed, water, and plants with high lignin content more effectively. Also, they are less affected by short heat waves owing to their anatomic and physiological characteristics and they can maintain their body temperature by easily removing the extra loaded heat from the body with the help of their adaptive mechanisms. Some previous studies have revealed that endurance of especially native goat breeds to heat and cold conditions is considerably high (Koluman Darcan and Daşkıran 2010)

The breed is well adapted to any kind of climatic and rangeland conditions in Turkey (Fig. 9.4). It is able to utilize lands covered with heath and scrubs, and climb well on rugged-slanted lands. In a serological study assessing bluetongue

Fig. 9.3 Turkish Hair goat from Antalya province of Turkey (provided by M. Saatcı)

Fig. 9.4 Turkish Hair goats flocks raised in Antalya province of Turkey (provided by M. Saatcı)

virus and caprine arthritis encephalitis virus in Maltese, Saanen, and Hair goat breeds seropositivity was detected in 17.74% of Maltese and 2.94% of Saanen and no seropositivity was found in Hair goat breeds (Gümüşova and Memiş 2016). In another study, caprine arthritis encephalitis virus antibodies were detected in 1.40, 1.61, and 0.98% of Hair, Maltese, and Saanen goats, respectively (Gümüşova and Memiş 2016).

Some yield characteristics, biochemical parameters and hormone levels determined in Turkish Hair goats are summarized in Tables 9.3 and 9.4.

Table 9.3 Production traits (mean ± S.E.M.) reported for Turkish Hair goat breed

Traits	Values					References
	Male	Female	Single	Twin	Overall	
Birth weight (kg)	2.5 ± 0.1	1.9 ± 0.1	2.6 ± 0.02	1.8 ± 0.1	2.2 ± 0.1	Toplu and Altınel (2008b)
	3.8	3.6	3.7	3.4	–	Elmaz et al. (2014b)
	3.3	3.1	3.3	3.0	–	Tekin et al. (2014)
	3.0 ± 0.1	2.8 ± 0.1	3.3 ± 0.1	2.5 ± 0.1	3.1 ± 0.5	Atay and Gökdal (2016)
	3.5 ± 0.02	3.1 ± 0.03	3.4 ± 0.02	3.2 ± 0.03	3.3 ± 0.02	Cemal et al. (2013)
	–	–	–	–	3.0 ± 0.04	Erten and Yılmaz (2013)
	–	–	–	–	2.6 ± 0.2	Şengonca et al. (2003)
	–	–	–	–	2.6 ± 0.02	Oral and Altınel (2006)
	–	–	–	–	2.8 ± 0.02	Şimşek and Bayraktar (2006)
	–	–	–	–	3.0 ± 0.1	Akbaş and Saatcı (2016)
	–	–	–	–	3.2 ± 0.03	Erduran and Dağ (2017)

Traits	Values						References
	1 month	2 months	3 months	4 months	6 months	12 months	
Body weight	6.4 ± 0.1	9.8 ± 0.1	13.6 ± 0.2	17.3 ± 0.2	22.4 ± 0.3	–	Oral and Altınel (2006)
	6.5 ± 0.1	9.8 ± 0.2	12.3 ± 0.2	14.7 ± 0.2	18.8 ± 0.2	–	Erten and Yılmaz (2013)
	7.4 ± 0.1	11.8 ± 0.1	16.1 ± 0.2	–	18.9 ± 0.3	26.7 ± 0.4	Şimşek and Bayraktar (2006)
	6.2 ± 0.1	9.3 ± 0.2	13.0 ± 0.3	16.9 ± 0.4	–	–	Akbaş and Saatcı (2016)
	–	–	13.1 ± 0.4	–	20.3 ± 0.8	–	Toplu and Altınel (2008b)
	–	12.1 ± 0.4	–		–	–	Şengonca et al. (2003)
	–	–	–	23.6	–	–	Elmaz et al. (2014b)

(continued)

Table 9.3 (continued)

Traits	Values						References
	1 month	2 months	3 months	4 months	6 months	12 months	
–	–	–	–	20.9 (male) 18.5 (female) 20.2 (single) 19.2 (twin)	–	–	Tekin et al. (2014)

Traits	Values				References
	1 month	2 months	3 months	4 months	
Survival rates (%)	98.9	96.8	95.4	–	Toplu and Altınel (2008b)
	–	–	–	95.2/92.6	Elmaz et al. (2014b)
	–	–	82.5	–	Şimşek and Bayraktar (2006)
	–	–	88.4	–	Erduran and Dağ (2017)
	–	–	–	95.5	Tekin et al. (2014)
	–	–	–	89.9	Erten and Yılmaz (2013)

Traits	Values		Reference
	Male	Female	
Mature body weight (kg)	82.8 ± 2.2	51.2 ± 0.3	Elmaz et al. (2016)
	64.1 ± 0.3	50.2 ± 0.4	Cam et al. (2010)
	–	50.8 ± 0.4	Erduran and Dağ (2016)
	–	42.3 ± 0.2	Oral and Altınel (2006)
	50–55 (castrated male)	45–50	Batu (1951)
		54.5 ± 0.6	Atay and Gökdal (2016)

Birth weight ranges between 2.5 and 3.8 kg for males and between 1.9 and 3.6 kg for females (TAGEM 2009; Table 9.3). Birth weight according to type of birth ranges between 2.6 and 3.7 kg for single births and between 1.8 and 3.4 kg for twins (TAGEM 2009; Table 9.3). Mean live weight of 6-month-old Hair goat kids is reported to be 18.77–22.40 kg (Şimşek and Bayraktar 2006; Oral and Altınel 2006). Live weight varies between 45 and 90 kg for males and 40 and 65 kg for does (TAGEM 2009).

Because Hair goats have a wide distribution area, their lactation milk yield and lactation length vary between 63 and 203 kg and 132 and 235 days, respectively (TAGEM 2009; Table 9.4). Mean daily milk yield is as much as 0.45–1 kg (Table 9.4).

Survival rates of 120-day-old Hair goat kids are considered to be 89.8–95.5% (Table 9.3).

In different scientific studies examining slaughter and carcass characteristics of Hair goat breed, kids' live weight before slaughtering, cold carcass weight, and cold

Table 9.4 Clinical biochemistry parameters, levels of hormon, milk yield and carcass characteristics (mean ± S.E.M.) reported for Turkish Hair goat breed

Traits	Values						Reference
	Male (12 months)			Female (12 months)			
	GH	MSTN	GHRH	GH	MSTN	GHRH	
Level of hormones (ng/mL)	3.9 ± 0.3	15.7 ± 2.0	360.8 ± 30.0	3.8 ± 0.2	18.6 ± 1.4	335.7 ± 17.7	Devrim et al. (2015a)

Traits	Values						Reference
	Male (12 months)			Female (12 months)			
	ALP (IU/l)	ALT (IU/l)	Total lipids (mg/dl)	ALP (IU/L)	ALT (IU/l)	Total lipids (mg/dl)	
Some clinical biochemistry	154.3 ± 23.5	34.9 ± 2.0	392.2 ± 9.6	116.0 ± 19.8	35.6 ± 2.5	394.2 ± 8.7	Devrim et al. (2015b)

Traits	Values						References
	Lactation period (days)	Daily milk yield (kg)	Lactation milk yield (kg)	Fat (%)	Protein (%)	Dry matter (%)	
Milk yield	232.29 ± 2.33		100.9 ± 1.6				Toplu and Altınel (2008a)
	143.7 ± 2.6	0.6 ± 0.1	80.5 ± 2.1				Şengonca et al. (2003)
	235.4 ± 2.5		104.9 ± 2.4				Oral and Altınel (2006)
	132.2 ± 0.3	0.5 ± 0.02	64.0 ± 2.7	4.0 ± 0.1		13.4 ± 0.1	Ata (2007)
	203.2 ± 4.8	1.0 ± 0.02	203.2 ± 4.8	5.2 ± 0.1	4.0 ± 0.01	15.3 ± 0.1	Erduran and Dağ (2017)
	192.4 ± 2.4	0.7 ± 0.02	139.1 ± 5.0				Atay and Gökdal (2016)

Traits	Values			References
	Slaughter weight (kg)	Cold carcass weight (kg)	Cold dressing percentage (%)	
Carcass characteristics	20.9	9.1	44.5	Koyuncu et al. (2007)
	28.8 ± 0.9	11.1 ± 0.3	38.5 ± 0.4	Özdal (2013)
	26.2 ± 1.0	11.4 ± 0.4	43.7 ± 0.6	Akbaş and Saatcı (2016)
	25.0 ± 0.7	11.0 ± 0.3	44.2 ± 0.4	Aktaş et al. (2015)

GH—Growth Hormone; MSTN—Myostatin; GHRH—Growth hormone–releasing hormone; ALP—Alkaline phosphatase; ALT—Alanine transaminase

carcass yield were 20.92–28.8 kg, 9.08–11.4 kg, and 38.5–44.45%, respectively (Table 9.4). Apart from characteristics determined in the breed, birth rate was 96.27–93.6% (Toplu and Altınel 2008a; Erduran and Dağ 2017), ratio of twins was 2.09–14.93% (Toplu and Altınel 2008a; Erduran and Dağ 2017; Çelik and Olfaz 2015), and the number of kids per delivery was 1.02–1.15 (Şengonca et al. 2003; Erduran and Dağ 2017).

Regarding hair structure of Turkish Hair goat breed, hairs were taken from different parts of body (shoulder, rump, and side areas), and it was found that hair diameter (μ) was between 70 and 76.4 microns and hair length was 13.78 ± 0.07 cm (Oral and Altınel 2006; Batu 1951). Hair yield was 0.7–1 kg in does and 2–3 kg in bucks per year (Batu 1951). Some studies reported that hair yield was 361.4 ± 16.4 g per year (Atay and Gökdal 2016).

Among spermatological characteristics; ejaculate volume, motility, abnormal spermatozoa, spermatozoa concentrations and serum testosterone levels of Hair bucks (at 8–8.5 months of age) were 1.1 ± 0.04 mL, 78.6 ± 2.34%, 7.1 ± 0.52%, 2.86 ± 0.34 × 10^9 /mL, and 77.1 ± 3.36 pg/mL, respectively (Türk et al. 2005).

In relation to products obtained from Hair goats, they can vary not only from region to region but also depending on numerous factors such as organization of breeders, type of the product, and distance of processing, storage and markets. Because milk yield of Hair goats is low, animals are not milked for 4–5 months but only their kids are allowed to suck milk in some regions. Breeders consume little amounts of dairy products to meet their needs and remaining dairy products are sold as cheese (homemade) in the local markets. Meat of goats and kids, in contrast, is widely offered for consumption in different regions and at different times: (1) the first one is the slaughtering of goats (bucks and does) older than 1 year for Festival of Sacrifice (*Kurban Bayramı*); (2) the second one is the slaughtering of kids by local markets in the villages and roadside; (3) the third reason is the selling of half yearling and yearling kids (*çebiç or çebiş*), and also goats to meet meat demands of National markets in accordance with the consumer's requirements for goat meat; (4) and the fourth reason is the slaughtering by the own breeders to supply their family's demand.

Shearing is practiced to obtain hair from goats once a year and before mating (usually summer months, with changes in different regions).

Buck introduction varies by regions and occurs in autumn months when days start to become shorter and estrus occurs intensively. Bucks generally mate does by using free mating method in flocks. Some breeders apply an additional feeding (300 g/20 days/animal of grain) and stubble grazing for does and bucks before buck introduction. The additional use of grain (barley) is usually low in all enterprises except for those performing fattening (kid fattening or fattening for slaughter). This grain supplementation, in a little amount, is offered to does in the third period, which is the last term of pregnancy, and at the beginning of lactation. Breeding bucks also receive supplemental grains during the mating period.

Births generally occur in February and March.

While doe kids are not allowed to mate before they are 1.5 years old, animals that reach sexual maturity early may get pregnant younger due to the presence of bucks in the flock.

Traditional production methods are practiced in a great majority of goat enterprises although enterprises performing modern breeding have recently been established in a limited number in Western Anatolia.

9.5 Conclusion

Hair goat has no traits that may be called as perfect regarding any yield characteristic, but its endurance and adaptation abilities make Hair goat a very valuable breed. Thus, it has made a crucial contribution to existence struggles of human populations, which is irreplaceable especially for communities living under harsh conditions. At the present time, the consumers' tending to prefer natural and healthy animal products due to these characteristics makes the use of Hair goats very attractive.

Due to its habitat, feeding circumstances, and breeding technique, Hair goat can be considered as a producer of natural product. It is expected that Hair goats will find a very important place in the sector and also will please its breeder by introducing and marketing their highly valuable products. A serious and long-term selection study to increase yield in Hair goats has not been conducted yet. Therefore, there is a wide variation between yields of flock and region. With a targeted selection to be planned by utilizing from this situation, it is likely to obtain a permanent yield increase. Capacity limits of the breed can also be determined by a breeding style to be practiced with additional feeding. As is done until today, it is possible to conduct studies to improve yield traits of the breed with some cross-breeding studies.

Finally, goat has been regarded as a forest pest by legal regulations in Turkey, so breeders have to keep their flocks away from these areas. However, the reality is, goat and forest are not an alternative to each other. Goat can easily be considered as a forest product with small regulations.

Acknowledgements The completion of this chapter gives us much pleasure. We would like to show our gratitude to GDAR-TAGEM (General Directorate of Agricultural Research and Policies connected to Turkish Ministry of Food, Agriculture, and Livestock), TÜBİTAK (The Scientific and Technological Research Council of Turkey), and Antalya Sheep and Goat Association. The projects (TAGEM/07KIL2011-01, TAGEM/15KIL2011-01, TAGEM/48KIL2011-01, TÜBİTAK 112R031, 215O879) on Turkish Hair goat breed would not have been possible without the valuable support of them.

References

Ağaoğlu ÖK, Ertuğrul O (2012) Assessment of genetic diversity, genetic relationship and bottleneck using microsatellites in some native Turkish goat breeds. Small Rumin Res 105:53–60

Ağaoğlu ÖK, Kul BÇ, Akyüz B et al (2012) Identification of β-lactoglobulin gene SacII polymorphism in Honamli, Hair and Saanen goat breeds reared in Burdur vicinity. Kafkas Univ Vet Fak Derg 18:385–388

Ağaoğlu ÖK, Saatcı M, Elmaz Ö et al (2014) Mva I PCR-RFLP identifies single nucleotide polymorphism of the alpha-lactalbumin gene in some goat breeds reared in Turkey. Turk J Vet Anim Sci 38:225–229

Ağaoğlu ÖK, Saatcı M, Akyüz B et al (2015) Melatonin receptor 1A gene RsaI and inhibin alpha subunit gene HaeII polymorphisms in Honamli and Hair goat breeds reared in Western Mediterranean region of Turkey. Turk J Vet Anim Sci 39:23–28

Ağaoğlu ÖK, Elmaz Ö, Çolak M et al (2016) Detection of polymorphisms of the some genes and their effects on growth performance in Honamlı and Hair goat breeds. In: Proceeding of 12th international conference on goats, Antalya, 25–30 Sept, p 137

Akbaş A, Saatcı M (2016) Growth, slaughter, and carcass characteristics of Honamlı, Hair, and Honamlı × Hair (F1) male goat kids bred under extensive conditions. Turk J Vet Anim Sci 40:459–467

Aktaş AH, Gök B, Ateş S et al (2015) Fattening performance and carcass characteristics of Turkish indigenous Hair and Honamlı goat male kids. Turk J Vet Anim Sci 39:643–653

Anonymous (2004) Registration: 12/12/2004 date and 25668 numbered official gazette 2004/39 Communique No. http://www.resmigazete.gov.tr/main.aspx?home=http://www.resmigazete.gov.tr/eskiler/2004/12/20041212.htm&main=http://www.resmigazete.gov.tr/eskiler/2004/12/20041212.htm

Ata M (2007) Milk yield of hairy goats in Kahramanmaras. MSc thesis, University of Kahramanmaras Sütçü Imam Instıtute of Natural and Applied Sciences, Department of Animal Science

Atay O, Gökdal O (2016) Some production traits and phenotypic relationships between udder and production traits of Hair goats. Indian J Anim Res 50(6):983–988

Batu S (1951) Türkiye keçi ırkları ve keçi yetiştirme bilgisi. 5

Cam MA, Olfaz M, Soydan E (2010) Possibilities of using morphometrics characteristic as a tool for body weight prediction in Turkish Hair goats (Kıl keçi). Asian J Anim Vet Adv 5(1):52–59

Çelik HT, Olfaz M (2015) Comparison of Kil goat and Saanen × Kil goat crosbred (F1, G1) raised at the farm conditions in terms of fertility characteristics. Türk Tarım – Gıda Bilim ve Teknoloji Dergisi 3(4):164–170

Cemal I, Yılmaz O, Karaca O (2013) Birth weights and growth performances of Hair goat kids raised in Denizli province of Turkey. Sci Pap Ser D Anim Sci LVI. ISSN 2285-5750, 36–40

Dellal G, Ertuğrul M, Tekel N et al (2010) Türkiye'de Dağlık-Ormanlık Alanlarda Keçi Yetiştiriciliği: Mevcut Durum ve Gelecek. Ulusal Keçicilik Kongresi Çanakkale, pp 42–59

Devrim AK, Elmaz Ö, Mamak N et al (2015a) Levels of hormones and cytokines associated with growth in Honamlı and native hair goats. Pol J Vet Sci 18:433–438

Devrim AK, Elmaz Ö, Mamak N et al (2015b) Alterations in some clinical biochemistry values of Honamlı and Native hair goats during pubertal development. Veterinarski archiv 85:647–656

Elmaz Ö, Ağaoğlu ÖK, Akbaş AA et al (2014a) The current situation of small ruminant enterprises of Burdur province. Eurasian J Vet Sci 30(2):95–101

Elmaz Ö, Saatcı M, Gökçay Y et al (2014b) The growth and survival rate of kids of Honamlı and Hair goats reared in Antalya regions on public herds. In: International participated small ruminant congress, Konya, 16–18 Oct, pp 276–277

Elmaz Ö, Çolak M, Akbaş AA et al (2016) The determination of some morphological traits and phenotypic correlations of Turkish Hair goat (Kıl keçisi) breed reared in extensive conditions in Turkey. Eurasian J Vet Sci 32(2):94–100

Erduran H, Dağ B (2016) Body weight and body measurement traits of Hair, Alpine × Hair F1 and Saanen × Hair F1 crossbred does raised at rural conditions in Konya province. Selcuk J Agr Food Sci 30(1):49–53

Erduran H Dağ B (2017) Estimation of genetic and phenotypic parameters in some yield characteristics of Hair, Alpine × Hair and Saanen × Hair crossbred goats raised under semi intensive conditions. Ph.D Thesis, The Graduate School of Natural and Applied Science of Selçuk University, Department of Animal Science

Erten O, Yılmaz O (2013) Investigation of survival rate and growth performances of Hair goat kids raised under extensive conditions. YYU Veteriner Fakultesi Dergisi 24(3):109–112

FAO (Food and Agriculture Organisation) (2016) FAOSTAT. http://www.fao.org/faostat/en/#data/QL. Date of access: 1 Jan 2017

Gümüşova SO, Memiş YS (2016) Caprine arthritis encephalitis and bluetongue virus infections in Maltese, Saanen and Hair goat breeds. Pakistan J Zool 48(5):1567–1568

Kaymakçı M (2000) Süt Keçisi Yetiştiriciliği El Kitabı, p 18

Kaymakçı M, Engindeniz S (2010) Türkiye'de Keçi Yetiştiriciliği: Sorunlar ve Çözümler. Ulusal Keçicilik Kongresi Çanakkale, pp 1–25

Koluman Darcan N, Daşkıran İ (2010) Keçi Yetiştiriciliğinin Küresel İklim Değişimine Adaptasyonu ve Etkileri Azaltmaya Yönelik Stratejiler. Ulusal Keçicilik Kongresi Çanakkale, pp 60–67

Koyuncu E, Pala A, Savaş T et al (2006) Çanakkale Koyun ve Keçi Yetiştiricileri Birliği Üyesi Keçicilik İşletmelerinde Teknik Sorunların Belirlenmesi Üzerine bir Araştırma. Hayvansal Üretim 47(1):21–27

Koyuncu M, Duru S, Kara US et al (2007) Effect of castration on growth and carcass traits in hair goat kids under a semi-intensive system in the South-Marmara region of Turkey. Small Rumin Res 72:38–44

Koyuncu M, Tuncel E (2010) Importance of goat in Nomadic culture. Ulusal Keçicilik Kongresi Çanakkale, pp 407–410

Kul BÇ, Bilgen N, Lenstra JA et al (2015) Y-chromosomal variation of local goat breeds of Turkey close to the domestication center. J Anim Breed Genet 132:449–453

Kul BC, Ertuğrul O (2011) mtDNA diversity and phylogeography of some Turkish native goat breeds. Ankara Üniv Vet Fak Derg 58:129–134

Oral DH, Altınel A (2006) The phenotypic correlations among some production traits of the Hair goats bred on the private farm conditions in Aydın province. J Fac Vet Med Istanbul Uni 32 (3):41–52

Özdal G (2013) Growth, slaughter and carcass characteristics of Alpine × Hair goat, Saanen × Hair goat and Hair goat male kids fed with concentrate in addition to grazing on rangeland. Small Rumin Res 109:69–75

Paksoy M (2007) Kahramanmaraş İlinde Süt Üretimine Yönelik Keçi Yetiştiriciliğine Yer Veren Tarım İşletmelerinin Ekonomik Analizi, Doktora Tezi, Ankara Üniversitesi Fen bilimleri Enstitüsü, Ankara

Saatcı M, Elmaz Ö, Çolak M, Akbaş AA, Korkmaz Ağaoğlu Ö, Sarı M (2016) A glance on the sociodemographic life of extensive goat breeders in West Mediterranean region of Turkey. In: 12th international conference on goats, Antalya-Turkey, 25–30th Sept, p 79

Schmidt K (2010) Göbekli Tepe—the stone age sanctuaries. New results of ongoing excavations with a special focus on sculptures and high reliefs. Documenta Praehistorica XXXVII 37: 239–256

Şengonca M, Taşkın T, Koşum N (2003) simultaneous comparison of various production traits of Saanen × Hair crossbred and pure hair goats. Turk J Vet Anim Sci 27(6):1319–1325

Şimşek UG, Bayraktar M (2006) investigation of growth rate and survivability characteristics of Pure Hair goats and Saanen × Pure Hair goats crossbreeds (F1). Fırat Univ J Health Sci (Vet) 20(3):229–238

TAGEM (General Directorate of Agricultural Research and Policies of the Turkish Ministry of Food, Agriculture, and Livestock) (2009) Domestic animal genetic resources in Turkey, Ankara, pp 82–83

Taşkın T, Kaymakçı M, Koşum N et al (2010) Üniversitelerde keçi konulu araştırmalar ve bunların sahaya yansımaları. Ulusal Keçicilik Kongresi, Çanakkale, pp 26–36

Tekin ME, Arlı M, Öğeç M et al (2014) The growth and livability of kids of Hair goats reared in Konya and Karaman regions on public herds. In: 5. National veterinary animal science congress, Burdur, Turkey, 29 May–1 June 2014, pp 23–24

Tolunay A, Ayhan V (2010) Pure Hair goat breeding in forest resources in Turkey: constraints. Problems and possibilities. Ulusal Keçicilik Kongresi, Çanakkale, pp 92–96

Toplu ODH, Altınel A (2008a) Some production traits of indigenous Hair goats bred under extensive conditions in Turkey. 1st communication: reproduction, milk yield and hair production traits of does. Arch Tierz 51(5):498–506

Toplu ODH, Altınel A (2008b) Some production traits of indigenous Hair goats bred under extensive conditions in Turkey. 2nd communication: viability and growth performances of kids. Arch Tierz 51(5):507–514

TURKSTAT (Turkish Statistics Institute) (2016) The results of animal production statistics. http://www.turkstat.gov.tr/VeriBilgi.do?tb_id=46&ust_id=13. Accessed on 1 Jan 2017

Türk G, Sönmez M, Şimşek GÜ (2005) Comparison of some reproductive features of Pure Hair goat bucks and Saanen × Hair goat (F1) crossbreed bucks. FÜ Sağlık Bil Dergisi 19(2):87–92

Yalçın BC (1986) Sheep and goat in Turkey. FAO Animal Production and Health Paper 60. Food and Agriculture Organization of the United Nations, Rome, Italy, p 167

Yılmaz M, Bardakçıoğlu HE, Taşkın T et al (2010) Present and future status of Nomadic goat production in Turkey: a case study of Mugla-Yatagan district. Ulusal Keçicilik Kongresi Çanakkale, pp 135–141

Zeytünlü E, Ağaoğlu ÖK (2016) Detection of polimorphism of the I (IGF-I) gene and their effects on growth performance in Honamlı and Hair goatbreed. In: Proceeding of 6 national veterinary zootechny congress, Cappadocia, Turkey, 1–4 June, pp 95–96

Chapter 10
Honamlı, Newly Registered Special Goat Breed of Turkey

Mustafa Saatcı and Özkan Elmaz

Abstract Honamlı goat has found a place for itself in the goat breeds of Turkey in the last decade. Although it has unique specifications for both morphological and physiological, the breed used to be counted in the Turkish Hair goats for a long time. Roman nose, crescent-like horns and pendulous tail are the most eye-catcher characters. These goats are generally reared on the Taurus Mountains in Mediterranean region. Breeding these goats is part of culture and heritage. Honamlı is a multipurpose breed but usually mentioned for its big body and meat production. Pure and crossed Honamlı kids have capacities to grow faster and to get more weights in a shorter time. Milk production and reproduction traits have significant meaning in very limited flocks. Generally, nomad and seminomad people rear this hardy breed in mountainy highlands covered with maquis-shrubland. Honamlı can use various areas such as stubble, pasture, shrubs, bushes, and maquis. They are also good grazer and browser near and in the forest areas. The mixed area with pasture and maquis is the best location for them to show their genetic capacity. The last several years were introductory period for Honamlı, the development in production traits will be appreciated for in both the literature and sector in the next future.

10.1 Introduction

Honamlı goat, one of the indigenous breeds of Turkey, has received attention from the scientific community within the last 7 years. Therefore, very little and recent information is found in the literature about the breed and nearly all of them has been included in this chapter. Concepts such as mountainy area, highlands, extensive conditions, multipurpose production, and nomadism are inherent to these goats. The name Honamlı goat has been derived from the Honamlı nomads (Akkın 2014), who

M. Saatcı (✉) · Ö. Elmaz
Veterinary Faculty, Department of Animal Science, Mehmet Akif Ersoy University, 15100 Burdur, Turkey
e-mail: m_saatci@hotmail.com

J. Simões and C. Gutiérrez (eds.), *Sustainable Goat Production in Adverse Environments: Volume II*, https://doi.org/10.1007/978-3-319-71294-9_10

have historically reared the purebred goats in small size flocks around the Taurus Mountains.

The origin of the breed is not clear nowadays, but it seems evident that emerged from the genetic umbrella of horned and hairy goat, and from which other Hair, Kilis, Damascus, and some undefined goat breeds sprang up (Kul and Ertuğrul 2011; Ağaoğlu and Ertuğrul 2012; Kul et al. 2015; Bulut et al. 2016). In the earliest reference (Batu 1951), Honamlı goats were considered within Hair goats, as a special flock of nomad Honamlı tribe. According to Çimrin (2008), Honamlı-like goats with attractive morphology and better production traits used to be raised for ages by nomad tribes on the Taurus highlands in West-Mediterranean region. Although it is not known how many and which breeds played role to form the current Honamlı goat, it can be said that the breed has been shaped according to choices of the breeders to produce meat. This shaped body construction joint to production characteristics would include the breed as a meat type goat of Turkey.

The breed might be described basically, as originated from other native goat breeds of Turkey. Well-proportioned sleek body is one of the remarkable characteristics of the Honamlı goat. Morphological appearance of the breed has many similarities with native Turkish Hair goat, but some special characteristics such as big build, longer leg, rapid growth rate, ram shaped convex roman nose, pendulous long tail, and crescent-like delicate horns make its appearance very different. Additionally, Elmaz et al. (2016d) have well detailed the anatomical and osteological alterations between Honamlı and Turkish Hair goats. Although commonly all the body is covered with straight and long solid black hair, goats in brownish, grayish, and rarely white colors can be seen. Percentage of black color is about 45% in the population, which is followed by blueish-gray (20%). Also, white spots and marks can be detected on the head and legs. Both bucks and does usually have horns. Blue and brown eye colors coexist in the flocks. Percentage of blue-eyed animals (77%) is noticeably higher in the population (Sözüer 2017). Droopy ears are common, but semierected ears are rarely seen. Average ear length is 15.9 ± 0.4 cm (mean ± S.E.M.) but large-scale variations among the flocks and individuals are commonly seen. Tail length is a breed characteristic for Honamlı goat, being the mean tail length of males and females 24.0 ± 0.3 cm and 19.8 ± 0.1 cm, respectively (Saatcı et al. 2016b; Elmaz et al. 2016a). All the animals show beard but in bucks, it is much longer and abundant than in does. Forelock is also seen frequently. Pigmented skin of Honamlı would make goats more resistant to skin diseases and provide a protection against the sun rays after clipping. The breed is obviously influenced by climate, environment, and grazing quality according to rearing area.

The largest Honamlı population survives in the Mediterranean region, generally on the Taurus Mountains. The population of pure Honamlı goats in the region is around 30,000 heads, and generally, nomad and seminomad people rear the breed. Although Honamlı was in the region for ages, it was officially registered as an original goat breed of Turkey in the year of 2015. During the registration procedure, the main characteristics and features have been legitimately defined. After this recognition, Honamlı stud animals having the defined characters are considered more valuable in the market. Actual production capacity and possible hybrid-vigor ability of the breed have to be clarified in detailed studies. Subsequently, breed standards, performance testing, and rigorous pedigree records should be combined, in order to improve the Honamlı breed with the effective selections.

10.2 Production Systems and Environmental Description

Honamlı goats are reared under the extensive condition in mountainy areas. Goat rearing in nomadism and seminomadism as an agro-pastoral life is more than a production system. This breeding system is a heritage to the breeders from the long before ancestors. Therefore, breeders accept this system as a tradition more than a business. They live under a tent, made from goat hair, more than 8 months in a year. They change their places from summer to winter according to grazing and browsing condition of the environment. Namely, migration is the routine practice in their lives. Nearly none of the breeders give supplementary food to the flock. They earn the main income from kid sale; milk, hair, and manure are also marketable products. Half of the breeders milk their goats to produce natural goat cheese that is famous around the Mediterranean region. Therefore, multipurpose breeds related each of the goat products such as Honamlı and Turkish Hair goats are mostly preferred in the region. In the breeder families, all their members have a defined job in the breeding system such as clipping for men, milking for women, and grazing for children (Saatcı et al. 2016a). Besides the meat and milk, breeders also sell the goat hair, which is used to produce various types of tents and rugs. All these obtainable products would categorize Honamlı in the multipurpose breeds as well.

Honamlı goats can be reared in a variety of circumstances fluctuating from semi-harsh upland condition to strongly stocked lowland farms adapting willingly to many different conditions. Similarly, they can be found between zero and 1000 m altitude all the way of Mediterranean costs. Flocks are moved from summer place to winter place or vice-versa generally on foot using the mountainy shortcuts. Honamlı goats can utilize stubble, pasture, shrubs, bushes, and maquis areas. They are also good at grazing and browsing near and in the forest areas. But maquis area with a slight pasture is the best environment for them to illustrate all the genetic capacity. Honamlı goats and maquis areas have been a remarkable couple on Taurus Mountains for ages. Eaten leaves and fresh sprouts of maquis by Honamlı goats are a beneficial pruning for the plants. *Quercus coccifera* is the most common maquis in the evergreen shrubland where the Honamlı goats browse.

There is no any specific association for the Honamlı breed, but most of the breeders are members of the regional goat and sheep breeding associations. Associations help breeders to keep and to evaluate the records. Especially buck selection and exchanging bucks among the flocks are important activities made by the association according to kept records. Honamlı goats have not been exhibited extensively until fall of 2015 in the fourth Animal Fair of Antalya. In that fair,

Antalya sheep and goat association took the Honamlı breed on the stage for the first goat contest. After this event, the breed found important places in various fairs, organizations, and contest. All these introductory events have increased the fame of Honamlı goats through the country.

10.3 Breed Characterization

10.3.1 Phenotypic

The most noticeable phenotypic characters of the breed such as huge, long and high body, convex nose, long neck, black hair color, crescent-shaped horns, pensile tail, and lively looking of the breed have been officially registered. Some of these officially registered traits have been listed in Table 10.1, according to gender.

Honamlı bucks (Fig. 10.1) and does (Fig. 10.2) can easily be identified at the first sight among other goat breeds. In addition, kids show the characteristics of the breed very early (Fig. 10.3). Having a longer neck brings an advantage to browse the higher maquis bushes. When lengthy body and long neck meet the bipedalling capability in Honamlı, the goat becomes a perfect browser. Pulled down branches are valuable foods for them. Even, breeders keep the Honamlı wethers in the flock in order to feed shorter goats with the bended shrubs by Honamlı wether. In this condition, Honamlı wether is converted to a nanny of other goats. Also, the breeders claim that "A Honamlı wether can feed nine kids in the maquis area." All these mentioned features indicate the distinctive body structure and browsing skill of the breed. Honamlı goats have a good flocking instinct with calm temperament and shepherds and his/her shepherd dogs can easily manage them. They do not need some extra care.

Honamlı goat is not as tough as Turkish Hair goat in the very harsh environment. Therefore, it cannot easily survive where Hair goat does commonly inhabit.

Table 10.1 Some values of officially registered traits of Honamlı goat

Traits (cm)	Male	Female
Head length	30.5	28.4
Forehead wide	18.9	17.2
Nose length	24.5	24.5
Neck length	40–45	26–44
Rump height	90.5	83
Wither height	91	82.5
Chest girth	37.1	33.3
Chest circumference	100.5	93.3
Body length	91.5	83.7
Mature body weight (kg)	82.9	64.7

Source TAGEM (2009), OGRT (2015)

Fig. 10.1 Typical Honamlı buck (provided by Ö. Elmaz)

Fig. 10.2 Typical Honamlı does (provided by M. Saatcı)

Semi-harsh environment with grazing and browsing opportunity are adequate for the breed (Fig. 10.4). Introducing Honamlı breed to the lowland flocks for the intensive breeding methods can accelerate its expansion. Also, using Honamlı bucks in Hair goat flocks within a controlled system may give a chance of genetic improvements in large populations.

Fig. 10.3 A gray-colored Honamlı kid (provided by Ö. Elmaz)

Fig. 10.4 A typical area where Honamlı flocks are reared (provided by M. Saatcı)

10.3.2 Genetic Profile

Although there are not intensive genetic researches on Honamlı breed yet, some molecular genetic characterizations have been reported by several researchers. Twenty microsatellite locus was investigated for Honamlı goats with other four native goat breeds by Ağaoğlu and Ertuğrul (2012), and genetic diversity of mtDNA d-loop and cytochrome b sequences were studied by Kul and Ertuğrul (2011).

The male-specific region markers, sex-determining region-Y (SRY), amelogenin (AMELY), and zinc finger (ZFY) were analyzed in seven Turkish native goat breeds, including Honamlı goats (Kul et al. 2015). Another analyzes focusing on intra- and intergenic diversities of eight different goat populations in Turkey was conducted (Bulut et al. 2016). All these analyzes showed that Honamlı goat has a genetically close relation with other Anatolian breeds but Angora goat. Additionally, the existence of genetic polymorphisms at β-LG (Ağaoğlu et al. 2012), α-LG (Ağaoğlu et al. 2014), *MTNR1A* and *INHA* genes was confirmed (Ağaoğlu et al. 2015) for the breed. Effects of the gene polymorphisms of IGF-I *Hae*III (Zeytünlü and Ağaoğlu 2016), GH, POU1F1, LEPTIN, MSTN, and BMP15 (Ağaoğlu et al. 2016b) on growth performance and liveweights were also detailed as specifications of the breed.

10.3.3 Particularities of Reproduction

Mating time mainly occurs in September or October for the breed like most of the goats in northern hemisphere. *Doe kids* can show heat (estrus) behavior at the age of 8–9 months *but most of the breeders use them in breeding, after 1-year-old.* Goats are kidded in February and March. Ease of kidding is able to count in the characters because dystocia is uncommon. Mothering traits of does are worthy and Honamlı kids are lively at birth. A Honamlı goat is kept in the flock up to 7–9 years and it can continue economic production until those ages. This situation indicates the reasonable longevity of the goats and it provides an opportunity to sell more stud does. According to Ağaoğlu et al. (2016a), the gestation length of Honamlı does is 148.5 ± 1.8 days and length of interestrus interval is 19 ± 0.8 days with 36 ± 12 h estrus length. They also reported the litter size, lactation period, and kidding-conception interval as 1.6 ± 0.5 kids, 184 ± 17.7 days, and 223.8 ± 13.6 days, respectively. Seven successive estrus periods in one autumn session were reported by the same research group. Conception rate, multiple birth rate, survival rate at weaning, and general litter size of Honamlı breed were reported as 0.92, 32.8, 97.2, and 1.35% kids, respectively (Elmaz et al. 2012a). Other calculated fertility traits of Honamlı goats are summarized in Table 10.2.

In terms of spermatological characteristics, ejaculate volume, motility, dead spermatozoa, abnormal spermatozoa, spermatozoa concentrations, and acrosomal abnormalities of Honamlı bucks were determined as 4.0 ± 1.1 mL, 75 ± 10%, 10 ± 4.0%, 10 ± 5.0%, 3.25 ± 1.15 × 10⁹/mL, and 1%, respectively (Gülay et al. 2011).

Table 10.2 Some fertility traits of Honamlı Goats

Conception rate (does kidding/does mated)	0.83
Kidding rate (kids born/does mated)	0.93
Fecundity (kids born/does kidded)	1.16
Weaning rate (kids weaned/does mated)	0.87

Source Elmaz et al. (2016a), Saatcı et al. (2016b)

10.4 Production Traits

In terms of the production traits, Honamlı is recognized as a multipurpose breed. Due to its outstanding inheritance, Honamlı goat possesses many exceptional qualities related to growing and weight traits. The principle traits of the breed are to have a large and long body and the rapid growth rate. These traits joint to good carcass performance reflect the meat type characters of the breed.

10.4.1 Meat Production

In the current position, the good traits related to meat and growth rate makes Honamlı goats well known in the sector. Weights from all the reachable published or unpublished researches have been evaluated in this section. According to Alizadehasl and Ünal (2011), mature weights for bucks and does were reported as 73.8 ± 3.3 kg and 52.6 ± 3.3 kg, respectively. But, Saatcı et al. (2016b) and Elmaz et al. (2016a) reported heavier mature liveweights for buck (99.1 ± 2.2 kg) and does (64.9 ± 0.3 kg). Also, Elmaz et al. (2012b) mentioned the mean live-weights of bucks at 2-year-old and does at 3-year-old as 77.3 ± 4.4 kg and 63.5 ± 0.8 kg, respectively. Although liveweight might be variable according to location, feeding, disease, rearing system, breeding age, and genetics, it seems evident that Honamlı goat is heavier than the other indigenous breeds of Turkey.

Table 10.3 shows the weights of the breed from birth to slaughter including references. The mean 120 day weights of Honamlı goats was reported as 26.9 kg by Elmaz et al. (2016b); in the same study, weaning weight of single born male Honamlı kids at the age of 120 day was reported as 29.1 kg, which is similar with the average weaning weight (29 kg) of improved Boer goat at the exactly same age (Malan 2000).

Honamlı cross kids have potentials to grow faster and to put on more weights. Turkish Hair goat owners cross their does with Honamlı bucks in order to have rapid growing kids with better performance. Breeders in some areas use this type of crossing as a routine, and with good pasture, this practice is applied very often. Akbaş and Saatcı (2016a) assessed these crosses under extensive conditions and whose results are summarized in Table 10.4. As can be seen in Table 10.4, Honamlı X Hair cross kids showed better performance than pure Hair goat kids. Also, Elmaz et al. (2017) compared the Saanen and Honamlı X Saanen crossed kids as shown in Table 10.5. Similarly, greater performance had been noticed for the Honamlı crosses. Both experiments showed a beneficial effect of Honamlı geno-type. Although limited, some reported hormonal, biochemical, and *physiological* profiles in goats at the 1 year age are listed in Table 10.6.

Measurements of body parts are exposed in Table 10.7. Those measurements and their correlations can also be used as selection criteria and selection objectives.

Table 10.3 Mean values (± S.E.M.) of some traits reported for Honamlı goat

Birth weight (kg)					References
Male	Female	Single	Twin	Overall	
4.0 ± 0.02	3.7 ± 0.01	4.1 ± 0.01	3.7 ± 0.01		Elmaz et al. (2012a)
				4.04	Gök et al. (2014)
				5.2	Gök et al. (2014)
				4.2	Gök et al. (2014)
3.8	3.6	3.7	3.4		Elmaz et al. (2014)
3.8	3.6	3.7	3.4		Elmaz et al. (2014)
4.4 ± 0.1	4.1 ± 0.1	4.8 ± 0.1	4.1 ± 0.1	4.2 ± 0.1	Elmaz et al. (2016c)
				3.9	Akbaş and Saatcı (2015)
3.9 ± 0.05					Akbaş and Saatcı (2016b)

Liveweights in days (kg), (male/female)								References
30	50	90	120	150	170	180	190	
	14.7		28.0					Akbaş and Saatcı (2015)
9.3 ± 0.1	14.0 ± 0.2	20.7 ± 0.3	27.5 ± 0.3					Akbaş and Saatcı (2016b)
				25.9 ± 0.7	33.6 ± 1.0		38.8 ± 1.1	Aktaş et al. (2015)
				28.6				Gök et al. (2013)
		26.2				40.1		Gök et al. (2014)
		24.1				38.8		Gök et al. (2014)
		22.1				38.3		Gök et al. (2014)
	14.4/13.1		24.4/22.0					Elmaz et al. (2016c)
			23.6/20.9					Elmaz et al. (2014)
			23.7/21.3					Elmaz et al. (2014)

(continued)

M. Saatcı and Ö. Elmaz

Table 10.3 (continued)

Liveweights in days (kg), (male/female)								References
30	60	90	120	150	170	180	190	
9.7/9.1	15.3/14.5	22.2/19.7						Elmaz et al. (2012a)
10.4/9.5		26.9/23.4						Elmaz et al. (2012b)

Carcass-related traits (kg)			References
Slaughter	Cold carcass	Cold dressing percentage (%)	
25.9 ± 0.7	11.2 ± 0.3	43.2 ± 0.4	Aktaş et al. (2015)
33.6 ± 1.0	15.4 ± 0.5	45.8 ± 0.6	Aktaş et al. (2015)
38.8 ± 1.1	18.7 ± 0.6	48.0 ± 0.7	Aktaş et al. (2015)
27.7 ± 1.0	12.38 ± 0.4	44.7 ± 0.6	Akbaş and Saatcı (2016a)
33.3 ± 0.6	14.78 ± 0.3	44.4 ± 0.5	Akbaş and Saatcı (2016b)

Table 10.4 Differences (mean ± S.E.M.) among the performances of kids according to genotype

	Honamlı	Hair	Honamlı x Hair
Birth weight	3.90^a ± 0.05	3.04^c ± 0.06	3.58^b ± 0.06
Age for 25 kg liveweight (day)	118.14^c ± 3.14	180.21^a ± 3.22	150.71^b ± 2.16
Cold carcass weight of 25 kg slaughter weight	12.38^a ± 0.40	11.41^b ± 0.37	11.81^b ± 0.32
M. Longissimus dorsi area (cm^2)	12.20^a ± 0.22	10.53^b ± 0.28	$11.01^{a,\ b}$ ± 0.23

[a, b]Means with different superscripts within a same row are significantly different ($P < 0.05$). *Source* Akbaş and Saatcı (2016a)

Table 10.5 Liveweights and Carcass differences (mean ± S.E.M.) between Saanen and Honamlı X Saanen kids

Weights	Saanen	Honamlı x Saanen
Birth	3.4^a ± 0.1	3.4^a ± 0.1
45 day	10.6^a ± 0.2	11.1^a ± 0.2
90 day	12.9^b ± 0.4	16.8^a ± 0.3
150 day	20.7^b ± 0.7	24.3^a ± 0.6
Preslaughter (only male kids)	27.0^b ± 0.7	29.7^a ± 0.9
Cold Carcass (only male kids)	11.8^b ± 0.4	13.2^a ± 0.4

[a, b]Means with different superscripts within the same row are significantly different ($P < 0.05$). *Source* Elmaz et al. (2017)

Some practically usable and comparable body measurements are also reported in Table 10.7 according to ages and gender.

10.4.2 Milk Production

Although the breed has not been intensively selected for any products such as meat, milk, prolificacy, or fiber; the milk production and reproductive traits have no equal importance with meat characters. The breeders' first choice is on meat type animals. Therefore, larger variations can be detected in milk yield and birth type. Half of the breeders milk their goat for a very short term and quite few of them expect a reasonable amount of milk from some Honamlı goats. According to statements of these breeders, limited does, which have few milk type characteristics, are very rare and can give 1.5 L daily milk for just more than 5 months. A conducted research (Taşçı et al. 2015) demonstrated that mean lactation milk yield and the lactation length of the breed were 107.1 kg and 190.1 days, respectively. In the same study, 4.5% fat, 7.3% protein, 3.8% lactose, and 15.9% dry matter were defined with 1073×10^3 somatic cell count per ml of milk on the 180th day of the lactation.

In any condition, this trait is not suitable for profitable milk production. Hand milking is the only way to get milk from Honamlı, none of the breeders mentioned

Table 10.6 Some hormonal, biochemical, and physiological measurements (mean $\pm$ S.E.M.) in Honamlı goat

Hormonal	Values						References
	Male (12 months)			Female (12 months)			
	Growth	Myostatin	GHRH	Growth	Myostatin	GHRH	
(ng/ml)	3.94 $\pm$ 0.4	18.91 $\pm$ 3.6	371.9 $\pm$ 42	3.85 $\pm$ 0.1	15.10 $\pm$ 1.1	342.8 $\pm$ 18	Devrim et al. (2015a)
Biochemical	*ALP*	*ALT*	*TL* (mg/dl)	*ALP*	*ALT*	*TL* (mg/dl)	
(IU/l)	143.9 $\pm$ 24	42.5 $\pm$ 2.7	410 $\pm$ 12	150.9 $\pm$ 13	45 $\pm$ 2.6	369.5 $\pm$ 9.2	Devrim et al. (2015b)
Physiological	*Hemat.* (%)	*P. Prot.* (g/dl)	*Hemog.* (g/dl)	*RBC* (mm^3)	*WBC* (mm^3)		Elmaz et al. (2012a)
	22.1 $\pm$ 0.45	7.5 $\pm$ 0.17	8.2 $\pm$ 0.23	13011171 $\pm$ 462	5211 $\pm$ 171		

GHRH Growth hormone releasing hormone; *ALP* Alkaline phosphatase; *ALT* Alanine Transaminase; *TL* Total lipid; *Hemat.* Hematocrit; *P. Prot.* Plasma protein; *Hemog.* Hemoglobin; *RBC* Red blood cell; *WBC* White blood cell

Table 10.7 Some morphological traits (mean ± S.E.M.) for Honamlı goats

Description	Body measurements			References
	Withers height (cm)	Chest girth (cm)	Body length (cm)	
90th day				Elmaz et al. (2012b)
Male	63.3 ± 0.4	63.0 ± 0.4	65.3 ± 0.4	
Female	60.8 ± 0.4	60.9 ± 0.4	63.1 ± 0.4	
120th day				Akbaş and Saatcı (2016a)
Male	63.8 ± 0.3	62.7 ± 0.3	62.7 ± 0.3	
Female	61.8 ± 0.2	61.0 ± 0.3	61.1 ± 0.3	
180th day	64.9	81.0	69.0	Gök et al. (2014)
Mature				Elmaz et al. (2012b), Saatcı et al. (2016b)
Male	96.2 ± 0.8	105.2 ± 0.9	103.7 ± 0.9	
	91.2 ± 1.5	94.7 ± 2.2	93.0 ± 1.5	
Female	81.9 ± 0.2	92.1 ± 0.2	88.5 ± 0.2	
	83.0 ± 0.4	91.0 ± 0.5	88.3 ± 0.4	
	Udder measurements (cm)			Elmaz et al. (2016a), Saatcı et al. (2016b)
	Udder length	*Udder width*	*Teat length*	
Mature	8.3 ± 0.1	11.0 ± 0.1	5.4 ± 0.1	
	Testicular measurements (cm)			Elmaz et al. (2012b, 2016a), Saatcı et al. (2016b)
	Scrotal circumference	*Right testes diameter*	*Right testes length*	
120th day	19.8 ± 0.3	3.2 ± 0.1	7.1 ± 0.1	
Mature	30.5 ± 0.4	5.2 ± 0.1	12.4 ± 0.2	

the machinery milking for their flocks (Saatcı et al. 2016c). Also, short and non-continuous lactation does not allow breeders to do something sustainable regarding milk production. On the other hand, some very restricted flocks interestingly show traits-related milk production. Prolificacy of these type of animals is 170%, even some flocks increase up to 190% (Saatcı et al. 2016a, c). However, most of the breeders do not prefer prolific and milky animals because of the inadequate keeping and feeding conditions.

10.5 Concluding Remarks

Establishing an effective Honamlı goat society can be the first step to accomplish the desired improvements. All the efforts and attempts should be organized under the control of this society.

First attempt should be a basic, reliable, and usable recording system from birth to slaughter. There are many rooms for improving in the goat meat sector in Turkey, and Honamlı goat has a potential to fill in the part of those rooms. Also, demand of the customers in these days for high quality, lean, and healthy red meat can easily be supplied by Honamlı breeders. Forming nucleus flocks with the best-selected animals and using their progenies in breeders flocks can be followed as a route.

Best specimens of the Honamlı are found in Antalya district. The animals that show the desired characters can be collected around the district to be kept in nucleus. Spreading stud animals from this nucleus can be effective for the whole region.

Additionally, defined reference bucks could be used across the breeders to form the genetic link and to improve the progeny of all the participating flocks. Also, possible hybrid-vigor level might be calculated in Honamlı goats' crossings. In order to accelerate the kids growing and to have more individuals, a well-planned grade up crossing method with Honamlı bucks could be employed in Turkish Hair goat flocks for the suitable rearing areas.

According to field studies and surveys, very limited Honamlı goats have few characters related milk production. An additional benefit from these types of animals might be scientifically determined and added into the breeding system. Any little support from marketable milk side along with the production of meat will be effective on the life of nomad breeder. Previous years were introductory period; from now on, Honamlı goats should be announced with the progress of their characteristics and production traits.

Acknowledgements The completion of this chapter gives us much pleasure. We would like to show our gratitude to TAGEM (General Directorate of Agricultural Research and Policies), TUBİTAK (The Scientific and Technological Research Council of Turkey), and Antalya and Burdur Sheep and Goat Associations. The projects (TAGEM/07HON2011-01, TAGEM/15HON2011-01, TÜBİTAK 112R031, 215O879, 109R020, 112O939, and 114R064) on Honamlı goat would not have been possible without the valuable support of them.

References

Ağaoğlu ÖK, Ertuğrul O (2012) Assessment of genetic diversity, genetic relationship and bottleneck using microsatellites in some native Turkish goat breeds. Small Rumin Res 105:53–60

Ağaoğlu ÖK, Kul BÇ, Akyüz B et al (2012) Identification of β-lactoglobulin gene SacII polymorphism in Honamli, Hair and Saanen goat breeds reared in Burdur vicinity. Kafkas Univ Vet Fak Derg 18:385–388

Ağaoğlu ÖK, Saatcı M, Elmaz Ö et al (2014) Mva I PCR-RFLP identifies single nucleotide polymorphism of the alpha-lactalbumin gene in some goat breeds reared in Turkey. Turk J Vet Anim Sci 38:225–229

Ağaoğlu ÖK, Saatcı M, Akyüz B et al (2015) Melatonin receptor 1A gene RsaI and inhibin alpha subunit gene HaeII polymorphisms in Honamli and Hair goat breeds reared in Western Mediterranean region of Turkey. Turk J Vet Anim Sci 39:23–28

Ağaoğlu R, Elmaz Ö, Saatcı M (2016a) Assessment of reproductive traits of Honamlı does by observation of sexual behavior and measurement of progesterone and estradiol concentrations in serum. In: Proceeding of 12th international conference on goats, Antalya, 25–30th September, p 72

Ağaoğlu ÖK, Elmaz Ö, Çolak M et al (2016b) Detection of polymorphisms of the some genes and their effects on growth performance in Honamlı and Hair goat breeds. In: Proceeding of 12th international conference on goats, 25–30th September, Antalya, p 137

Akbaş A, Saatcı M (2015) Antalya ve Burdur İllerinde Ekstansif Koşullarda Yetiştirilen Honamlı ve Kıl Keçisi Oğlaklarının Büyüme Özellikleri. I Teke Yöresi Sempozyumu, p 1390

Akbas A, Saatcı M (2016) Slaughter and carcass characteristics of Honamlı and Honamlı x Hair (F1) goat male kids reared under extensive conditions. J Fac Vet Med Erciyes Univ 13: 120–130

Akbaş A, Saatcı M (2016) Growth, slaughter, and carcass characteristics of Honamlı, Hair, and Honamlı × Hair (F1) male goat kids bred under extensive conditions. Turk J Vet Anim Sci 40:459–467

Akkın H (2014) Honamlı araştırmaları I: 1843–1846 tarihli nüfus defterlerine göre Honamlı aşireti. Retrieved from: http://www.honamliyorukleri.org.tr. 05.12.2016

Aktaş AH, Gök B, Ateş S et al (2015) Fattening performance and carcass characteristics of Turkish indigenous Hair and Honamlı goat male kids Turk J Vet. Anim Sci 39:643–653

Alizadehasl M, Ünal N (2011) Some morphological traits of Kilis, Norduz and Honamlı indigenous goats breeds. Lalahan Hay Araşt Enst Derg 51:81–92

Batu S (1951) Türkiye keçi ırkları ve keçi yetiştirme bilgisi, 17

Bulut Z, Kurar E, Özşensoy Y et al (2016) Genetic Diversity of eight domestic goat populations raised in Turkey. Biomed Res Int 2016:2830394. https://doi.org/10.1155/2016/2830394

Çimrin H (2008) Antalya Yörükleri. Retrieved from: http://www.antalyabugun.com/makale/antalya-yorukleri-3-2569.html

Devrim AK, Elmaz Ö, Mamak N et al (2015a) Levels of hormones and cytokines associated with growth in Honamlı and native hair goats. Pol J Vet Sci 18:433–438

Devrim AK, Elmaz Ö, Mamak N et al (2015b) Alterations in some clinical biochemistry values of Honamlı and native hair goats during pubertal development. Veterinarski Archive 85:647–656

Elmaz Ö, Saatcı M, Dağ B et al (2012a) Some descriptive characteristics of a new goat breed called Honamlı in Turkey. Trop Anim Health Prod 44:1913–1920

Elmaz Ö, Saatcı M, Mamak N et al (2012b) The determination of some morphological characteristics of Honamlı goat and kids, defined as a new indigenius goat breed of Turkey. Kafkas Univ Vet Fak Derg 18:481–485

Elmaz Ö, Saatcı M, Gökçay Y et al (2014) The growth and survival rate of kids of Honamlı and Hair goats reared in Antalya regions on public herds. In: International participated small ruminant congress 16–18 October, Konya, pp 276–277

Elmaz Ö, Saatcı, M, Ağaoğlu ÖK et al (2016a) Project reports of "The improvement of Honamlı goat in breeder condition". TAGEM/07HON2011-01

Elmaz Ö, Çolak M, Saatcı M et al (2016b) The determination of growth performance of Honamlı goat kids. In: 12th international conference on goats, Antalya 25–30th September, p 68

Elmaz Ö, Çolak M, Akbaş AA et al (2016c) Growth performance and some morphological traits of Honamlı goat kids until weaning age in extensive conditions. XIV Wellmann Oszkár International Scientific Conference Hódmezővásárhely Hungary 18th May Agrar-Es Videkfejlesztesi Szemle Supplement 2:48–51

Elmaz Ö, Saatcı M, Akbaş AA et al (2016d) Project report of "Determination of reproduction, milk yield, carcass traits of Honamlı goat to make a comparison between the anatomic osteological characteristics of this breed and Hair goat". TÜBİTAK, 112R031

Elmaz Ö, Saatcı M, Sarı M et al (2017) Producing kid to butcher, from the crossing with local bucks and Saanen goats, in the flock which is not require the breeding young. Project report TUBİTAK, 215O879

Gök B, Aktaş AH, Tekin ME et al (2013) Kıl Keçisi ve Honamlı Tipi Kıl Keçisi Oğlaklarının Entansif Besi Performanslarının Karşılaştırılması. 8. Ulusal Zootekni Bilim Kongresi Kitabı Çanakkale, p 188

Gök B, Aktaş AH, Halıcı İ et al (2014) Growth performances and body measurements of Honamli goat kids protected as a native animal genetic resource kept in breeder conditions in different provinces in Turkey. In: International participated small ruminant congress 16–18 October Konya, p 155

Gülay MS, Ata A, Elmaz Ö et al (2011) Hematological and spermatological evaluations of Honamlı goat in Turkey. J Anim Sci 89(E-Suppl 1):397

Kul BÇ, Ertuğrul O (2011) mtDNA diversity and phylogeography of some Turkish native goat breeds. Ankara Univ Vet Fak Derg 58:129–134

Kul BÇ, Bilgen N, Lenstra JA et al (2015) Y-chromosomal variation of local goat breeds of Turkey close to the domestication center. J Anim Breed Genet 132:449–453

Malan SW (2000) The improved Boer goat. Small Rumi Res 230:165–170

OGRT (2015) Official Gazette Republic of Turkey Ek 59 Honamlı 20151117-13-1

Saatcı M, Elmaz Ö, Çolak M et al (2016a) A glance on the sociodemographic life of extensive goat breeders in West Mediterranean Region of Turkey. In: Proceeding of 12th international conference on goats, Antalya 25–30th September, p 79

Saatcı M, Elmaz Ö, Ağaoğlu OK et al (2016b) Project reports of "The improvement of Honamlı goat in breeder condition". TAGEM/15HON2011-01

Saatcı M, Elmaz Ö, Ağaoğlu ÖK et al (2016c) Interview and survey data related goat breeders in West Mediterranean region

Sözüer O (2017) Honamlı goat, as a component of biocultural diversity MsC Thesis (Unpublished). Mehmet Akif Ersoy University, Institute of Health Science

TAGEM (2009) General directorate of agricultural research and policies national breeds catalogue Honamlı goat, p 82

Taşçı F, Elmaz Ö, Saatcı M et al (2015) The milk yield and milk composition in first lactation of Honamlı goat breed. In: Proceeding of international vet Istanbul group congress, St. Petersburg, pp 410–411

Zeytünlü E, Ağaoğlu ÖK (2016) Detection of polimorphism of the I (IGF-I) gene and their effects on growth performance in Honamlı and Hair goat breed. In: Proceeding of 6 National Veterinary Zootechny congress Cappadocia Turkey 1–4 June, pp 95–96

Chapter 11
The Garganica and Girgentana Goat Breeds Reared in Different Regions of Italy

Davide De Marzo, Anna C. Jambrenghi and Francesco Nicastro

Abstract The extensive farming method represents the best system for goats living in a Mediterranean environment, despite the fact that its productive potential is partly achieved, the rusticity and frugality of this animal, here, allows to reach the maximum use of the environmental resources enabling the animal to produce, particularly milk and dairy products, after grazing. Two Italian breed goats are described in this chapter considering these premises and regarding primarily the milk production and, secondarily, meat quality. The Garganica breed, native of the Gargano area of Puglia region (southeast Italy), is a medium-size animal characterized by a shiny black coat, which may have black-reddish shades. It is a dairy goat breed, with an average production of 180 L of milk per lactation, and a mean fat content of 3.6% and protein of 3.7%. The Girgentana breed, bred and selected in Sicily, particularly in the Midwest, is a medium-size animal too, white coat with reddish-brown tending to roan and seldom to gray forehead and jaws, often characterized by an extended spotting. It is predominantly a dairy breed with an average production of 333 L of milk per lactation, with an average fat content of 3.4% and a protein of 3.2%.

11.1 Introduction

Over the centuries, the belief that goat is more harmful than beneficial to agriculture has caused a strong ostracism toward this animal, paving the way to its near extinction, at least for some breeds. In the long run of time, the proverbial voracity

D. De Marzo · A. C. Jambrenghi
Dipartimento di Scienze Agro Ambientali e Territoriali, Università degli Studi di Bari
"Aldo Moro", via Amendola 165/A, 70121 Bari, Italy

F. Nicastro (✉)
Dipartimento dell'Emergenza e dei Trapianti di Organi, Sezione di Cliniche Veterinarie e Produzioni Animali (DETO), Università degli Studi di Bari "Aldo Moro", via Amendola 165/A, 70121 Bari, Italy
e-mail: francesco.nicastro1@uniba.it

© Springer International Publishing AG 2017
J. Simões and C. Gutiérrez (eds.), *Sustainable Goat Production in Adverse Environments: Volume II*, https://doi.org/10.1007/978-3-319-71294-9_11

of the goat led the man, in some regions, to draw up laws which banned the use of the goat, by levying heavy taxes for breeding or sometimes they provided for the immediate killing of the goat.

Only in the last few decades the role that this animal can play has been upgraded, above all the advantages offered by a correct management. Nowadays, thanks to functional management and development policies, goat breeding from an individual practice has switched to a real entrepreneurial activity. Special attention was paid to its productive potential as well as in term of yield. Hence, the increase in the goat census and farms led to boost up research in the genetic and technical-management improvements of goats breeds.

Goat's breeding systems are mainly acknowledged depending on whether there are facilities in which can shelter the animal during the day, in a particular time of the year, or stay permanently. Thus, the breeding systems can be classified in: *Intensive system* where, according to production cycles, animals cannot graze but are forced to stay in equipped facilities where they are given feed and care; *Semi-intensive* and *semi-extensive systems*, where respectively, in the first, animals at night return to the farm, after grazing in enclosed plots; while in the second, goats graze in large areas in milder months, and in the colder months they stay in equipped shelter where they are fed. The last is the *extensive system* in which animals are set free to graze the whole year round with no facility or at most with makeshift shelters.

In this chapter, we will deal with two indigenous breeds among the most widespread in Southern Italy such as Garganica and Girgentana. Each of them is characterized by its phenotype and productive character, and bound to well-defined geographical territories. For the sake of clarity and reliability of the description of the breeds, the technical rules attached to the Procedural Guideline of the Genealogical Book of Caprine species (Studbook), approved by the Ministry of Agriculture, Food and Forestry (MiPAAF) of Italy on May 11th, 1998, are fully reported.

11.2 The Goats in Italian Rural Context: Past and Present

Goat is an independent and sociable animal that in the past was entrusted to the youngest members of the family for grazing, being firmly recommended never to miss this voracious creature, capable of causing huge damage if left free in an area rich in succulent and delicate shoots, or twigs from the tender and tasty bark.

Owing to its proverbial voracity, goat is often referred to as an animal more harmful than useful to agriculture; in fact, its bad reputation is mainly due to the speed by which it attacks and devours both herbaceous and shrubby and arboreal crops, preferring, in the latter the young shoots.

The strategic importance that wool industry has had in the past can partly explain or justify the goat marginalization, but not the hostility or even the laws that have restricted or prohibited its breeding (the Italian wool industry after the first period of strong expansion could not compete with the exporting industries of Spain, England, and Flanders). The reasons for this ostracism are therefore different and reside in the fact that the goat, in the use of the forest, had not to face the competition with sheep but with man himself.

Indeed, the steady rise in population in the second half of the eighteenth century led to an increase in food demand and intense industrialization, which stimulated, on the one hand, a vast employment process and the use of land to increase agricultural production and, on the other, a strong demand for lumber both as fuel and for the production of sleepers for the wide-spreading railroad. This early change of the economic-agricultural course quickly led to the replacement of grazing in arable lands and livestock breeding into farming which provided food products of instant use.

Moreover, the owners being impoverished by increasing taxes, saw the woodcut as a profitable economic practice, others were enticed to deforest in order to cultivate more high paying products and others finally destroyed the chestnut trees for the high land registry taxes they were charged (Bettoni and Grohmann 1989). Faced with this systematic destruction, the man needed a scapegoat. In addition, a series of duties and decrees over the centuries have been emanated to limit the proliferation and use of goats.

One of the most important provisions is that of the Republic of Venice of November, 27th, 1762 (Gautieri 1816), which prohibited the keeping of goats, under the penalty of the immediate killing of the animal. The Royal Decree of the Sardinian Government of January 19th 1768 banned both goats and sheep from grazing in all the coppice woods forests for five years after cut. That is the state of Milan, in which a ducal edict of May 9th, 1784 prohibited the pasture outside the bottom portion defined by the Commune. Finally, Count Dandolo of Dalmatia tripled the pasture tax for goats, thus causing a drastic drop in the goat's heritage.

In the twentieth century (Fig. 11.1), the situation did not change, rather it worsened, since the repressive nature of the forest law persists, even if the "danger" of the use of goat is actually diminished given the drastic drop in number of goats, and the indiscriminate cut of the forest strongly slowed down (Tablet 1989).

The implementation of the forest bond led to the introduction of the Royal Decree-Law (RDL) December 30th, 1922 n. 3267 entitled "Rearrangement and reforming of the legislation on forests and mountainous land" and its related Regulatory Decree (RD) May 16th, 1926, no. 1126. Still, the last paragraph of Article 9 of the RDL 30/12/1923, n. 3267 provided that, in accordance with the opinion of the Forestry Authority, the Committee could authorize pasture in the forests and determine the places where exceptionally goat's pasture could be tolerated and, in accordance with the Head or Headquarters of the Forestry Police, RD 16/5/1926, n. 1126, the rules for the practice of pasture in general, and that of goat in particular, were laid down. On January 16th, 1927, with RDL n. 100, a "special tax on goat animals" is introduced, and in 1930, with the law of July 3rd, 1080, that tax is altered because it established not only the sums to be paid for each head owned and in relation to the total number of heads, but also that, entirely reported, "goats even occasionally grazing in the forests subjected to or not subjected to the

Fig. 11.1 Garganica goats by Mr. Enrico Bambocci and prizewinners at the Venice Exhibition in 1899 (provided courtesy of F. Giovine)

constraints shall be charged the due taxes." Finally, it is also forbidden to allow goat's pasture on the owners' estate if the land had been recognized as having protective functions (RD 30/12/1923, No 3267). The consequences of such repressive legislation have obviously led to a sharp contraction of goat's heritage and, at the same time, to the exclusion of goats from future development scenarios.

As time goes by and exactly at the beginning of the second half of the 1900s, there is a reversal of trend. In fact, in Southern Italy, where more than 80% of the goat population was concentrated, comparing the production capacities of the goats with those obtained in other European countries, Italy was very late and deficient, so a new policy of supporting and development was started. This encouraging policy, however, is a based on a totally wrong belief that the reduced potential of our livestock sector is due to the low productivity of endogenous breeds. Therefore, in order to encourage an increase in production, more productive subjects should be imported to replace or to be crossed with our genetic types, thus giving up all models and technologies currently used. Between the 1950s and 1990s, however, this policy led that almost all native populations have been replaced or crossed with numerous foreign breeds with no satisfactory results.

In short, this has led to the fact that the techniques and the genetic potential imported from abroad could not be applied and used owing to the Southern Italy climate. As a result, it was not a matter of making the techniques and methods used elsewhere, suitable for our reality, but creating a technology responding to lands characterized by drought environments by making use of a comprehensive practice.

As already said, in the past century the goat breeding has come across two negative historic situations. The first, following to the effect of RDL n. 100 of 1927 and consequent Law 1080 of July 3rd, 1930 levying a tax on this species. This resulted in a fall in the number down to the two million heads (Rubino 1990), but, worse, the misconception that it was a harmful animal which deserved to be marginalized or even extinct. Another situation, actually positive, occurred in the 1970s where the cultural approach changed by giving up the idea that the goat was a harmful animal, but it had to be upgraded for a more productive and profitable system. This determined an increase in the goat population above all in Southern Italy. In the 1980s, the latter trend became even stronger, as result of the increased EEC quotas for bovine milk business.

Nowadays, goat breeding keeps on being subsidized through the common agricultural policy and all EU and national programs. Goat is considered an income-producing animal, thus changing the old conception of the farmer into a new highly specialized agricultural entrepreneur, likely to guarantee high-standard production in terms of quantity and above all quality and safety for the consumer.

The high potential of the goat breeding can be well demonstrated by the expansion and attention that this species is obtaining also in countries with scarce experience about such activity. However, the goat is not the extraordinary animal, as found in the mythology and literature, or the harmful animal, as pursued by other (various RDLs and laws), and by specific breeding techniques, it can account for an important source of income or it can well be included with other species, allowing production to be expanded (Lucifero 1981). Due to its remarkable production capacity, both quantitatively and qualitatively, goat has experienced an expansion in many countries, intensifying this breeding. The goat species, in fact:

(1) Can live on surfaces and environments where very few species can bear, due to their bad or absent nourishing sources and extreme rusticity;
(2) It reaches, per land unit, significantly higher production values compared to other animals in the same breeding conditions;
(3) It provides a portion of milk per unit of live weight and quantity and quality of ingested foods, even 30–40 times its weight;
(4) It is characterized by the size of the milk fat globules, being smaller than those of the bovine species (Attaie and Richter 2000) and a higher content of short chain fatty acids and medium chains. This makes goat milk easier to digest (Chilliard et al. 2003; Haenlein 2004) and suitable for human nutrition, and particularly for seniors, intolerant, convalescent, and children;
(5) Produces milk with lesser yields of processed products but with valuable organoleptic characteristics (Park et al. 2007);
(6) It possesses reproductive performance such as fertility and prolificacy superior to any other ruminant, promoting a better relationship between slaughter weight and breeding weight;
(7) It offers a quick response to the genetic improvement for the breeding cycle of the biological cycle;
(8) It is particularly dynamic in various breeding systems;
(9) It is easy to automate milking, allowing lower production costs (Martini et al. 2010).

Until recently, goat breeding in Italy was accomplished simply by grazing the animals in a casual manner and through paths that crossed uncultivated fields, of which the farmer was not even the owner. This breeding required a limited number of heads whose economy was based on self-food supply of the animal and with makeshift shelter or none. Coming from an ancient pastoral tradition, it was realized with a minimum investment to buy animals and little labor.

The form of breeding described above was adapted to social-economic and environmental conditions of the time and this breeding system was extremely extensive. Nowadays, there are four goat breeding systems: extensive, semi-extensive, semi-intensive, and intensive systems. The choice of the breeding system takes into account the environmental conditions, the genetic type of the animal, the production target, but above all the profitability of the breeding. Obviously, the intensive system and then the entrepreneurial character of the modern farmers make it different from the mere pastoral form (peasant-breeder) of the extensive system.

Extensive breeding type (wild) is still the simplest and least demanding from an organizational and economic point of view. This system requires particular rustic goat breeds, since the animals are kept outdoor all the year round and they feed on what they can find in the existing vegetation. Temperate areas prove to be more suitable for the meat production target, so that the breeder does not need special equipment for milking or milk processing facilities. From a hygienic-sanitary point of view, little control can be carried out over the animals, since the flocks are left free to graze in distant lands and without custody. Considering its limited economic investment, the extensive regime, being still widespread in Southern Italy, does not allow goats to optimize their potential as well as their profitability, since only their rusticity and adaptability to hard environments can be exploited, and this allows little profit.

In the semi-extensive system (semi-wild), the exploitation of large areas of the territory is always dominant, but not all the year round; for, during colder or less favorable weather, goats are kept in shelter and their feeding is completed by specific feed. Still more prevalent is the meat production target, even though the breeder is starting exploiting the goat's milking period for a few weeks. The small quantity of milk obtained is often turned into dairy products to be sold directly in the farm. To ease return to the shelter, in this system, there is an initial mapping of the land including partially enclosed plots, but much is yet to be done for a rational land management.

The semi-intensive system (semi-stacked) is the system that best exploit the resources of the surrounding environment and allows better utilization of pasture and land management. The goats are stacked at night, where they shall be milked in the evening and in the morning, and then left to graze all day under control. One more characteristic is that the grazing areas are well-defined by fences and paths so that animals can easily enter their shelter. The goat's diet during daylight will be then supplied with forage resource of the pasture, while in the stall they will be fed with carefully formulated concentrates and feeds. In winter, the breeder-entrepreneur wants to keep the animals in the shelter permanently, since they cannot graze. The fact that sanitary conditions cannot be fulfilled requires that animals are differently fed using hay and concentrate. By investing major organizational and economic resources, one can expect possible advantages linked to profitability. In this case, mainly bred by the milk processing, meat production is an added value. Finally, for a more careful management of food, "gentle" breeds are also allowed, they will increase production and profitability as well.

The last but not least system is the intensive one (stacked). The intensive system is the breeding form that demands the highest degree of specialization and investment in equipment and facilities. The animals live in shelters throughout the year; hence, no need for grazing land. The goat diet consists of fresh or silage fodder added to traditional feed and concentrates. The hygienic and sanitary conditions must be respected for optimal production level of the herd and, also important at present, to care about the welfare of animals as to guarantee a better quality of their product. The choice of species to breed has to comply with genetic types in relation to their adaptability to the housing and to the milking capacity. The latter aspect is nearly the only source of income, and through a proper management, it can provide production and earning comparable to cattle breeding.

The tight relation between the goat and the territory has favored the development of goat genotypes over the centuries, in fact, the biodiversity of this species is particularly evident and stresses the strong relationship with the surrounding environment.

Regarding both Garganica and Girgentana Goat Breeds, described in this chapter, the official figures for the number of heads divided into goat breeds and type of animal, up to 31/12/2016, are shown in Table 11.1. These data refer to the number of heads and their goat farms present in Italian territory and regularly registered with the Assonapa (National Sheep Farmers Association) (Assonapa 2017).

Table 11.1 Official census of Garganica and Girgentana goat breeds, up to 31/12/2016

Breed	Males			Females			Total animals	Number companies
	Restock	Adult	Total	Restock	Adult	Total		
Garganica	2	69	71	126	2553	2679	2750	65
Girgentana	0	62	62	40	840	880	942	21

Source National Sheep Farmers Association—Central Office (Assonapa 2017)

11.3   The Garganica Breed

11.3.1   Origin and Distribution

Garganica breed is native to Gargano (region of Puglia, southeast Italy). It is bred throughout the promontory of Gargano, in the province of Foggia and to a lesser extent in other regions of center-Southern Italy.

It is raised in medium and large herds, in wild and semi-wild regime.

11.3.2   Biometric, Reproductive, and Morphological Characteristics

The mean values of some morphological variables that best characterize the breed are reported in Table 11.2.

Fertility rate is around 0.95, prolificity rate is around 1.6, and annual fertility rate (kids born on goats to the mount) is given by $0.95 \times 1.6 = 1.52$. The average age at first birth is approximately 18 months.

Garganica breed presents a medium-size with the following traits (Fig. 11.2):

(1) Head: relatively small, with short nasal bones, wide, depressed in their frontal connection; camouflage profile, long and triangular face at base; the forehead has a clump developed enough of thick and long hair; the eyes are large, bright, and light brown;

(2) The head is provided with horns in both genders, in the males close to the base slightly flattened laterally with divergent tips; in the females, there is also a kind of round horns that are turned backwards; long ears and carried on the side and horizontally; with a fairly developed beard;

Table 11.2 Biometric traits of Garganica goats

Biometric characters	Males		Females	
	18 months	Adult	18 month	Adult
Height at the withers (cm)	75	85	60	75
Height at the ridge (cm)	70	80	58	70
Chest height (cm)	35	38	30	35
Chest width (cm)	50	55	45	50
Rear edge width (cm)	30	40	30	35
Trunk length (cm)	80	95	70	85
Chest circumference (cm)	75	95	65	80
Weight (kg)	35	55	30	35

Source Assonapa (n.d.)

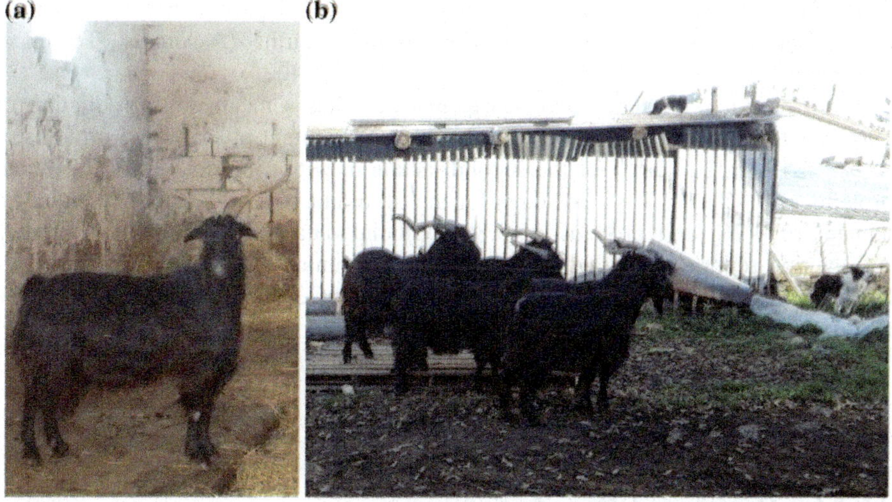

Fig. 11.2 Proximal (**a**) and distal views of Garganica goats (provided courtesy of F. Bellosguardo)

(3) Neck: long and slender (more tedious in males) with presence of groin in females;
(4) Trunk: protruding withers; strong, wide, short, and muscular lashes; rectilinear back-lumbar region; roughly developed and sloping rump;
(5) Breast: midsize raising breast, with small nipples, slightly divergent toward outside. They are tolerated, but the nipples are flawed;
(6) Limbs: short and robust with solid black hinges;
(7) Cloak: shiny black color, may have black-reddish shades; elastic black leather.

11.3.3   Selection Objectives

The selection is primarily aimed at enhancing the production of milk under the qualitative and quantitative aspects, specially designed for the processing of dairy products for particular typical and traditional products, using all the technical tools to achieve the purpose. Given the breeding system, in addition to functional control and individual genetic evaluation, other instruments such as the setting up of selection centers and station tests have been developed.

Given the characteristic rusticity of the breed, the selection also aims at improving the grazing attitude with particular attention to the correctness of the perpendicularity to a certain degree of sturdiness. The morphological characteristics associated with the size and shape of the breast are also considered in the selection.

Finally, the selection aims at enhancing the fertility and prolific nature of animals by the same genetic means, preferring multiple births (Assonapa, Technical Standards).

From productivity standpoint, Garganica goat has a mean milk production of 196 L in 150 days for the first lactation with a fat content of 3.5% and proteins of 3.3%; 225 L in 210 days for the second lactation, with a fat content of 3.1% and proteins of 3.4%; 191 L in 210 days for the third and beyond lactations, with a fat content of 3.7% and proteins of 3.8%. Official data from the Italian Breeders Association report an average production of Garganica breed, 180 L of milk per head and lactation with an average fat content of 3.6% and proteins of 3.7% reported in 2016 (AIA 2016).

11.4 The Girgentana Breed

11.4.1 Origin and Distribution

The origin of the Girgentana breed, dates back to the remote Falconeri or Markor goats, with erect horns, living in Western Asia. It was raised and selected in Sicily, particularly in the center-west of the island. It is bred in small and medium-sized farms, in the semi-stacked and sheltered system.

11.4.2 Biometric, Reproductive, and Morphological Characteristics

The mean values of some morphological variables that best characterize the breed are reported in Table 11.3.

Fertility rate is around 0.95, prolificity rate is around 1.8 and annual fertility rate is given by $0.95 \times 1.8 = 1.71$. The average age at first birth is approximately 15 months.

Girgentana goats are medium-sized presenting the following traits (Fig. 11.3):

(1) Head: small, fine, and light with front-nasal profile for the pronounced development of the frontal bones, never rough and coarse;
(2) Beard in both male and female. Medium-small ears with upright bearing, never abandoned and pendent. Lash of thick hair, often ruffled, in the frontal area, mainly in males.
(3) Horn in both genders, elegantly twisted, erect, and hollow, almost vertical, never too divergent, almost united to the base; very developed in males;
(4) Vivid and expressive eye. Plaits usually present in both males and females;
(5) Neck: Slender, medium length;

Table 11.3 Biometric traits of Girgentana goats

Biometric characters (cm)	Males		Females	
	18 months	Adult	18 month	Adult
Height at the withers	65	85	60	80
Height at the ridge	63	78	58	76
Chest height	34	37	30	35
Chest width	25	30	22	28
Rear edge width	23	25	18	24
Trunk length	75	106	65	95
Chest circumference	80	98	85	94
Weight (kg)	35	65	33	46

Source Assonapa (n.d.)

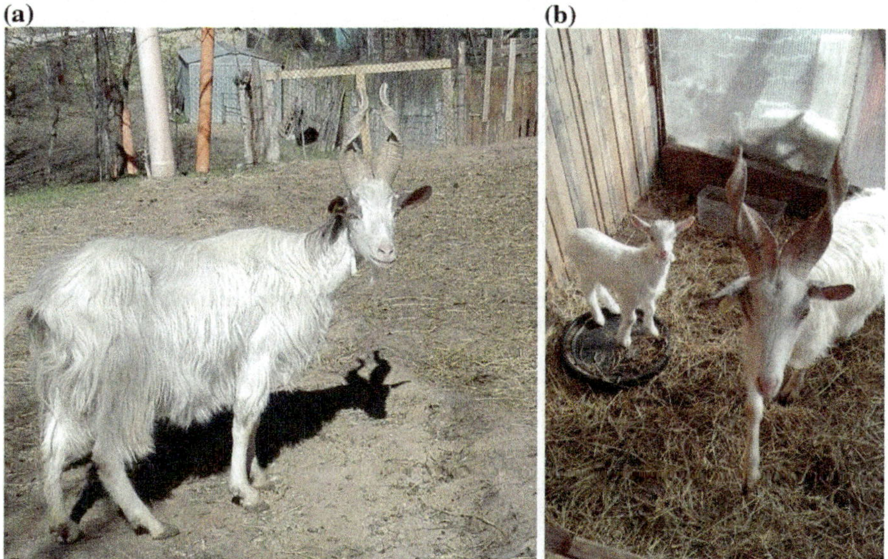

Fig. 11.3 Girgentana goat (**a**) rearing a kid (provided courtesy of G. Forese)

(6) Trunk: large chest and abdomen; rectilinear back-lumbar region; developed rump;

(7) Mammary system: very large with typical sheep-like as well as pear-shaped breasts, with very developed nipples. They are tolerated, but the nipples are flawed;

(8) Limbs: medium length rather thin. Dark brown solid hinges tending to yellow and seldom to slate;

(9) Cloak: white with reddish-brown forehead and jawbone of tending to roan and rarely gray, often characterized by a large number of spotting (pepper subjects).

The same coloring is also present on the ears and often expanding to the withers, rarely noticed in other parts of the body. Coarse medium to long hair, tending to be long. Skin is evenly white-pink, sometimes with pigmentation.

11.4.3 Selection Objectives

The selection aims are similar to that reported for Garganica breed.

From the productivity point of view, Girgentana goat has an average milk production of 309 L in 150 days for the first lactation with a fat content of 3.1% and the same amount of protein; 378 L in 210 days for the second lactation and the same percentages of fat and protein that previous lactation; and, 321 L in 210 days for the third and subsequent lactations, with a fat content of 3.7% and proteins of 3.3%.

Official data from the Italian Breeders Association reported for the Girgentana breed, in 2016, an average production of 333 L of milk per head and lactation with an average fat content of 3.4% and proteins of 3.2% (AIA 2016).

11.5 Meat Quality from Extensive Systems

Goat's meat, grown in an extensive system, is a good source of fatty acids and proteins of high biological and healthy value. The profile of fatty acids in animal products, for years has been the focus of many research groups, mainly in the fields of animal science and medical science, owing to the well-known relation between fatty acids and human health.

Today, consumers take much greater care of what they buy and consume, thanks to a greater awareness of the impact that nutrition has on our health and well-being, also following to the ever-increasing number of awareness-raising campaigns for prevention of some of the commonest human diseases, such as cardiovascular disease and various forms of cancer (Annunziata and Vecchio 2010). Tables 11.4 and 11.5 show the chemical composition of the meat of a Grazian breed animal and its acid profile, respectively (Longobardi et al. 2012).

Animal nutrition beside altering in a considerable way the chemical composition of the meat, it even affects the type and quantity of muscular fibers, and hence, the

Table 11.4 Chemical composition (%) of Garganica goat meat samples ($n = 10$)

Sample	Ashes	Moisture	Proteins	Fat
Mean ± SD	1.12 ± 0.06	75.8 ± 2.2	18.9 ± 1.0	2.98 ± 1.83

Source Longobardi et al. (2012)

Table 11.5 Fatty acid composition (%) of Garganica kid goat meat ($n = 10$)

Fatty acid	Mean $\pm$ SD
C10:0	0.79 $\pm$ 0.49
C12:0	1.65 $\pm$ 0.71
C14:0	11.43 $\pm$ 0.83
C16:0	23.18 $\pm$ 4.09
C16:1	5.57 $\pm$ 1.81
C18:0	13.86 $\pm$ 3.26
C18:1	37.53 $\pm$ 3.18
C18:2	3.88 $\pm$ 1.49
C18:3	0.90 $\pm$ 0.56
C20:4	1.02 $\pm$ 0.43
Others	0.20 $\pm$ 0.04
SFA	50.91 $\pm$ 5.21
MUFA	43.10 $\pm$ 4.00
PUFA	5.80 $\pm$ 1.89
PUFA/SFA	0.12 $\pm$ 0.05
DFA	62.76 $\pm$ 5.31
(C18:0 + C18:1)/C16:0	2.30 $\pm$ 0.55

SFA Saturated fatty acids; *MUFA* Monounsaturated fatty acids; *PUFA* Polyunsaturated fatty acids; *DFA* Desirable fatty acids (MUFA + PUFA + C18:0)
Source Longobardi et al. (2012)

meat quality due to their close correlation, as confirmed by a work on sheep by Nicastro (1992). The importance of the goat milk is given by its physical-chemical and organoleptic characteristics and the distinctive traits of the products derived from it. The dietary and health benefits of man can take advantage:

(1) Ideal for children nutrition since casein, the milk protein, is less allergenic and more tolerated than the cow milk;
(2) The lipid fraction is mostly composed by short and medium chain fatty acids;
(3) Its fat globule is small in size, so it can be easily assimilated and well digested;
(4) Short chain polyunsaturated fatty acids favor an antiatherogenic and anti-cholesteronemia action;
(5) The calcium/phosphorus ratio is best for the bones and teeth mineralization and it is rich in vitamin D, which has an effect on the absorption of calcium;
(6) The carboxylic acid carnitine content plays an important role; this substance allows an easy change of fats into energy;
(7) Taurine, whose content is far higher than in the human milk, is an important amino acid acting as a protective and antioxidant agent in the nerves development process;
(8) High content of all group B vitamins as well as of vitamin E, known for their antioxidant activity.

11.6 Mediterranean Breeding Method

This integrated method relies on the Italian historical tradition, enhancing secular traditions and rediscovering the tastes kept by animals engaged in animal husbandry. The same is used in the conservation and selection of local breeds and populations, for quality and niche productions.

The Mediterranean breeding method is based on the following experiences: (1) traditional breeding as by the regulations; (2) soil integrity and environmental protection by applying an extensive method; (3) animal welfare by acquiring the latest knowledge in this field; (4) healthiness of the meats by borrowing the rules provided for organic animal husbandry; (5) bond with the environment by applying suitable selection and genetic improvement programs; and (6) typical of productions through the use of native breeds, food integration with products linked to the area and the recovery of local uses.

As reported by an interesting work of Morand-Fehr et al. (2007), who compared the various breeding systems on the composition and quality of goat and sheep's milk, a specific feature in Mediterranean breeding systems is that, relying heavily on natural pasture, they play an important ecological role and allow for the production of unique cheeses that cannot be reproduced by intensive breeding systems and which meet niche markets that have become more and more popular in the domestic and overseas markets over the last few years thanks to exports, particularly under Protected Designation of Origin/Protected Geographical Indication and organic labels.

The extensive systems of the Mediterranean area have almost no environmental impact with regard to the use of agricultural chemicals and fertilizers, and other cultural activities that are used in the semi-intensive system. In fact, the pabular species present are spontaneous, since they are adapted to the agroclimatic conditions of the breeding site (Rubino et al. 2000).

The research in recent years focuses on the analysis of the dietary and organoleptic qualities of dairy products in this system. Feed influences significantly on the physical-chemical and organoleptic characteristics of the goat milk (Tables 11.6 and 11.7). Several studies have confirmed this. It has been observed that some dicotyledon plants, in particular Labiatae plants, such as Thymus, Mentha, Origano, Sage, Rumex, Aspirula, and Geranium are rich in aromatic terpenes (thymol, menthol, and limonene), so when animals ingest them, their flavors are transferred to milk (Bugaud et al. 2002; Fedele et al. 2005). Di Trana et al. (2003, 2005) noted that the greater amount of pabular essences ingested by the goats are the content of polyunsaturated fatty acids and especially of rumen acid (C18: 2 cis 9, trans 11) in milk and this also varied in relation to season and then from the species of ingested plants. Moreover, the percentage of ingested Graminaceae was also positively correlated with the proportions of C18: 2 cis 9, trans 11 and C18: 1, trans 11 in milk. Fedele et al. (2004) showed that the concentration and type of minor lipid components, such as monoterpenes and sesquiterpenes, in the goat milk, depend on the plants consumed on pasture, which

Table 11.6 Milk composition (%) in dairy goats from grazing system

Fat	3.2
Protein	3.2
Casein	2.0
Lactose	4.5
Total solids	11.8
pH	6.8

Source Caroprese et al. (2016)

varied quantitatively in summer. Claps et al. (2003) indicate that breeding systems affect the sensory parameters in goat milk and cheese, in fact, the test panel tasters have been able to discriminate between the cheeses derived from the milk of the animals fed to the pasture, compared to cheeses from other systems of breeding, especially regarding the content of volatile components and especially terpenes.

Table 11.7 Milk fatty acid composition in dairy goats from grazing system

Fatty acid	g/(100 g total FAME)
12:0	4.75
14:0	9.98
14:1*cis*9	0.51
16:1*cis*9	0.40
18:0	10.6
18:1*trans*11	1.19
18:1*cis*9	19.9
18:2*trans*9, *trans*12	0.25
18:2*cis*9, *cis*12	2.72
18:2*cis*9, *trans*11	0.66
18:3n − 3	1.51
20:3n − 3	0.08
EPA	0.10
DHA	0.07
20:4n − 6	0.06
$\sum$ CLA	0.71
$\sum$ SFA	71.9
$\sum$ MUFA	222.4
$\sum$ PUFA	5.89
$\sum$ n − 3	1.69
$\sum$ n − 6	4.14

FAME Fatty acid methyl esters; *EPA* Eicosapentaenoic acid; *DHA* Docosahexaenoic acid; *CLA* Conjugated linoleic acid; *SFA* Saturated fatty acids; *MUFA* Monounsaturated fatty acids; *PUFA* Polyunsaturated fatty acids
Source Caroprese et al. (2016)

11.7 Concluding Remarks

The livestock sector in southern Italy has been more influenced by past events than by the ostracism of goat that has almost led to its extinction. There have also been decades of poor development policy and minimal investment in knowledge and techniques of goat farming.

Perhaps this has made it possible to maintain an unusually natural rearing method and favor the native goat genotypes.

The Mediterranean breeding method is aimed at conducting livestock entrepreneurial activities aimed at producing quality products respecting the environment, animals and consumers.

Sales of goat meat, milk, and dairy products, with their special organoleptic qualities, can and must be an important asset for the economies of remote or marginalized rural areas, representing a rich set of endogenous resources that should be valorized with targeted marketing and marketing strategies.

Acknowledgements The author wishes to thank Mr. Filippo Bellosguardo of the Regional Association of Pugliese Breeders (A.R.A.) for photos of Garganica goats. Our thanks also to Mr. Giuseppe Forese of the Regional Association of Pugliese Breeders (A.R.A.) for photos of Girgentana goats; to Mr. Felice Giovine for the photo of the Garganica goats by Mr. Enrico Bambocci and prizewinner at the Venice Exhibition in 1899. 28.

References

AIA (2016) Associazione italiana allevatori. Produzioni medie delle razze, negli anni 2004 al 2016, Bollettino dei controlli della produttività del latte, 9 pp. Available at: http://bollettino.aia.it/bollettino/Doc/TI_Note_Bo.pdf

Annunziata A, Vecchio R (2010) Italian consumer attitudes toward products for well-being: the functional foods market. Int Food Agribus Man 13:19–50

Assonapa (2017) Associazione Nazionale della Pastorizia. Ufficio Centrale, Banca dati, Consistenze del patrimonio caprino al 31/12/2016

Assonapa (n.d.) Norme tecniche Allegate al Disciplinare del Libro Genealogico della Specie Caprina, Associazione Nazionale della Pastorizia. Available at: http://www.assonapa.it/norme_ecc/caprini_llgg/garganica.htm

Attaie R, Richter L (2000) Size distribution of fat globules in goat milk. J Dairy Sci 83(5):940–944

Bettoni F, Grohmann A (1989) La montagna appenninica. In: Bevilacqua P (ed) Storia dell'Agricoltura Italiana in età contemporanea, vol 1. Marsilio, Venezia, Italia, pp 585–641

Bugaud C, Buchin S, Hauwuy A et al (2002) Texture et flaveur du fromageselon la nature du pâturage: cas du fromaged'Abondance [cheese texture and flavor depending on pasture types: case of Abondance cheese]. INRA Prod Anim 15(1):31–36

Caroprese M, Ciliberti MG, Santillo A et al (2016) Immune response, productivity and quality of milk from grazing goats as affected by dietary polyunsaturated fatty acid supplementation. Res Vet Sci 105:229–235

Chilliard Y, Ferlay A, Rouel J et al (2003) A review of nutritional and physiological factors affecting goat milk lipid synthesis and lipolysis. J Dairy Sci 86(5):1751–1770

Claps S, Fedele V, Pizillo M et al (2003) Quel formaggio sa di pascolo (what cheese according to pasture characteristics), Caseus, 4. Gautieri C., 1816, Dei vantaggi e dei danni derivati dalle capre in confronto alle pecore. Destefanis, Milano, Italia

Di Trana A, Cifuni GF, Fedele V et al (2003) Il sistema alimentare e la stagione influenzano il contenuto di CLA. ω-3 e acidi grassi trans nel latte di capra [effect of feeding system and season on the CLA, ω-3 and trans fatty acids in goat milk]. Progr Nutr 6(2):109–115

Di Trana A, Fedele V, Cifuni GF et al (2005) Relationship between diet botanical composition milk fatty acids and herbage fatty acids content in grazing goats. In: Molina Alcaide E, Ben Salem H, Biala K et al (eds) Sustainable grazing, nutritional utilization and quality of sheep and goat products. First Joint Seminar of the FAO-CIHEAM Sheep and Goat Nutrition and Mountain and Mediterranean Pasture Sub-Networks, 2003/10/02–04, Granada Zaragoza (Spain): CIHEAM. Opt. Méditerr. Ser. A. 67:269–273

Fedele V, Claps S, Rubino R et al (2004) Seasonal variation in retinol concentration of goat milk associated with grazing compared to indoor feeding. South Afr J Anim Sci 34(Suppl. 1):18–150

Fedele V, Rubino R, Claps S et al (2005) Seasonal evolution of volatile compounds content and aromatic profile in milk and cheese from grazing goat. Small Rumin Res 59(2–3):273–279

Haenlein GFW (2004) Goat milk in human nutrition. Small Rumin Res 51(2):155–163

Longobardi F, Sacco D, Casiello G et al (2012) Garganica kid goat meat: physico-chemical characterization and nutritional impacts. J Food Comp Anal 28(2):107–113

Lucifero M (1981) Allevamento moderno della capra. Edagricole, Bologna, Italia, p 332

Martini M, Salari F, Altomonte I et al (2010) The Garfagnina goat: a zootechnical overview of a local dairy population. J Dairy Sci 93(10):4659–4667

Morand-Fehr P, Fedele V, Decandia M et al (2007) Influence of farming and feeding systems on composition and quality of goat and sheep milk. Small Rumin Res 68(1–2):20–30

Nicastro F (1992) Relazione tra fibre muscolari e qualità delle carni negli ovini, Convegno UNAPOC: La qualità delle carni ovi-caprine italiane nel contesto comunitario, Pisa, Italia

Park YW, Juárez M, Ramos M et al (2007) Physico-chemical characteristics of goat and sheep milk. Small Rumin Res 68(1–2):88–113

Rubino R (1990) L'allevamento della capra. Guida pratica alla progettazione, realizzazione e gestione di un allevamento caprino. Ars Grafica – villa d'Agri (PZ)

Rubino R, Claps S, Fedele V (2000) Herbepâturée et qualitéorganoleptique et nutritionnelle du lait et du fromage de chèvre [Nature of grazed grass and organoleptic and nutritional quality of goat milk and cheese]. In: Proceedings of Seminar Luz St Sauveur, 13–17 September 2000, FAO REU Serie Techn. No 66, pp 48–54

Tablet D (1989) Economia agraria e ambiente naturale. Franco Angeli, Milano, Italy

Chapter 12
The Jonica and Maltese Goat Breeds Reared in Different Regions of Italy

Davide De Marzo and Francesco Nicastro

Abstract This chapter addresses Italian Jonica and Maltese Goat Breeds description and their exploitation in grazing systems particularly. The Jonica breed derives from a local population of the Ionian Arc area that has been repeatedly crossed with the Maltese breed. This medium to large size breed has been reared and crossed above all in southern Italy. It is characterized by a white (sometimes pinkish) coat, with possible dark spots or more or less extensive patches on the head and neck. Jonica goat is suitable for milking, with an average milk production of 240 L per lactation, and an average content of 3.4% fat and 3.4% protein. The Maltese breed's distant origins are in the middle-eastern Mediterranean, and it has been reared and crossed in Italy, particularly in the islands (Sicilia and Sardinia) and southern regions of the mainland Italy. Maltese has a white coat, with possible black patches, and the head has more or less extensive black patches. It is particularly suitable for milk production, and official data report an average production of 354 L of milk per lactation, with an average content of 3.5% fat and 3.5% protein. Due to current better management of breeding and production strategies, the use of goats can allow the resumption of local micro-economies; the typical quality products obtained (milk, cheeses, meat, and meat products) today are among those most in demand by consumers. Given the social, economic, environmental, and cultural possibilities of goat breeding using the extensive system, it can be concluded that this type of activity can still be an economically viable and environmentally positive business choice in the era of globalization and e-commerce.

D. De Marzo
Dipartimento di Scienze Agro Ambientali e Territoriali, Università degli
Studi di Bari "Aldo Moro", via Amendola 165/a, 70121 Bari, Italy

F. Nicastro (✉)
Dipartimento dell'Emergenza e dei Trapianti di Organi, Sezione
di Cliniche Veterinarie e Produzioni Animali (DETO), Università Degli
Studi di Bari "Aldo Moro", via Amendola 165/a, 70121 Bari, Italy
e-mail: francesco.nicastro1@uniba.it

© Springer International Publishing AG 2017
J. Simões and C. Gutiérrez (eds.), *Sustainable Goat Production in Adverse Environments: Volume II*, https://doi.org/10.1007/978-3-319-71294-9_12

12.1 Introduction

Goat breeding is an important resource for the economy of many areas of the Mediterranean. Even today, goat rearing in southern Italy is a form of family farming and is not managed according to commercial principles. Even if the potential of this kind of farming is not fully exploited, the use of goats in areas that are disadvantaged in terms of abandonment and degradation has enabled survival through soil enhancement and farming activity. In addition to animal husbandry, correct management of grazing contributes to the use of on-site resources, and also to what is now termed an "eco-system service," (Battaglini 2016) since the grazing of undergrowth helps to prevent forest fires and provides defense against hydro-geological instability. Consequently, there are positive impacts on the biodiversity and valorization of the natural landscape, while goats' consumption of particular forage plants also plays an important environmental role.

From a productive point of view, goats provide fresh and processed products with a high nutritional and culinary value (Yangilar 2013). More careful consumer selection of typical and healthy products has led to an increased consumption of local products enhancing, thus, the animal breeds from which these products derive.

Extensive livestock farming, with animals very often grazing in areas far from sources of pollution and human activity, allows goats to consume fresh pasture plants containing active antioxidants and other nutraceutical compounds. This makes their milk and meat particularly rich in omega series fatty acids, vitamins, and other macromolecules that have positive effects on human health (Brezzo 2016).

This chapter looks at the Jonica and Maltese breeds, two of the most widespread indigenous breeds in southern Italy, each of which has its own phenotypic and productive traits, and are linked to well-defined geographical areas.

12.2 Socioeconomic Aspects of Goat Production in Italy

The numbers concerning the goat breeding sector in Italy and the high value of production obtained make this sector an important resource, deserving greater consideration from technicians, breeders, political institutions and researchers (Fig. 12.1). According to Italian State Statistics Agency data, the goat rearing sector in Italy involves just over than 930,000 heads, divided among 37 different breeds: 16 predominantly dairy breeds, 6 meat breeds, and 15 dual-purpose breeds.

In geographical terms, farmers in southern Italy mainly rear milk breeds, whereas the central and northern regions rear more meat breeds. Goat farms are mainly situated in southern regions (70%), while 25% are in the northern regions and only 3–5% are in central Italy.

Although there are only six meat breeds out of 37, more than half of goats are destined for meat production; approximately, 40% of the total are reared for the production of meat and milk, and less than 10% only for the production of milk and

Fig. 12.1 Jonica goats by Mr. Enrico Bambocci and prizewinners at the Venice exhibition in 1899 (provided courtesy of F. Giovine)

its derivatives. According to a National Association of Sheep and Goat Farmers survey, only about 17–18% of goats are registered in the Association, while the remainder are not included, and are therefore unmonitored (Assonapa 2017). This confirms that today, goat rearing is a form of family farming that is not far from being managed according to business principles, meaning that there is not even a minimum level of organizational efficiency, business profitability, and targeted use of resources.

Although family-run goat rearing is not a specialized activity and does not maximize profits, it has actually allowed enhancement of the soil and human presence in many areas, especially in continental Italy and in the islands, and has prevented the abandonment and environmental degradation of land that is marginal and more difficult to use. While the socioeconomic and environmental aspects deserve attention, there is no doubt that goat farming can and must comply with the minimum levels of efficiency indicated above in order to increase the supply of meat and milk whose derivatives are still highly appreciated and demanded by consumers. In addition, goat breeding not only provides different types of products but also gives several natural and landscape benefits.

The "naturalness" or the term "organic" that characterize this type of farming best expresses its environmental role, and at the same time favors many productive and economic implications. In addition to breeding, the use of on-site resources means that correct management of grazing contributes to what is now termed "eco-system services." This translates into a role in the prevention of forest fires since goats consume weeds and infesting shrubs (Herzog et al. 2009).

Another service is represented by the usefulness of pasture in defense against hydrogeological disasters, and its consequent positive impact on the biodiversity and valorization of the natural landscape, through the use of fodder plants that are particularly attractive to goats. Therefore, goat breeders who make proper and rational use of the soil for grazing their herds become the guarantors of maintenance

Table 12.1 Official census of Jonica and Maltese goat breeds, at December 31, 2016

Breed	Males			Females			Total animals	Number companies
	Restock	Adult	Total	Restock	Adult	Total		
Jonica	0	11	11	0	331	331	342	9
Maltese	0	63	63	86	1576	1662	1725	37

Source National Sheep Farmers Association—Central Office (Assonapa 2017)

of the territory and implicitly contribute to preservation of the traditions and typicality of the landscape and the rural territory. Battaglini (2016) reported this in a very interesting study presented at the SIPAOC National Congress: "This is basically the reconfirmation of the strong link between pastoral activities and the environment through the recently recognized ecosystem service, which contributes to the formation and maintenance of a cultural landscape with high aesthetic value." This ecosystem service, the goats, and the valuable work of the breeder all come into conflict with the entrepreneurial logic and economic profit that form the basis of business. This has led to the gradual abandonment of grazing and, in terms of biodiversity, this has caused a marked decrease in native goat breeds (Cocca et al. 2012).

Genetic diversity (biodiversity) in the livestock sector translates into the number of breeds raised within a given species. The goat species in Italy consists of numerous genetic types (breeds), each with its own distinct morphological and productive traits and aptitudes that are peculiar to the environment where they live. Although the number of goat breeds has declined steadily in recent decades, at present, as already mentioned, there are 37 official breeds. Many of these are in great danger of extinction and owe their survival to local traditions and culture, which still constitute the only incentive for their breeding. Lately, greater awareness and more careful consumer choice of typical and healthy products have enabled a new growth in the consumption of local products, thus enhancing the breeds from which these products derive. There is also a greater contribution from regional, national, and EU policies, contributing to development and incentive tools (EU, national, and regional aid) to safeguard and revive many rural breeds. The number of Jonica and Maltese goat breeds and breeders, at December 31, 2016, are reported in Table 12.1.

12.3　The Jonica (Ionian) Breed

12.3.1　Origin and Distribution

The Jonica breed is derived from a local population of the Ionian Arc area of southern Italy that has been repeatedly crossed with the Maltese breed. It is bred and selected especially in southern Italy. It is reared on small and medium-sized farms, in semi-stabled and stabled systems (Fig. 12.2).

Fig. 12.2 Overall view of a semi-stabled farm of Jonica goats (provided courtesy of F. Bellosguardo)

12.3.2   Biometric, Reproductive, and Morphological Characteristics

The mean values of some morphological variables that best characterize the breed are reported in Table 12.2. Fertility rate is around 2.17 and annual fertility is given by $0.97 \times 2.17 = 2.1$. The average doe age at first kidding is approximately 15 months.

Table 12.2 Biometric traits of Jonica goats

Biometric characters (cm)	Males		Females	
	18 months	Adult	18 months	Adult
Height at the withers	73	78	66	70
Height at the ridge	74	78	67	69
Chest height	31	35	28	30
Chest width	17	18	16	17
Rear edge width	15	16	14	15
Trunk length	77	87	71	79
Chest circumference	81	92	75	80
Weight (kg)	50	68	39	48

Source Assonapa (n.d.)

Fig. 12.3 Head aspects of Jonica goats. In males and females, horns can be present or absent (provided courtesy of F. Bellosguardo)

Jonica goats are medium-large sized presenting the following traits:

(1) Head: relatively small, light and fine; straight or slightly sheep-like; males with beard; both males and females have typical long wide pendulous ears that tend not turn up at the ends; males have a tuft of coarse hair on top of the head; males and females may have horns (Fig. 12.3);
(2) Neck: long and thin, with or without wattles;
(3) Trunk: deep chest and bulging abdomen; straight back-lumbar area; sloping withers;
(4) Udder: Well structured with pear-shaped mammary glands. Extra teats are tolerated, although this is a defect;
(5) Neck: Slender, medium length;
(6) Legs: long, light, and hairy with compact, solid, light-colored hooves;
(7) Coat: preferably white (sometimes slightly pinkish) with the possibility of more or less extensive vivid specks or patches on the head and neck. Rosy pink skin except for pigmented areas (Fig. 12.4).

The same coloring is also present on the ears often expanding to the withers, rarely noticed in other parts of the body. Coarse medium to long hair, tending to be long. Skin is evenly white-pink, sometimes with pigmentation.

12.3.3 Selection Objectives and Production Traits

Selection is primarily aimed at enhancing the quality and quantity of milk production, especially for making typical and traditional dairy products, using all

Fig. 12.4 Lateral view of morphological aspects of Jonica goats (provided courtesy of F. Bellosguardo)

technical means that can achieve this aim. Taking into account the breeding system, other instruments besides functional control and individual genetic evaluation such as the establishment of selection centers and station tests may be used.

Given the breed's characteristic rusticity, selection also aims to improve its grazing aptitude by paying particular attention to correct leg conformation and to a certain degree of sturdiness. Selection also involves the morphological characteristics associated with the size and shape of the udder (Fig. 12.5).

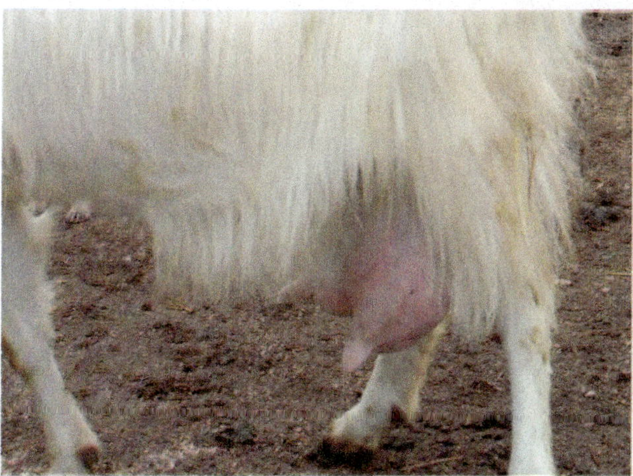

Fig. 12.5 Size and shape of the udder of a Jonica goat (provided courtesy of F. Bellosguardo)

Finally, selection aims to use the same genetic means to enhance goat fertility, and prolificity, preferring multiple births (Assonapa, n.d.).

In terms of productivity, Jonica produces on average 223 L of milk in a 150-day lactation period after the first kidding, with a fat content of 3.0% and a protein content of 3.5%. During the second 100-day lactation after the second kidding, it produces 231 L, with a fat content of 3.0% and a protein content of 3.5%. In its third and subsequent 210-day lactations, it produces 246 L, with a fat content of 3.8% and a protein content of 3.4%.

The official 2016 data of the Italian Breeders Association (AIA) report the average production of Jonica goats as 240 L of milk per head per lactation, with an average fat content of 3.4% and a protein content of 3.4% (AIA 2016).

12.4   The Maltese Breed

12.4.1   Origin and Distribution

The Maltese breed has its distant origins in the mid-eastern Mediterranean, and it has been reared and selected in Italy, especially in the islands and southern regions. It is reared on small, medium, and large farms, in wild, semi-wild, and stabled systems (Fig. 12.6).

Fig. 12.6 Stabled system farm of Maltese goats (provided courtesy of provided by F. Bellosguardo)

12.4.2   Biometric, Reproductive, and Morphological Characteristics

The mean values of some morphological variables that best characterize the breed are reported in Table 12.3.

Fertility rate is around 0.95, prolificity rate is around 1.8, and annual fertility is given by $0.95 \times 1.8 = 2.1$. The average doe age at first kidding is approximately 18 months.

Maltese breed presents a medium size with the following traits:

(1) Head: relatively small and light; rather broad in the male; straight nose; males have a beard; both males and females have long wide pendulous ears, with ends that tend to turn outward; a tuft of coarse hair only in the male, but not always present on the forehead; both males and females may be with or without horns (Fig. 12.7);
(2) Neck: average length, slender with or without wattles;
(3) Trunk: wide chest and abdomen; straight back lumbar region; average rump development;
(4) Udder: very wide and similar to sheep, rarely pear-shaped, with well-developed teats. Extra teats are tolerated, but are a defect;
(5) Limbs: short and robust with solid black hinges, with gray or yellowish hooves;
(6) Coat: preferably white with possible black patches. The head has more or less extensive black patches. White-pinkish skin except in areas with colored patches. Some animals have pigmented or black-spotted areas of skin.

12.4.3   Selection Objectives and Production Traits

The main aims of Maltese breed selection were similar to Jonica Breed.

In productive terms, in its 150-day first lactation, a Maltese doe produces an average of 283 L (Geay et al. 2001) of milk with a content of 3.6% fat and 3.6%

Table 12.3 Biometric traits of Maltese goats

Biometric characters (cm)	Males		Females	
	18 months	Adult	18 months	Adult
Height at the withers	64	87	67	71
Height at the ridge	62	84	61	72
Chest height	32	39	30	36
Chest width	24	26	22	24
Rear edge width	22	25	20	24
Trunk length	82	110	60	78
Chest circumference	88	104	82	95
Weight (kg)	36	70	35	46

Source Assonapa (n.d.)

Fig. 12.7 Head aspect of Maltese goats (provided courtesy of F. Bellosguardo)

protein; it produces 342 L in its second 210-day lactation, with a content of 3.5% fat and 3.5% protein; and 370 L in its third and successive 210-day lactations, with a content of 3.5% fat and 3.5% protein.

The official data of the Italian Breeders Association for 2016 report the average production of Maltese does as 354 L of milk per head per lactation, with an average content of 3.5% fat and 3.5% protein (AIA 2016).

12.5 Milk and Meat Product Quality from Goats Reared in Grazing Systems

The peculiarities of certain goat breeds are expressed not only in their productive potential; their use for milk, meat and wool production is closely related to their potential "non-productive" characteristics and is the result of the genetic expression of a particular breed. These nonproductive features are highlighted in the animals' rusticity and frugality. This means that they are excellent in terms of their ability to exploit land with poor quality grazing and adapt to difficult environments, showing maternal attitudes and care of kids. They are also outstandingly robust, in that they recover well from pathologies and injuries.

From a productive point of view, goats provide fresh and processed products with a high nutritional and culinary value. Due to the typically extensive farming system, animals very often graze in areas far from sources of pollution and human impacts, and their feed mostly consists of fresh forage, with hay at times of the year when grazing is not possible. This means that their milk and meat are particularly rich in omega series fatty acids, vitamins, and other healthy compounds (Di Trana et al. 2003, 2005).

Enrichment of animal products with these antioxidant macromolecules has been a particularly interesting field of study for years, given the increasing awareness and sensitivity of consumers to the relationship between health and the consumption of antioxidants in the diet (Jiang and Xiong 2016). Increasing numbers of researchers and medical doctors emphasize the importance of a correct diet and constant physical activity in the prevention of various diseases. All the literature studied confirms that today, more than ever before, research is focused on identifying biologically active food components that can optimize physical and mental well-being and also reduce the risk of contracting diseases.

These substances, defined as "antioxidants", are organic molecules, which have been shown to play a crucial role in the prevention of serious pathologies including cardiovascular diseases, atherosclerosis, cancers, diabetes, obesity, cholesterol and triglyceride excess, immunodeficiency, metabolic syndrome, aging, and other serious diseases (Simopoulos 2006). Antioxidant molecules have an effect on the antioxidant and immune system, and if this is deficient, it cannot counter the action of free radicals, which cause all degenerative conditions, including aging. Because these molecules can trigger chain production reactions, their accumulation is damaging for cells. Given that free radicals are produced not only by the body's normal metabolic reactions, but also by smoking, excessive alcohol consumption, atmospheric and electromagnetic pollution, exposure to ultraviolet rays, and chemicals in the air and in food, it must be a priority to defend the body against them. This can be achieved through a dietary intake of antioxidants, which can act as radical scavengers (Grimble 1998).

In industrialized countries, meat plays an important role in the human diet. However, while meat products are a major source of protein, vitamins, and minerals, they also contain other components such as fatty acids, saturated fatty acids, and cholesterol, which have potentially negative effects on human health, so that can explain that in recent years have had a decline in meat consumption. A diet with a high content of saturated fatty acids causes a clear increase in blood cholesterol levels, and epidemiological data also indicate that in populations with a high consumption of saturated fatty acids, the incidence of coronary heart disease is greater than in populations whose diet contains a lower content of fatty acids. There is also growing evidence that enrichment of the diet with polyunsaturated fatty acids, in particular, omega-3, improves health (Frost and Vestergaard 2005).

Concerning the improvement of meat's nutritional quality, with particular reference to effects on human health, research over the last 10 years has focused on reducing the saturated fatty acids (SFA) content, in favor of increasing PUFA content and obtaining an optimum PUFA/SFA ratio.

Within the framework of PUFA, the ratio of omega-6 and omega-3 fatty acids is particularly important at the nutritional level, since many omega-3 fatty acids are essential, and can therefore only be obtained through diet; these have positive effects on many cell functions, as well as on the brain and retina, and play a role in the prevention of various pathologies (Simopoulos 2002).

Consumption of green grass can change the acid profile of goat's meat and milk. The most effective and "natural" strategy for enriching nutraceutical components is, therefore, to graze animals for as many months as possible per year, and to feed them on green fodder (stored as briefly as possible) during the months when grazing is impossible or unfeasible.

Linoleic acid (conjugated linoleic acid; C18:2 *cis-9cis*-12; CLA) is an omega-6 fatty acid that can be produced by the rumen bacteria, and its ramified derivatives constitute a "natural antitumor factor" with a remarkable antioxidant capacity to neutralize free radicals, which at present seem to be responsible for the transformation of healthy cells into cancer cells (Geay et al. 2001).

CLA production in ruminants is regulated by the type of feed, which may be more or less rich in n-3 and n-6 PUFAs (Enser et al. 1999). It has been shown that diets based on fresh grass (rich in C18: 3n-3), increase CLA production more than hay-based diets.

For example, Lawless et al. (1996) reported that CLA production is higher in spring, when younger grass is available than in autumn when there is older grass. According to Pastushenko et al. (2000), the meat of grazing animals contains higher percentages of CLAs than the meat of animals raised in fixed stabling (10–11% vs. 0.7–1.7%).

An interesting work carried out by Renna et al. (2012) compared goats fed on hay and goats fed on grass, showing that fresh grass significantly increased the percentages of rumen acid (C18: 2 c9t11) and alpha-linolenic acid (C 18: 3 ω3) in milk, and that these percentages increased as the percentage of grass in the diet increased in relation to the percentage of hay (Fig. 12.8).

Nicastro et al. (2006) have highlighted the importance of animal nutrition in the enrichment of the acid profile and other antioxidants in meat, together with strategies for achieving this, thus contributing to a new potential for animal production. The same authors have conducted many studies on antioxidant enrichment of meat using new sources of marine and plant origin, obtaining excellent results concerning the integration of omega-3 in lamb muscle tissues (De Marzo et al. 2010, 2011, 2012, 2014, 2015; Nicastro et al. 2011).

Given that sales of goat meat have also declined, and in light of what has been said so far, production enhancement with a meat that consumers perceive as "naturally healthy" may give a new impetus to reviving consumption.

Although the classification of goat breeds according to their productive characteristics means that the majority are meat breeds, Italian consumers demonstrate a

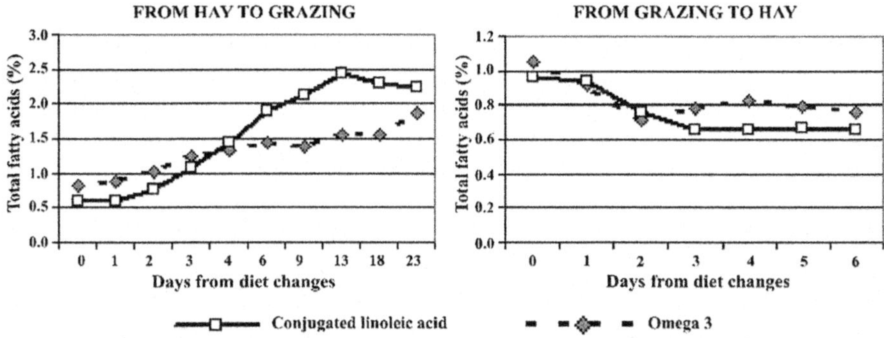

Fig. 12.8 Variation of conjugated linoleic acid and omega 3 after diet change (day 0) (adapted from Renna 2016)

preference for young animals also for this species. These should preferably not yet be weaned, since consumers require meat that is improperly called "white", precisely because it is derived from animals fed only on milk.

Specifically, in Italy, consumption of goat meat is predominantly directed toward suckling kid rather than the heavier categories, and this is essentially related to local cultural traditions.

Official information shows that in 2015, almost 90% of goats slaughtered in Italy were kids, with an average slaughter weight of 16 kg (ISTAT n.d.).

In Italy, the classification of goat meat consists of the following types (weights given are live body weights):

- Kid: 25–30 days old, maximum weight 8 kg;
- Suckling kid: 35–50 days old, weight between 9 and 15 kg;
- Heavy suckling kid: 55–60 days old, weight 16–18 kg;
- Heavy kid: 100–120 days old, weight 25–30 kg;
- Gelded: over 6 months old, weight 40–50 kg;
- Adult goat: little appreciated, although popular in some regions and in some traditional recipes;
- Mature adult goat: not consumed due to its very strong smell.

For greater clarity and a more official description of breeds, see the Appendices to the Discipline of the Goat Studbook, by the Ministry of Agriculture, Food and Forestry (MiPAAF), dated 05.11.1998.

12.6   Concluding Remarks

When special attention focuses on goats, the species' importance in the zootechnical economy of Mediterranean countries should be stressed, but above all, it is necessary to acknowledge the decisive role that it plays in the development of these territories. It is now very clear that some rural areas in a state of complete or increasing abandonment, and that are potentially poor in terms of agriculture, can be enhanced and recovered with a rational use of extensive goat farming systems.

Given everything that has been described in this chapter, the proverbial adaptability of the goats mean that they can survive and generate far more interesting incomes than any other domesticated species. In addition, with appropriate rearing techniques and production strategies, the use of these animals can allow the recovery of micro-economies by means of typical very valuable quality products (milk, cheeses, meat, and meat products), which are in great market demand.

Therefore, in view of the social, economic, environmental, and cultural possibilities that extensive goat farming allows, the conclusion is that this type of activity can still be an economically viable and environmentally positive business choice in the era of globalization and e-commerce.

Acknowledgements The authors wish to thank Mr. Giuseppe Forese, from the Regional Association of Pugliese Breeders (A.R.A.), who gently gave the photos of Maltese goats. We wish to thank also Mr. Filippo Bellosguardo, from the Regional Association of Pugliese Breeders (A.R.A.), and to Mr. Felice Giovine who gently ceded the photos of Jonica goats. This latter also gently ceded the Mr. Enrico Bambocci's photo prizewinner at the Venice Exhibition in 1899.

References

AIA (2016) Associazione italiana allevatori. Produzioni medie delle razze, negli anni 2004 al 2016, Bollettino dei controlli della produttività del latte, 9 pp. Available at: http://bollettino.aia.it/bollettino/Doc/TI_Note_Bo.pdf

Assonapa (2017) Associazione Nazionale della Pastorizia. Ufficio Centrale, Banca dati, Consistenze del patrimonio caprino al 31/12/2016

Assonapa (n.d.) Norme tecniche Allegate al Disciplinare del Libro Genealogico della Specie Caprina, Associazione Nazionale della Pastorizia. Available at: http://www.assonapa.it/norme_ecc/caprini_llgg/garganica.htm

Battaglini L (2016) Allevamento di ovini e caprini: le molteplici espressioni di una Zootecnia a favore del territorio, tra continuità e nuove realtà. Proceedings del XXII Congresso Nazionale SIPAOC, Società Italiana di Patologia e Allevamento degli Ovini e dei Caprini, 13-16 settembre 2016, Cunneo, Italia, pp 11–14

Brezzo E (2016) La valorizzazione delle carni ovicaprine: produzioni di salumeria tradizionale ed innovazioni gastronomiche. Proceedings del XXII Congresso Nazionale SIPAOC, Società Italiana di Patologia e Allevamento degli Ovini e dei Caprini, 13–16 settembre 2016, Cunneo, Italia, pp 17–18

Cocca G, Sturaro E, Gallo L et al (2012) Is the abandonment of traditional livestock farming systems the main driver of mountain landscape change in Alpine areas? Land Use Policy 29 (4):878–886

De Marzo D, Nicastro F, Facciolongo AM et al (2010) Fatty acid composition of intramuscular fat in Val di Belice lambs. First results in lamb fed with a diet enriched with omega-3 (DocosaHexaenoicAcid). La Rivista di Scienza dell'Alimentazione 4:23–26

De Marzo D, Nicastro F, Toteda F et al (2011) The influence of seaweed dietary supplementation levels on meat lamb quanti-quality characteristics. Ital J Anim Sci 10(Suppl 1):128

De Marzo D, Nicastro F, Toteda F et al (2012) Influence of antioxidants to improving meat quality: histochemical characteristics of lamb muscle. Progr Nutr 14(4):252–256

De Marzo D, Nicastro F, Facciolongo AM et al (2014) Influenza degli antiossidanti per migliorare le produzioni animali: caratteristiche delle carni di agnello. Progr Nutr 16(4):310–315

De Marzo D, Facciolongo AM, Toteda F et al (2015) Lipid sources influence on healthful indexes of lamb meat. Ital J Anim Sci 14(Suppl 1):91

Di Trana A, Cifuni GF, Fedele V, et al. (2003) Il sistema alimentare e la stagione influenzano il contenuto di CLA. ω-3 e acidi grassi trans nel latte di capra [effect of feeding system and season on the CLA, ω-3 and trans fatty acids in goat milk]. Progr Nutr 6(2):109–115

Di Trana A, Fedele V, Cifuni GF, et al (2005) Relationship between diet botanical composition milk fatty acids and herbage fatty acids content in grazing goats. In: Molina Alcaide E, Ben Salem H, Biala K, et al. (Eds.)Sustainable grazing, nutritional utilization and quality of sheep and goat products. First Joint Seminar of the FAO-CIHEAM Sheep and Goat Nutrition and Mountain and Mediterranean Pasture Sub-Networks, 2003/10/02-04, Granada Zaragoza (Spain): CIHEAM Opt Méditerr Ser A 67:269–273

Enser M, Scollan ND, Choi NJ et al (1999) Effect of dietary lipid on the content of conjugated linoleic acid in beef muscle. Anim Sc J 69:143–146

Frost L, Vestergaard P (2005) n-3 Fatty acids consumed from fish and risk of atrial fibrillation or flutter: the Danish Diet, Cancer, and Health Study. Am J Clin Nutr 81(1):50–54

Geay Y, Bauchart D, Hocquette JF et al (2001) Effect of nutritional factors on biochemical, structural and metabolic characteristics of muscles in ruminants, consequences on dietetic value and sensorial qualities of meat. Reprod Nutri Dev 41(1):1–26

Grimble RF (1998) Modification of inflammatory aspects of immune function by nutrients. Nutrition Research 18(7):1297–1317

Herzog F, Böni R, Lauber S, et al (2009) AlpFUTUR – An inter- and transdisciplinary research program on the future of summer pastures in Switzerland. Proceedings of 15th meeting of the FAO-CIHEAM Mountain Pastures Network. AgroscopeChangins-Wadenswil Research Station ACW, Switzerland, pp 53–54

ISTAT (n.d.) Statistiche dell'agricoltura, zootecnia e mezzi di produzione. Istituto Centrale di Statistica, Roma, annate varie, Italia

Jiang J, Xiong YL (2016) Natural antioxidants as food and feed additives to promote health benefits and quality of meat products: a review. Meat Sci 120:107–117

Lawless F, Murphy JJ, Kjellmer G et al (1996) Effect of diet on bovine milkfat conjugated linoleic acid content. Irish J Agr Food Res 35(2):208

Nicastro F, Facciolongo A, Dipalo F, et al. (2011) Meat lamb characteristics affected by different amounts of Camelina Sativa feeding integration. Proceedings of the 62nd Annual Meeting of European Federation of Animal Science, Stavanger, Norway, p 309

Nicastro F, Gallo R, Zezza L (2006) Factors influencing fatty acids in meat and the role of antioxidants in improving meat quality. In: Worldnutra 7th International Conference and Exibition on Nutraceuticals and Functional Foods, Reno, NV, USA

Pastushenko V, Matthes HD, Hein T, et al (2000) Impact of cattle grazing on meat fatty acid composition in relation to human nutrition. In: Proceedings of 13th IFOAM Scientific Conference, 28–31 August, Basel, Switzerland, pp 293–296

Renna M (2016) Strategie alimentari per il miglioramento del profilo acidico del latte e della carne di capra. In: Proceedings del XXII Congresso Nazionale SIPAOC, Società Italiana di Patologia e Allevamento degli Ovini e dei Caprini, 13–16 settembre 2016, Cunneo, Italia, pp 38–41

Renna M, Cornale P, Lussiana C et al (2012) Fatty acid profile of milk from goats fed diets with different levels of conserved and fresh forages. Int J Dairy Technol 65(2):201–207

Simopoulos AP (2002) The importance of the ratio of omega-6/omega-3 essential fatty acids. Biomed Pharmacother 56(8):365–379

Simopoulos AP (2006) Evolutionary aspects of diet, the omega-6/omega-3 ratio and genetic variation: nutritional implications for chronic diseases. Biomed Pharmacother 60(9):502–507

Yangilar F (2013) As a potentially functional food: goats' milk and products. J Food Nutr Res 1(4):68–81

Chapter 13
The Sarda Goat, a Resource
for the Extensive Exploitation
in the Mediterranean Environment

Michele Pazzola, Maria Luisa Dettori and Giuseppe Massimo Vacca

Abstract Goat farming represents an important livestock sector in Sardinia, an insular region of Italy, being exploited approximately 300,000 heads in this region. The Sarda goat is the autochthonous breed of the Island with a census of 29,000 animals recorded in the official herd book. It is perfectly adapted to the semiarid environment and farming is mainly based on traditional and semi-extensive methods, grazing free pasture of the Mediterranean scrubland. Sarda is a small-size dairy breed and milk is mainly used for cheese-making. Daily milk yield ranges from 0.4 to 1 kg, while protein and fat contents range 3.7–4.3 and 4.5–6.0 g/100 mL, respectively. Favorable values of milk coagulation properties and cheese yield are also reported. The authors evidence the high variability in candidate gene and the positive effect on milk characteristics, in comparison with other specialized breeds. These productive and genetic characteristics are the strongest points of the Sarda goat, whereas the constant and unplanned importation of cosmopolitan specialized breeds along with and the absence of labeled products strictly linked to the Sarda breed are the weakest points.

This chapter is dedicated to the memory of our friend, Gesuino Maricosu, who spent a great part of his professional life as a veterinarian to promote and safeguard Sardinian goat farming.

M. Pazzola (✉) · M. L. Dettori · G. M. Vacca
Department of Veterinary Medicine, University of Sassari,
Via Vienna 2, 07100 Sassari, Italy
e-mail: pazzola@uniss.it

M. L. Dettori
e-mail: mldettori@uniss.it

G. M. Vacca
e-mail: gmvacca@uniss.it

© Springer International Publishing AG 2017
J. Simões and C. Gutiérrez (eds.), *Sustainable Goat Production in Adverse Environments: Volume II*, https://doi.org/10.1007/978-3-319-71294-9_13

13.1   Introduction

Sardinia is a large insular region of Italy in the middle of the Mediterranean sea with a human population of about 1.6 million. Sea tourism is worldwide renowned but local economy is as well represented by agriculture, with semi-extensive dairy sheep farming, and the derived Pecorino cheese, as the main livestock sector (CRENoS 2012; Pazzola et al. 2014a). Goats are also present with the largest population in Italy, the Island harbors 283,000 heads representing 26% of the overall National goat population (IZS 2016). Despite the large number of these animals, goat farming has usually been assumed as an activity for the exploitation of marginal and mountain areas, often complementary to sheep farming, which is mainly based on utilization of richer pastures (Usai et al. 2006).

Due to the strict association of the two species during the centuries, we can presume that goats arrived in Sardinia together with other small ruminants (Chessa et al. 2009), about 8000 years ago through human and livestock migrations. These ran from the cradle of domestication, Southwest Asia, to European lands (Macciotta et al. 2002; Hatziminaoglou and Boyazoglu 2004; Dubeuf and Boyazoglu 2009). However, the most ancient evidences about the goat presence in Sardinia remain dated back to the Neolithic times, even if these are very scarce if compared to sheep. Bones and horns cut at the base have been found in the sacred well of Serra Niedda, in the municipality of Sorso, and are attributable to the Nuragic Age (1900 to 730 BC) (Wilkens 2012) and also at the Saint Pauli Nuraghe, in the municipality of Villamassargia, (Corda 2001) attributable to the second century B.C.

13.2   The Sarda Goat Breed

The Sarda goat is the autochthonous breed from Sardinia (Fig. 13.1). Its official acknowledgment, together with other six breeds, occurred in 1985 by the Italian Agriculture Ministry and the herd book, with morphological, productive, and

Fig. 13.1 Buck (**a**) and goat (**b**) of Sarda breed (provided by G. M. Vacca and M. Pazzola)

selective guidelines, started in 1998, managed by the Italian National Association of Sheep and Goat Breeders (Assonapa 1998). Another breed, the "Sarda primitiva", whose name is a clear indication of the original type, has been officially recognized as a limited size population in 2005.

The main morphological and reproductive traits of the Sarda are the following (Assonapa 1998; Macciotta et al. 2002; Devendra and Haenlein 2011; Vacca et al. 2016): (i) All coat colors are accepted and the most common are solid white and gray, and composed. Ears are short and horns are present in about 70% of animals, both in males and females, with a predominance of the dorso-caudal direction. Withers height and weight are 78 and 70 cm, and 60 and 45 kg, for adult bucks and goats, respectively. Udders are predominantly round-shaped; (ii) Fertility, as the ratio between mating and kidding goats, is 0.92. Fecundity, as the ratio between newborn kids and kidding goats, is 1.3. The average age for the first kidding is 18 months.

As regard the official recording data, 29,000 animals are currently listed in the Sarda goat herd book (DAD-IS 2014) and traits of 13,500 lactations in 131 farms are yearly recorded (ICAR 2014). The total amount of recorded Sarda primitiva animals and related lactations are 6000 and 195, respectively (DAD-IS 2014; ICAR 2014).

Archeological data collected at the Santa Eulalia Church in Cagliari revealed that morphological traits of Sardinian goats of the sixth century A.D. were similar to the contemporary ones, except for the smaller size (Zedda et al. 2005). The morphological evolution of the Sarda goat throughout the last century can be achieved from the literature. Benzoni (1948) and Bonadonna (1976) affirm that, despite the absence of a consistent selective scheme, the Sardinian caprine population shows homogenous traits with a prevailing dolicomorph type, which could be ascribable to the Alpine breeds group. This last hypothesis is consistent with the migration routes, which should have passed through Sardinia as an intermediate stage during the long journeys from Asia to continental Europe (Chessa et al. 2009; Gerbault et al. 2012; Ajmone-Marsan et al. 2014). Despite the same speculative origin of Sarda and Alpine goats, genetic drift and selection throughout the centuries provoked a significant separation between the contemporary Sarda goats and the other continental goat breeds and populations, and an evident grouping with southern ones (Negrini et al. 2012).

A detailed study by Brandano and Piras (1978) has reported the actual scenario of the Sarda goat at the end of 1980s, and the existence of subpopulations from small size in the mountain areas to large in the plains and coasts. This partitioning was later confirmed by the use of multivariate statistical methods by Macciotta et al. (2002). Morphological traits of the Sarda goat have been mainly influenced by the massive introduction of bucks belonging to dairy-specialized foreign breeds. Many attempts were done and different breeds were imported in order to improve total milk yields of goats, but without a planned selective scheme. Overall, the best results have been obtained with bucks belonging to the Maltese, an Italian breed from Sicily, combining both the high milk yielding and suitability for grazing the particular extensive Sardinian scrublands (Usai et al. 2006; Sechi et al. 2007; Vacca et al. 2010a, b). This has led to a high morphological and genetic variability, and an association between morphological characteristics referable to the original breeds and production traits is clearly absent. Crossing with Maltese bucks has persisted for many generations, leading to the recombination of the original genetic traits of the two breeds, mainly in the areas of Sardinia where that phenomenon occurred with greater intensity (Vacca et al. 2016). The same authors, by means of the latent explanatory factor analysis, revealed that, even if the large variability regarding morphological traits, Sarda goats are homogenous on the basis of milk yield and composition. The authors also affirmed that such finding is a positive peculiarity to achieve a selective improvement without an intense simultaneous morphological selection.

13.3 Farming Systems

Sardinia is characterized by a semiarid climate (Boyazoglu and Morand-Fehr 2001), which affects methods and technologies of agriculture and farming of livestock animals, mainly the extensive ones. Goat farming in Sardinia is mainly performed following the extensive and semi-extensive techniques in mountain or hill areas (Usai et al. 2006; Ruiz et al. 2009; Vacca et al. 2016), and the Sarda and Sarda primitiva, with their crossbreds, are the breeds preferred by the farmers. Edifices and shelters are often built with the use of poor materials and facilities are basic (Fig. 13.2). Farms are, on average, managed by two workers, who are often family members. Herd size is variable ranging from small to large with an average of about 200 adult goats (Usai et al. 2006; Vacca et al. 2016).

Mating is exclusive of the natural type with a rare use of planned genetic management and estrus synchronization. Kidding period generally ranges from November to March. Adult goats are allowed to graze during the morning on natural pastures with the most common plants and bush of the Mediterranean area (Usai et al. 2006; Vacca et al. 2010b). Pastures size is variable and can be very large, sometimes up to 1000 hectares, when farmers rent mountain lands owned by the municipalities. This situation enables both the exploitation of marginal areas and the simultaneous surveillance against some scourges, e.g., fire risk. Goats return back to the farms to receive a concentrate supplementation, to be partially milked and to milk-feed their own kids, which are meanwhile kept in small indoor pens. Lactation formally starts 30–40 days after parturition, when kids are weaned, and ends in the summer because its duration is mainly dependent on the desiccation of pastures. Milking is generally handmade, in this case once a day in the morning, but there is a growing use of manually operated machines (Usai et al. 2006; Vacca et al. 2010b; Pazzola et al. 2011b). The measurement of bacterial count has evidenced the possibility to meet the minimum hygienic requirements despite the basic buildings and facilities, and hand-milking (Vacca et al. 2010b; Pazzola et al. 2012).

In addition to the prevailing extensive traditional system, many other goat farmers have decided to improve their profits by adopting the semi-intensive

Fig. 13.2 Aspects of the Sardinian traditional extensive goat farming: **a** Typical building; **b** kids pen; **c** milk-feeding of a kid; **d** hand-milking (provided by G. M. Vacca and M. Pazzola)

system, which is essentially derived from the practices of dairy sheep farming (Sechi et al. 2007; Vacca et al. 2016). Nowadays, we are registering an emerging importation of animals of pure breeds suitable for the intensive indoor farming and the use of total-mixed ration, as like Saanen and Murciano-Granadina, and the growing attention of dairy plants for marketing of pasteurized goat milk.

13.4   Productive Traits

The Sarda goat is a dairy breed. Milk from the Sarda is exclusively used for cheese-making and products are often obtained by a mixture with ovine milk. Milk yield and composition is moderately variable, depending on the genetic polymorphisms, and environmental and farming effects, especially the stage or month of lactation, pasture availability and composition, and supplementation. Data available in the literature (Usai et al. 2006; Vacca et al. 2010b, 2016; Pazzola et al. 2011a, 2014b) have been helpful for the characterization of many of the milk traits. The lactation period, which depends on parturition date, lasts usually from November to July. Daily milk yield range from 0.4 to 1 kg, with an average protein and fat content of 3.7–4.3 and 4.5–6.0 g/100 mL, respectively. Useful information for the characterization of milk from the Sarda goat, is also described by Pisanu et al. (2013) and

Balia et al. (2013). The first researchers reported that the size of milk fat globules is significantly smaller in the Sarda than in the Saanen, and consequently has an expected superior digestibility and technological processing. The second researchers investigated amino acid and fatty acid profile of milk, predicting an optimal nutritional value.

Given that goat milk produced by the Sarda is completely transformed into cheese, additional traits regarding technological characteristics on the milk coagulation properties (MCP) (McMahon and Brown 1982) have been also investigated. The Sarda goat breed is characterized by the low incidence of non-coagulating milk samples, a short rennet coagulation time (the period from rennet addition to gel formation) and very high values of curd firmness (Pazzola et al. 2011a, 2014b), ranging from 42 to 48 mm. However, MCP are only descriptive of the coagulation processes and are not able to predict cheese making traits. The use of a novel laboratory procedure employing small quantities of milk per sample that mimics 9-mL milk cheese-making (9-MilCA) (Cipolat-Gotet et al. 2016) permits to overcome this concern. Preliminary results using the 9-MilCA method evidenced significant differences between autochthonous and foreign goat breeds reared in Sardinia, with the highest values of fresh curd yield (the ratio between fresh curd and raw milk) for the Sarda, 17.2%, and the Sarda primitiva, 18.8% (Pazzola, unpublished data, personal communication).

As regard meat production, suckling goat kid is the traditional product. Goat kids are exclusively milk-fed by their own dams and slaughtered at the age of about 30–40 days. Average daily weight gain is 120–150 g/day and final live weight is 8–10 kg. Carcasses are ranked as first quality and proportion to live weight ranges from 51 to 54%. Meat is characterized by good contents of proteins, 22% of crude protein in *longissimus dorsi* muscle, low levels of lipids and cholesterol content, from 45 to 36 mg/100 g in females and males, respectively. When compared with other suckling goat kids of the Mediterranean area, even if saturated fatty acids of the Sarda are lower, the overall fatty acid composition is less favorable, because of the low slaughtering weight (Usai et al. 2006; Vacca et al. 2014a, c).

13.5   Genetic Traits

After the recent exponential growth of molecular biology, the objective of improving milk yield and composition, also for small ruminants, has been progressively pursued trough the investigation of polymorphisms of candidate genes affecting these traits, mainly the milk protein genes for the goat species (Barillet 2007; Moioli et al. 2007). Many dairy cosmopolitan breeds have been investigated in order to prefer the positive polymorphic alleles in the selective schemes, whereas autochthonous goats mainly evidence their large genetic variability and preserve biodiversity (Moioli et al. 2007; Dubeuf and Boyazoglu 2009).

As regard the Sarda goat, the analysis of the casein gene cluster evidenced the prevalence of strong alleles at the calcium-sensitive casein genes *CSN1S1*, coding for the αs1-casin, *CSN2*, coding for the β-casein and *CSN1S2*, coding for the αs2-casein (Moioli et al. 2007; Amigo and Fontecha 2011; Vacca et al. 2014b). At the same time, these loci were characterized by the occurrence of null alleles at each of them, although at very low frequencies, in addition to defective alleles found in the *CSN1S1* gene. The observed variability is crucial for the future development of the breed, especially for those genes, which have a major effect on dairy traits. Indeed, in the Sarda goat, genetic variants at the calcium-sensitive casein loci significantly affect milk traits, in relation to the percentage of fat and milk protein (*CSN1S1*), protein content and milk yield (*CSN2* and *CSN1S2*) (Vacca et al. 2014b). At the *CSN3* locus, coding for the κ-casein fraction, the A and B alleles prevail in the Sarda goat breed, but six rare alleles were also found, in addition to the new *CSN3 S* allele (GenBank KF644565), which so far has been detected exclusively in the Sarda goat (Vacca et al. 2014b). Among those loci, several alleles could potentially improve yield and quality of productions because of the significant effects on milk yield, fat and protein contents (Vacca et al. 2014c), and MCP (Pazzola et al. 2014b).

The high genetic variability of the Sarda goat has been confirmed by the investigation of other loci. A recent study on whey protein genes in the Sarda goat reported the existence of polymorphic sites at the flanking regions of the *LALBA* gene, coding for α-lactalbumin, and the *BLG* gene coding for the β-lactoglobulin (Dettori et al. 2015a, b). Three SNPs in the *LALBA* promoter region affect milk yield, lactose content, and MCP, while SNPs at the *BLG* gene affect milk yield, daily fat and protein contents, and MCP.

Among the genomic loci known to have a major effect on milk traits in ruminants, the *GH* gene has been shown to affect milk yield and protein percentage in goats (Malveiro et al. 2001). The caprine *GH* gene (*gGH*), is a copy number variant with two different alleles: the Gh1 allele shows a single copy of the gene (*GH1*), whereas the Gh2 allele is duplicated and shows two copies: *GH2* and *GH3* (Wallis et al. 1998). Dettori et al. (2013) have sequenced the *GH* gene in the Sarda goat and evidenced a huge variability. Several SNPs occur in both the coding and noncoding regions, and three indels, with a significant effect of polymorphisms on milk yield, fat, and protein percentages.

Most of the specialized goat breeds introduced in Sardinia with the aim of improving milk productions have not been successful, indicating that those foreign breeds did not have the same resistance to the environmental conditions that over the centuries have shaped the genome of the Sarda. In order to better understand the molecular component at the basis of the resistance trait, the *SLC11A1* gene (solute carrier family member 11 A 1) has been characterized in the Sarda goat (Vacca et al. 2011). In goats, the microsatellite polymorphism localized at the 3'UTR region of *SLC11A1* has been associated with resistance to *Mycobacterium avium* subsp. *paratuberculosis* (Taka et al. 2013). In the Sarda, that locus showed a higher variability in comparison with other imported specialized breeds.

13.6   Concluding Remarks and Perspectives

Goat farming in Sardinia is based on the use of traditional and extensive systems and the breeding of the local Sarda goat. Despite the complementarity to dairy sheep farming and instability of economic balance, this sector has been able to survive the last decades because it is often considered as a social activity to maintain human presence in marginal areas. Another main issue is constantly represented by the importation of specialized breeds to achieve the improvement of farmers' profits. Crossbreeding with those breeds, mainly the Maltese, has been often carried out without any supervised genetic scheme and has threatened the genetic features of the original animals.

Milk and meat products from the Sarda goat are characterized by favorable traits and could have promising market perspectives. Many studies focused on this breed evidenced the high phenotypic and genetic variability, which are the strong points to preserve its existence and the persistence of the traditional extensive breeding. The main weak point of the Sardinian goat farming is the complete absence of officially recognized labels, as Protected Designation of Origin (PDOs), both for milk and meat product. Indeed, the linking among labeled products has been often positive for valorization and preservation of local breeds (Boyazoglu and Morand-Fehr 2001; Fernández-García et al. 2006).

Acknowledgements We gratefully thank all the goat keepers, the humble and real core of Sardinian goat farming for giving us free access to their farms and herds.

References

Ajmone-Marsan P, Colli L, Hanc JL et al (2014) The characterization of goat genetic diversity: towards a genomic approach. Small Rumin Res 121:58–72

Amigo L, Fontecha J (2011) Goat milk. In: Fuquay JW, Fox PF, McSweeney PLH (eds) Encyclopaedia of dairy sciences, vol. 1, 2nd edn, Academic Press, San Diego, CA, pp 484–493

ASSONAPA (1998) Norme tecniche Allegate al Disciplinare del Libro Genealogico della Specie Caprina, razza Sarda [Herd book standards of Italian goat breeds]. Available via DIALOG. http://www.assonapa.com. Cited 15 Dec 2016

Balia F, Pazzola M, Dettori ML et al (2013) Effect of CSN1S1 gene polymorphism and stage of lactation on milk yield and composition of extensively reared goats. J Dairy Res 80:129–137

Barillet F (2007) Genetic improvement for dairy production in sheep and goats. Small Ruminant Res 70:60–75

Benzoni C (1948) Contributo allo studio della razza caprina Sarda (in Italian; A contribution for the study of the Sarda goat). In: La Nuova Veterinaria. Edizioni Fratelli Lega, Faenza, Italy

Bonadonna T (1976) Etnologia zootecnica, Trattato di Scienza e Tecnica delle Produzioni Animali. Vol VI. [Ethnology of farm animal]. Ed. UTET Torino, Italy

Boyazoglu J, Morand-Fehr P (2001) Mediterranean dairy sheep and goat products and their quality. A critical review. Small Ruminant Res 40:1–11

Brandano P, Piras B (1978) La capra Sarda: Nota I. I caratteri morfologici; Nota II. I caratteri riproduttivi e produttivi; Nota III. Le caratteristiche dell'allevamento (in Italian;

Morphological, reproductive and productive, and farmin of the Sarda goat). Studi sassaresi-Annali della Facoltà di Agraria, vol. XXVI. Published by the University of Sassari, Italy

Chessa B, Pereira F, Arnaud F et al (2009) Revealing the history of sheep domestication using retrovirus integrations. Science 324:532–536. https://doi.org/10.1126/science.1170587

Cipolat-Gotet C, Cecchinato A, Stocco G et al (2016) The 9-MilCA method as a rapid, partly automated protocol for simultaneously recording milk coagulation, curd firming, syneresis, cheese yield, and curd nutrients recovery or whey loss. J Dairy Sc 99:1065–1082

Corda L (2001) Considerazioni paleoanatomiche sui resti faunistici del nuraghe S. Pauli di Villamassargia (Cagliari). Tesi di Laurea, Facoltà di Medicina Veterinaria, Università degli Studi di Sassari (in Italian; Paleo-anatomical studies on the remains at the nuraghe S. Pauli, Villamassargia, Cagliari; raduation thesis in Veterinary medicine, University of Sassari, Italy)

CRENoS (2012) Economia della Sardegna, Sintesi del 19° Rapporto 2012. CRENoS, Cagliari, Italy (in Italian; 19th report on economics of Sardinia)

DAD-IS (2014) Domestic Animal Diversity Information System hosted by FAO, Rome, Italy. Available via DIALOG. http://www.faostat.fao.org. Cited 15 Dec 2016

Dettori ML, Rocchigiani AM, Luridiana S et al (2013) Growth Hormone gene variability and its effects on milk traits in primiparous Sarda goats. J Dairy Res 80:255–262

Dettori ML, Pazzola M, Paschino P et al (2015a) Variability of the caprine whey protein genes and their association with milk yield, composition and renneting properties in the Sarda breed. 1. The LALBA gene. J Dairy Res 82:434–441

Dettori ML, Pazzola M, Pira E et al (2015b) Variability of the caprine whey protein genes and their association with milk yield, composition and renneting properties in the Sarda breed. 1. The BLG gene. J Dairy Res 82:442–448

Devendra C, Haenlein GFW (2011) Animals that produce dairy foods. Goat breeds. In Fuquay JW, Fox PF, McSweeney PLH (eds) Encyclopaedia of dairy sciences, vol. 1. 2nd edn, Academic Press, San Diego, CA, pp 310–324

Dubeuf J-P, Boyazoglu J (2009) An international panorama of goat selection and breeds. Livest Sci 120:225–231

Fernández-García E, Carbonell M, Calzada J et al (2006) Seasonal variation of the free fatty acids contents of Spanish ovine milk cheeses protected by a designation of origin: a comparative study. Int Dairy J 16:252–261

Gerbault P, Powell A, Thomas MG (2012) Evaluating demographic models for goat domestication using mtDNA sequences. Anthropozoologica 47:65–78

Hatziminaoglou Y, Boyazoglu J (2004) The goat in ancient civilisations: from the Fertile Crescent to the Aegean Sea. Small Ruminant Res 51:123–129

ICAR (2014) International Committee for Animal Recording (ICAR), Milk recording surveys on cow, sheep and goats. ICAR, Rome, Italy. Available via DIALOG. http://www.icar.org/survey/pages/tables.php. Cited 18 Dec 2016

IZS (2016) Italian National Data Bank for the Animal Husbandry Register, Founded by the Ministry of Health. IZS Abruzzo and Molise Publisher, Teramo, Italy (Istituto Zooprofilattico Sperimentale dell'Abruzzo e del Molise "G. Caporale") Available via DIALOG. URL:http://statistiche.izs.it/portal/page?_pageid=73,12918&_dad=portal&_schema=PORTAL. Cited 18 Dec 2016

Macciotta NPP, Cappio-Borlino A, Steri R et al (2002) Somatic variability of Sarda goat breed analysed by multivariate methods. Livest Prod Sci 75:51–58

Malveiro E, Pereira M, Marques PX et al (2001) Polymorphisms at the five exons of the growth hormone gene in the Algarvia goat: possible association with milk traits. Small Rumin Res 41:163–170

McMahon DJ, Brown RJ (1982) Evaluation of formagraph for comparing rennet solutions. J Dairy Sci 65:1639–1642

Moioli B, D'Andrea M, Pilla F (2007) Candidate genes affecting sheep and goat milk quality. Small Rumin Res 68:179–192

Negrini R, D'Andrea M, Crepaldi P et al (2012) Effect of microsatellite outliers on the genetic structure of eight Italian goat breeds. Small Ruminant Res 103:99–107

Pazzola M, Balia F, Dettori ML et al (2011a) Effects of different storage conditions, the farm and the stage of lactation on renneting parameters of goat milk investigated using the Formagraph method. J Dairy Res 78:343–348

Pazzola M, Dettori ML, Carcangiu V et al (2011b) Relationship between milk urea, blood plasma urea and BCS in primiparous browsing goats with different milk yield level. Arch Tierzucht 54:546–556

Pazzola M, Balia F, Carcangiu V et al (2012) Higher somatic cell counted by the electronic counter method do not influence renneting properties of goat milk. Small Ruminant Res 102:32–36

Pazzola M, Dettori ML, Cipolat-Gotet C et al (2014a) Phenotypic factors affecting coagulation properties of milk from Sarda ewes. J Dairy Sci 97:7247–7257

Pazzola M, Dettori ML, Pira E et al (2014b) Effect of polymorphisms at the casein gene cluster on milk renneting properties of the Sarda goat. Small Ruminant Res 117:124–130

Pisanu S, Marogna G, Pagnozzi D et al (2013) Characterization of size and composition of milk fat globules from Sarda and Saanen dairy goats. Small Ruminant Res 109:141–151

Ruiz FA, Mena Y, Castel JM et al (2009) Dairy goat grazing systems in Mediterranean regions: a comparative analysis in Spain, France and Italy. Small Ruminant Res 85:42–49

Sechi T, Usai MG, Miari S et al (2007) Identifying native animals in crossbred populations: the case of the Sardinian goat population. Anim Genet 38:614–620

Taka S, Liandris E, Gazouli M et al (2013) In vitro expression of the SLC11A1 gene in goat monocyte-derived macrophages challenged with Mycobacterium avium subsp paratuberculosis. Infect Genet Evol 17:8–15

Usai MG, Casu S, Molle G et al (2006) Using cluster analysis to characterize the goat farming system in Sardinia. Livest Sci 104:63–76

Vacca GM, Daga C, Pazzola M et al (2010a) D-loop sequence mitochondrial DNA variability of Sarda goat and other goat breeds and populations reared in the Mediterranean area. J Anim Breed Genet 127:352–360

Vacca GM, Dettori ML, Carcangiu V et al (2010b) Relationships between milk characteristics and somatic cell score in milk from primiparous browsing goats. Anim Sci J 81:594–599

Vacca GM, Pazzola M, Pisano C et al (2011) Chromosomal localisation and genetic variation of the SLC11A1 gene in Capra hircus. Vet J 190:60–65

Vacca GM, Dettori ML, Paschino P et al (2014a) Productive traits and carcass characteristics of Sarda suckling kids. Large Anim Rev 20:169–173

Vacca GM, Dettori ML, Piras G et al (2014b) Goat casein genotypes are associated with milk production traits in the Sarda breed. Anim Genet 45:723–731

Vacca GM, Pazzola M, Piras G et al (2014c) The effect of cold acidified milk replacer on productive performance of suckling kids reared in an extensive farming system. Small Ruminant Res 121:161–167

Vacca GM, Paschino P, Dettori ML et al (2016) Environmental, morphological, and productive characterization of Sardinian goats and use of latent explanatory factors for population analysis. J Anim Sci 94:3947–3957

Wallis M, Lioupis A, Wallis OC (1998) Duplicate growth hormone genes in sheep and goat. J Mol Endocrinol 21:1–5

Wilkens B (2012) Archeozoologia. Il Mediterraneo, la storia, la Sardegna. [Archeozoology. The Mediterraneanean Sea, History, Sardinia]. Editrice Democratica Sarda, Sassari, Italy

Zedda M, Manca P, Lepore G, et al (2005) Studio dei resti faunistici rinvenuti nel corso di scavi archeologici nel quartiere Marina a Cagliari. [Studies on the remains at the archaeological site of the Marina borough, Cagliari]. In: Il quartiere di Marina a Cagliari, ricostruzione di un contesto urbano pluristratificato" (a cura di G. Deplano). Amed – Cagliari, Italy, pp 159–190

Chapter 14
The Girgentana Goat Breed:
A Zootechnical Overview on Genetics,
Nutrition and Dairy Production Aspects

Salvatore Mastrangelo and Adriana Bonanno

Abstract In recent years, there has been a great interest in recovering and preserving local livestock breeds. An interesting situation is represented by the Girgentana goat, an ancient local breed reared in Sicily. Over recent years, this breed has become almost extinct, in part as a consequence of the marked decrease in fresh goat milk consumption. On the basis of these considerations, several studies on its genetic structure and management aspects have been conducted in order to protect the Girgentana goat from the risk of extinction and recover its genetic and economic value. In this context, information on genetics, nutrition and dairy production aspects may have a crucial role in the improvement and management of the breed. Thus, this chapter describes some points of these applications through recent investigations on this goat breed.

14.1   Introduction

The domestic goat (*Capra hircus*) has been a source of milk, meat, skin and fiber since its domestication, occurred about 10,000 years ago in, at least, two main centres in the Middle East (Zeder and Hesse 2000; Naderi et al. 2008). Different goat populations evolved over the time in different environments thanks to their ability to adapt to extreme conditions, ranging from high mountains to desert. Nevertheless, goat species has a wide and largely unknown genetic potential that could be better exploited in sustainable agriculture. The most common goat breeds in Europe are specialized in the production of milk. So that, in some areas, the goat cheese-making sector holds an appreciable economic value from South to the North Europe. In most of the Mediterranean area, the population demography, the persistence of the traditional factors of breeding and the poor economic interest towards the goat breeding have led to the spread of semi-extensive system

S. Mastrangelo (✉) · A. Bonanno
Dipartimento Scienze Agrarie e Forestali,
Università degli Studi di Palermo, 90128 Palermo, Italy
e-mail: salvatore.mastrangelo@unipa.it

© Springer International Publishing AG 2017
J. Simões and C. Gutiérrez (eds.), *Sustainable Goat Production in Adverse Environments: Volume II*, https://doi.org/10.1007/978-3-319-71294-9_14

characterized by a substantial dependence on the grazing resources (Criscione et al. 2016). The traditional local populations, well adapted to harsh conditions, are scarcely managed, with rare or unconsolidated herd books (Canon et al. 2006).

In the mountainous areas of Italy, a large number of local goat breeds is still found, suggesting that there is considerable genetic variability in Italian goats (Nicoloso et al. 2015). Because the existence of a large gene pool is important for the potential future breeding preservation and for sustainable animal production system development, concerns about the conservation of genetic variability have arisen in the last years. The combination of biodiversity and quality of products is, therefore, a current issue (Martini et al. 2010). Therefore, the conservation and monitoring of the genetic diversity of these local breeds are fundamental to meet future breeding needs, especially in the context of a global climate change (Mastrangelo et al. 2017a). An interesting situation is represented by an ancient and rare local breed reared in Sicily, the Girgentana goat breed.

14.2   General Aspects of the Breed

14.2.1   Origins and History

The Girgentana breed (Fig. 14.1) originates probably from Afghanistan and the Himalaya regions from markhor (*Capra falconeri*, a wild species more closely related to domestic goats) and was established in the south-west of Sicily, in particular in the area around Agrigento. In fact, the presence of screw-shaped horns similar to those of the markhor and of some highly divergent mtDNA haplotypes (Sardina et al. 2006) seemed to suggest an Asian origin (Ajmone-Marsan et al. 2014). In addition to the characteristic long corkscrew horns, the breed has a primarily white with grey-brown hair around the head and throat. Traditionally,

Fig. 14.1 A flock of Girgentana goats (provided by Adriana Bonanno)

breeding took place in urban farms where the animals were kept in the farmer's house; here, the goats, after coming back from pasture, were tethered in individual wooden stalls, a housing system that Girgentana farmers considered necessary to avoid aggressive and harmful behaviour among animals, due to the presence of their horns. The profit was based on direct retail (door to door sales) of milk used for human consumption. According to the tales of older farmers born in families with a long history of breeding, the milk was primarily used for the nourishment of infants and elderly (Portolano et al. 2004). The imposition of sanitary regulations prohibited both the breeding of these animals within urban farms, and the direct sale of the milk.

14.2.2 Breeding Systems

The farms are small and medium-sized and the business is commonly familiar and single-worker types. Semi-extensive farming is generally practiced by all farmers: goats graze during the morning and are housed during the night. In winter months (from November to March–April), the goats are housed indoors and mainly fed with local hay. As soon as fresh grass is available, the flocks are moved outdoors and the goats graze on pastures located near the farms.

The feeding system is mostly based on local fresh and conserved forages. The breed is generally reared in a pastoral system, hand-milked and in the absence of modern husbandry. The absence of milking machine is probably due to the small flock size which does not justify such investment. After kids' weaning, goat milk is processed into fresh and matured cheeses and directly sold to consumers.

AI is not used and natural mating occurs with the introduction of a buck in the flock. The first delivery usually happens around 1 year of age. Mating season aims at converging kidding in autumn–winter months to ensure the availability of kids in Christmas and, particularly, in Easter times. The length of the productive career of females is high (6–8 yrs.). Kids remain with their mother until slaughtering, at an average age of 50 days and ranging from 10 to 15 kg of live weight.

14.2.3 Current Census

Over recent years, this breed has become almost extinct, in part as a consequence of the marked decrease in fresh goat milk consumption. In fact, it is listed by the Food and Agriculture Organization with an endangered risk status (Canón et al. 2006). The endangered status of the Girgentana breed is linked to the following peculiarities: in 1983, the population consisted of 30,000 goats, while 10 years later, almost 98% of the pre-existing population disappeared. In 2001, only 252 mature goats participated in the national milk recording system (Portolano et al. 2004) and nowadays, only 1500 heads, reared almost exclusively in central Sicily, are enrolled in the Herd Book (ASSONAPA 2014).

14.2.4 Milk Production Traits

The main purpose of Girgentana goat is milk production. A descriptive statistics for milk production traits were recently reported in a study conducted on more than 300 individuals from different farms located in different areas of Sicily (Mastrangelo et al. 2017b) (Table 14.1). The authors reported a high variability in milk yield, which varied from less than 1000 to $\sim$4500 g/goat per day. Although the threshold for somatic cells count (SCC) in goat's milk has not yet been established, the average SCC found in Girgentana goat milk, before being transformed into log value, was greater than the threshold of 1,500,000 cells/mL advised in Europe for fresh milk (Delgado-Pertiñez et al. 2003), with a high variability in the breed (Table 14.1). Another study on the physical and chemical composition, and clotting properties (Todaro et al. 2005) reported that the milk pH (6.59 $\pm$ 0.12; $\pm$ S.D.) and titratable acidity (3.36 $\pm$ 0.49) were within the normal range for fresh goat milk, with a milk urea content of 43.7 $\pm$ 8.3 mg/dL. The clotting ability of Girgentana milk is quite good, with a renneting time equal to 17.0 $\pm$ 3.1 min, a rate of curd formation of 2.0 $\pm$ 1.6 min and a curd firmness of 25.1 $\pm$ 7.7 millimetres (Todaro et al. 2005). In milk of the Girgentana goat, the sum of short and medium chain fatty acids (FA) accounted on about 35 g/100 g of total FA respectively (Bonanno et al. 2013b; Mastrangelo et al. 2017b); these FA, which include caproic (C6:0), caprylic (C8:0), capric (C10:0) and lauric (C12:0) acids, are the most characteristic in goat milk and derived dairy products, being more abundant than in cow milk FA profile, and are associated with the characteristic flavours of cheeses and can also be used to detect admixtures of milk from different species (Park et al. 2007).

Table 14.1 Descriptive statistics of yield and composition of Girgentana goat milk (Mastrangelo et al. 2017b)

Traits	Mean $\pm$ S.D.	Max	Min	Variation coefficient (%)
Milk yield (g)	1448 $\pm$ 404	4544	508	28
Fat (%)	4.3 $\pm$ 0.9	7.7	1.8	20
Protein (%)	3.7 $\pm$ 0.4	6.5	2.4	12
Casein (%)	3.1 $\pm$ 0.4	5.2	1.9	13
Lactose (%)	4.7 $\pm$ 0.3	5.5	3.5	5
SCC ($\log_{10}$)	5.78 $\pm$ 0.61	7.28	4.47	11

14.3   Genetic Characterization

14.3.1   Genetic Diversity and Population Structure

The investigation of genetic diversity at the molecular level has been proposed as a valuable complement to the evaluation of phenotypes and production systems, and sometimes as a proxy for phenotypic diversity of local breeds. Traditionally, the molecular phylogeny of livestock species has been based on the characterization of the mtDNA (Ajmone-Marsan et al. 2014). In goats, the first studies based on this region highlighted the existence of several well-differentiated maternal lineages, whose variability has a lower geographic structure compared to other livestock species. A previous study on phylogenetic analysis of Sicilian goats using mitochondrial hypervariable region 1 showed that Girgentana haplotypes were highly divergent from the *Capra hircus* clade. This result could be explained assuming a new mtDNA lineage or a historical introgression from wild goats (Sardina et al. 2006).

Several studies have been performed in order to understand the genetic diversity and population structure in Girgentana breed using molecular markers, such as microsatellites (Canon et al. 2006; Siwek et al. 2011; Negrini et al. 2012). Being highly polymorphic, microsatellites are very informative markers and have been extensively used in diversity studies. Recently, an investigation conducted on population genetic structure of Girgentana goat using microsatellite markers showed a moderate genetic variation and a complex genetic structure because its genome was shared among subpopulations, whereas recent bottleneck has not been detected in the Girgentana goat population (Mastrangelo et al. 2017b). Similar results for this breed were also reported by Pariset et al. (2006) and Mastrangelo et al. (2013a). Moreover, another recent study (Criscione et al. 2016) reported that among South Italian goats, the Girgentana is the breed with the lowest genetic diversity and more seriously threatened because of its very low number and because it is reared almost exclusively in central Sicily, especially by older farmers. In fact, Sicilian goats have shown strong population admixture structure caused by geographical location of the farms, influences of natural mating and traditional breeding systems where the flock is an important breeding unit (Siwek et al. 2011). In many local breeds such as the Girgentana one, selection programmes are absent, only natural mating is the common practice, and the exchange of males among herds is quite unusual (Mastrangelo et al. 2012). This leads to an increase of inbreeding within the population due to mating among relatives and could generate population subdivision as a consequence of genetic drift.

The application of recently developed genomic technology has great potential to increase our understanding of the genetic architecture of complex traits, to improve selection efficiency in domestic animals through genomic selection and to conduct association studies. An investigation on genetic diversity of Italian goat breeds assessing with a medium-density SNP chip revealed and corroborated the separation of Girgentana from the other goat breeds and a low genetic diversity (Nicoloso et al. 2015).

Thus, efforts should be made to improve genetic diversity in Girgentana breed. This breed should be monitored due to the low number of individuals that compose it. In particular, mating decisions will play an important role in limiting the levels of inbreeding and would increase the size of this breed.

14.3.2 Casein Genes

Caseins are the main protein component of milk, and are highly polymorphic. The high degree of variability, together with post-translational modifications and differential splicing patterns, have qualitative and quantitative effects on milk composition thereby affecting chemical, physical and technological properties of goat milk (Martin et al. 2002; Marletta et al. 2007). Knowledge of variation of casein genes at the haplotype level has been a useful tool in biodiversity studies and in breeding strategies (Caroli et al. 2009).

At *CSN1S1*, the most frequent alleles in Girgentana goat are A and F followed by B and N, whereas the most common genotype is AF followed by AA (Mastrangelo et al. 2013b). At *CSN1S2*, the most frequent alleles are A, followed by F, C and E, whereas the most common genotypes are AA, AF and AC (Palmeri et al. 2014). Tortorici et al. (2014) showed the presence of C, C1 and A strong alleles, and 0' null allele at CSN2 gene, whereas the most common genotypes are CC1 followed by CC, C1C1 and C0'. The exon 4 of *CSN3* gene was sequenced and analysed by Di Gerlando et al. (2015). Analyses of the obtained sequences showed the presence of A, B, D and G known alleles and two new genetic variants, named D' and N. The most common genotype is AB followed by AA, AD and BB.

The Girgentana goat was characterized by an interesting and wide variability in the casein cluster, with haplotypes rarely found in other breeds, containing the N allele at the *CSN1S1* locus (Mastrangelo et al. 2017b), which has been reported in a few breeds, such as Tunisian goats (Vacca et al. 2009). It is well known that goat caseins are characterized by different expression levels due to strong, medium, weak or null alleles responsible for high, medium or low casein content in milk, depending on the casein fraction (Caroli et al. 2006). Haplotype analysis of the casein genes allows for selection of goat genetic lines for milk production with 'particular' protein content (Sacchi et al. 2005; Mastrangelo et al. 2017b). The high frequency of haplotypes containing strong alleles at each casein gene indicates that selection for these variants should be an easy breeding objective to improve milk composition and cheese-making properties in the Girgentana breed (Mastrangelo et al. 2017b). However, the occurrence of haplotype combinations with null and weak alleles, as N and F at *CSN1S1* and 0' at *CSN2* loci, encloses a high productive potential, because goats carrying these alleles may produce milk with low protein content, which can be used for fresh milk consumption, potentially reducing the risk of developing food allergies.

14.3.3　Genetic Traceability of Girgentana Goat Dairy Products

Local livestock production represents an important resource for the economy of hilly and mountain areas, in which other economic activities are limited. Moreover, in these areas, many typical dairy and meat products have been developed, often linked to one local breed/population (Scintu and Piredda 2007). Consequently, another important aspect to underline is the valorization of the typical products. Breed genetic traceability is becoming an important issue for the authentication of these products, as there is an increasing interest in marketing mono-breed-labelled lines of meat as well as dairy products, which in some cases have obtained the Protected Designation of Origin (PDO) or Protected Geographical Indication (PGI). Genetic traceability is based on the identification of both animal and their products through the study of DNA. This interest derives from the fact that a marketing link between breeds and their originated products can contribute to improve breed profitability and sustainability of such farm animal production with significant impact on the rural economy of particular geographic areas and on breed conservation and biodiversity (Russo et al. 2007). This means that breed genetic traceability is important for both to defend and valorize particular food products and livestock breeds.

With the goal of developing a breed genetic traceability system for Girgentana dairy products, specific microsatellite markers were identified (Sardina et al. 2015). Some microsatellite markers showed alleles present at the same time in Maltese and Derivata di Siria (the most important goat breeds reared in Sicily) and absent in Girgentana and, therefore, they were tested on DNA pools of the three breeds. Considering the electropherograms' results, *FCB20, SRCRSP5* and *TGLA122* markers were tested on DNA samples extracted from cheeses of Girgentana goat breed. These three microsatellite markers will be applied in a breed genetic traceability system of Girgentana dairy products in order to detect adulteration due to Maltese and Derivata di Siria goat breeds, and can represent a first deterrent against fraud and an important tool for the valorization of Girgentana breed (Sardina et al. 2015).

14.4　Management Implications

14.4.1　Housing System

The decrease of the Girgentana population has been linked to the prohibition to keep the animals within urban areas, which implied the abandon of the direct sale of milk, also to the difficult management of these goats, due to the presence of their long horns. On the other hand, the traditional housing system in tie-stalls, increasing manpower, contributed to limit the increase in size within Girgentana's herds. In this view, the protection actions engaged in order to safeguard this breed from extinction and to recover its genetic and economic value have been combined with studies aimed to define the feeding and production responses of Girgentana goats to more sustainable management systems.

Accordingly, it has been proven the good adaptation of Girgentana goats to free housing within wide straw-bedded pen, evaluated by comparing immunological, endocrine, behavioural and productive responses with those of goats tethered in stalls (Di Grigoli et al. 2003). The individual stalls induced a good state of well-being and a slightly higher milk yield, connected to the possibility of individual feeding, the absence of the competition due to the social hierarchy and the lower energy expenditure for the movement. Nevertheless, ensuring adequate hygiene and enough space, the free housing allowed the goats to move freely, engage social relationships and improve their immune responses and milk quality, whereas the lower milk yield would be compensated by a reduction in manpower.

14.4.2 Grazing Management

For the length of their horns, the Girgentana goats are poorly adapted to the exploitation of wooded areas by grazing. Thus, it is advantageous to develop more intensive grazing systems based on forage crops that can ensure the Girgentana goats to express the selective behaviour and voluntary feed intake, meet the nutritional needs and enhance the milk production. With this in view, the grazing management implies to establish the forage species to be grown, the grazing technique and the stocking rate to be applied.

With regard to forage species, the Girgentana goats prefer to graze multi-species pastures than mono-specific ones, since the availability of different complementary forage species allows them to select the parts of plants on the basis of palatability and nutrients content (Baumont et al. 2000), and consequently increase the dry matter and protein intake (Bonanno et al. 2008). Also grass–legume bicultures, compared to the relative monocultures, offer the advantage of greater and better-quality forage biomass, allowing the goats to increase the forage intake and milk yield (Bonanno et al. 2008). Girgentana goats fed Sulla fresh forage (*Sulla coronarium,* L.), containing phenolic compounds with antioxidant activity, especially condensed tannins, which showed to increase milk yield and casein content (Bonanno et al. 2013a), improve the health properties of milk fat, that was enriched of conjugated linoleic acid (CLA), odd- and branched chain, polyunsaturated and omega-3 FA (Bonanno et al. 2013b) and enhance their oxidative status and the antioxidant capacity of milk, suggesting a transfer of polyphenols from plasma to milk (Di Trana et al. 2015). Accordingly, feeding Sulla forage represents a promising strategy to improve the health status of the animals, milk production and the beneficial properties of dairy products for the consumers' health.

In relation to the grazing technique, the rotational system applied for Girgentana goats grazing on herbaceous pastures did not show to ensure the theoretical advantageous in terms of grass availability, intake level and milk yield (Bonanno et al. 2008); therefore, also the continuous grazing can be suitable, simplifying the flock management practices. Whereas moderate stocking rates of 48–50 heads/ha adopted for Girgentana goats grazing herbaceous cultures, such as a sword of ryegrass and berseem clover (Bonanno et al. 2007a) or a sulla meadow (*Sulla coronarium*, L.) (Bonanno et al. 2007b), resulted to have better impacts on forage resources and goats selective behaviour, forage intake and milk production.

14.4.3   *Relationships Between Nutrition and Genetic Polymorphisms of Milk Caseins*

As well known, both nutritional and genetic factors influence milk yield, composition and technological properties. Thus, in order to contribute to valorization of Girgentana breed, the milk production traits of goats have been defined in relation to the genetic polymorphism of milk casein, with particular regard to α_{s1}-casein, and taking into account the interactions with nutritional aspects.

With regard to polymorphism at *CSN1S1* loci, as the goats of other breeds, also the Girgentana goats with strong alleles associated with a high synthesis rate of α_{s1}-casein (HC) (Sacchi et al. 2005) produced, in comparison with goats carrying alleles for medium (MC) or low α_{s1}-casein (LC), a greater amount of milk (967 vs. 1131 and 1096 g/day, for LC, MC and HC respectively) showing higher percentage of casein (2.7 vs. 3.0 vs. 3.1 g/100 g milk, for LC, MC and HC respectively), longer curd firming time (k_{20}) and firmer curd (a_{30}), that denote a better milk ability for cheese-making (Bonanno et al. 2007c). Moreover, the study of the effects of some composite genotypes at *CSN1S1* and *CSN3* loci evidenced the additional role of B^{IEF} alleles of κ-casein in further increasing casein content and improving coagulation properties of milk of Girgentana goats with strong alleles of α_{s1}-casein (Bonanno et al. 2009). These investigations confirmed the higher efficiency of dietary nitrogen utilization in goats with *CSN1S1* genotype for high milk casein synthesis (De la Torre Adarve et al. 2009), and evidenced how goats of different *CSN1S1* genotype could respond differently to a high energy intake in terms of milk manufacturing properties (Bonanno et al. 2007c), suggesting a possible interaction between feeding regime and *CSN1S1* genotype due to implications at hormonal or metabolic levels.

On this basis, successive studies (Bonanno et al. 2013a, b) aimed to investigate the impact of nutrition on the two most common *CSN1S1* genotypes of Girgentana breed, which were AA and the heterozygous AF (Palmeri et al. 2014), associated with a high and an intermediate α_{s1}-casein synthesis respectively. The AA goats exhibited a more efficient use of dietary energy and protein and, consequently, a higher milk yield (1720 vs. 1606 g/day) when fed diets with high energy level and a balanced protein to energy ratio (Bonanno et al. 2013a). This superior efficiency in energy and protein utilization was already revealed at the digestive level, suggesting a positive influence of AA genotype to the expression of genes coding for the synthesis of digestive enzymes, rather than implications at level of rumen or mammary gland. The higher α_{s1}-casein content in milk from AA goats, compared to the AF milk (0.7 vs. 0.6 g/100 g milk), emerged independently of diet and was responsible for the improved milk properties, as a result of the longer coagulation time (r, 15.2 vs. 13.9 min) and higher curd firmness (a_{30}, 35.9 vs. 29.0 mm) (Bonanno et al. 2013b). Instead, the superior ability of AA goats to synthetize de novo short and medium chain fatty acids (C4–C14) in the mammary gland tissue, observed also by Valenti et al. (2010), emerged only when the goats were fed with low-energy diet, whereas this difference between AA and AF goats disappeared when they received an energy supplemented diet (Bonanno et al. 2013b); the same occurred for the milk content of oleic acid, lower in AA milk only with low-energy diet (Bonanno et al. 2013b; Valenti et al. 2010), that indicates the lesser exigency of AA goats to mobilize fat depots, and confirms their more efficiency in energy utilization (Pagano et al. 2010; Valenti et al. 2010).

Based on these findings, the Girgentana goats carrying strong alleles at *CSN1S1* loci are characterized by higher efficiency of nutrients utilization; thus, contrarily to goats with genotype associated with a lower α_{s1}-casein synthesis, respond better to balanced high-nutrient diets in terms of milk yield, composition and cheese-making ability. Accordingly, in order to optimize dairy production in Girgentana goat farms, the suggestion is to provide adequate diets in energy and protein content to the high-producing *CSN1S1* genotypes. On the contrary, in extensive farming systems based on grazing forage resources at pasture, the different *CSN1S1* genotype of goats will be less important for ensuring high feeding efficiency and production. These indications could usefully direct the work of genetic selection of Girgentana breed to achieve high-producing genotypes exhibiting a more efficient feed utilization, which could express their potential in sustainable livestock production systems, contributing to a beneficial reduction in the environmental impact, especially limiting nitrogen excretions.

14.5 Concluding Remarks

Compare to commercial breeds, local breeds such as Girgentana goat are in disadvantage of economies of scale in breeding and marketing programmes, but on the other hand, play an important role in the utilization of the marginal agricultural resources and contribute to their environmental and socio-economic stability.

Application of a battery of genetic and nutrition tools, along with close cooperation with breeders and utilization of other tools such as innovative product marketing may allow small breeds to not only survive but also thrive.

The more recent actions, engaged to protect the Girgentana goat breed from the risk of extinction and recover its genetic and economic value, involved several studies on its genetic structure and management aspects that, synergically, have been able to optimize the productive traits of the breed. As a result, in Sicily today, there is a growing interest by dairy farmers in developing sustainable systems to provide consumers with authentic and safe dairy products manufactured with mono-breed milk of only Girgentana goats.

References

Ajmone-Marsan P, Colli L, Han JL et al (2014) The characterization of goat genetic diversity: towards a genomic approach. Small Ruminant Res 121:58–72

ASSONAPA (2014) Associazione Nazionale della Pastorizia. Available from http://www. assonapa.it/norme_ecc/Consistenze_Caprini.htm

Baumont R, Parche S, Meuret M et al (2000) How forage characteristics influence behaviour and intake in small ruminants: a review. Livest Prod Sci 64:15–28

Bonanno A, Di Grigoli A, Alicata ML et al (2007a) Effect of stocking rate on selective behaviour and milk production of Girgentana goats grazing a ryegrass and berseem clover mixture. Advanced nutrition and feeding strategies to improve sheep and goat nutrition, Options Mèditerranèennes série A: Séminanaires Méditerranéens, no 74, 351–357. ISSN 1016-121-X; ISBN 2-85352-363-2

Bonanno A, Di Grigoli A, Stringi L et al (2007b) Intake and milk production of goats grazing sulla forage under different stocking rates. Ital J Anim Sci 6(suppl. 1):605–607

Bonanno A, Finocchiaro R, Di Grigoli A et al (2007c) Energy intake effects at pasture on milk production and coagulation properties in Girgentana goats with different as_1-casein genotypes. In: Proceedings of the International Symposium of the International Goat Association (IGA), CRA-ZOE, Bella (PZ), Italy, pp 191–194

Bonanno A, Fedele V, Di Grigoli A (2008) Grazing management of dairy goats on Mediterranean herbaceous pastures. In: Cannas A, Pulina G (eds) Dairy goats feeding and nutrition. CAB International, Wallingford, UK, pp 189–220

Bonanno A, Di Grigoli A, Sardina MT et al (2009) Feed intake, milk composition and cheesemaking properties in Girgentana grazing goats with different genotype at α_{s1}-casein and κ-casein. Ital J Anim Sci 8(suppl 2):453

Bonanno A, Di Grigoli A, Di Trana A et al (2013a) Influence of fresh forage-based diets and α_{s1}-casein (CSN1S1) genotype on nutrient intake and productive, metabolic, and hormonal responses in milking goats. J Dairy Sci 96:2107–2117

Bonanno A, Di Grigoli A, Montalbano M et al (2013b) Effects of diet on casein and fatty acid profiles of milk from goats differing in genotype for α_{s1}-casein synthesis. Eur Food Res Technol 237:951–963

Canon J, Garcia D, Garcia-Atance MA et al (2006) Geographical partitioning of goat diversity in Europe and the Middle East. Anim Genet 37:327–334

Caroli AM, Chiatti F, Chessa S et al (2006) Focusing on the goat casein complex. J Dairy Sci 89:3178–3187

Caroli AM, Chessa S, Erhardt GJ (2009) Invited review: milk protein polymorphisms in cattle: effect on animal breeding and human nutrition. J Dairy Sci 92:5335–5352

Criscione A, Bordonaro S, Moltisanti V et al (2016) Differentiation of South Italian goat breeds in the focus of biodiversity conservation. Small Ruminant Res 145:12–19

Delgado-Pertiñez M, Alcade MJ, Guzmán-Guerrero JL et al (2003) Effect of hygiene-sanitary management on goat milk quality in semi extensive system in Spain. Small Rum Res 47:51 61

De la Torre Adarve G, Ramos Morales E, Serradilla JM et al (2009) Milk production and composition in Malagueña dairy goats. Effect of genotype for synthesis of aS1-casein on milk production and its interaction with dietary protein content. J Dairy Res 76:137–143

Di Grigoli A, Bonanno A, Alabiso M et al (2003) Effects of housing system on welfare and milk yield and quality of Girgentana goats. Ital J Anim Sci 2(suppl 1):542–544

Di Gerlando R, Tortorici L, Sardina MT et al (2015) Molecular characterization of k-casein (CSN3) gene in Girgentana dairy goat breed and identification of two new alleles. Ital J Anim Sci 14:90–93

Di Trana A, Bonanno A, Cecchini S et al (2015) Effects of Sulla forage (*Sulla coronarium* L.) on the oxidative status and milk polyphenol content in goats. J Dairy Sci 98:37–46

Marletta D, Criscione A, Bordonaro S et al (2007) Casein polymorphism in goat's milk. Lait 87:491–504

Martin P, Szymanowska M, Zwierzchowski L et al (2002) The impact of genetic polymorphisms on the protein composition of ruminant milks. Reprod Nutr Dev 42:433–459

Martini M, Salari F, Altomonte I et al (2010) The Garfagnina goat: a zootechnical overview of a local dairy population. J Dairy Sci 93:4659–4667

Mastrangelo S, Sardina MT, Riggio V et al (2012) Study of polymorphisms in the promoter region of ovine b-lactoglobulin gene and phylogenetic analysis among the Valle del Belice breed and other sheep breeds considered as ancestors. Mol Bio Rep 39:745–751

Mastrangelo S, Tolone M, Sardina MT et al (2013a) Genetic characterization of the Mascaruna goat, a Sicilian autochthonous population, using molecular markers. Afr J Biotechnol 12:3758–3767

Mastrangelo S, Sardina MT, Tolone M et al (2013b) Genetic polymorphism at the CSN1S1 gene in Girgentana dairy goat breed. Anim Prod Sci 53:403–406

Mastrangelo S, Portolano B, Di Gerlando R et al (2017a) Genome-wide analysis in endangered populations: a case study in Barbaresca sheep breed. Animal 11:1107-1116. https://doi.org/10.1017/S1751731116002780

Mastrangelo S, Tolone M, Montalbano M et al (2017b) Population genetic structure and milk production traits in Girgentana goat breed. Anim Prod Sci 57:430–440

Naderi S, Rezaei HR, Pompanon F et al (2008) The goat domestication process inferred from large-scale mitochondrial DNA analysis of wild and domestic individuals. Proc Natl Acad Sci USA 105:17659–17664

Negrini R, D'Andrea M, Crepaldi P et al (2012) Effect of microsatellite outliers on the genetic structure of eight Italian goat breeds. Small Ruminant Res 103:99–107

Nicoloso L, Bomba L, Colli L et al (2015) Genetic diversity of Italian goat breeds assessed with a medium-density SNP chip. Genet Sel Evol 47:1. https://doi.org/10.1186/s12711-015-0140-6

Pagano RI, Pennisi P, Valenti B et al (2010) Effect of CSN1S1 genotype and its interaction with diet energy level on milk production and quality in Girgentana goats fed ad libitum. J Dairy Res 77:245–251

Palmeri M, Mastrangelo S, Sardina MT et al (2014) Genetic variability at as2-casein gene in Girgentana dairy goat breed. Ital J Anim Sci 13:116–118

Pariset L, Cappuccio I, Ajmone-Marsan P et al (2006) Assessment of population structure by single nucleotide polymorphisms (SNPs) in goat breeds. J Chromatogr B 833:117–120

Park YW, Jurez M, Ramos M et al (2007) Physico-chemical characteristics of goat and sheep milk. Small Rum Res 68:88–113

Portolano B, Finocchiaro R, Todaro M (2004) Demographic characterization and genetic variability of the Girgentana goat breed by the analysis of genealogical data. Ital J Anim Sci 3:41–45

Russo V, Fontanesi L, Scotti E et al (2007) Analysis of melanocortin 1 receptor (MC1R) gene polymorphisms in some cattle breeds: their usefulness and application for breed traceability and authentication of Parmigiano Reggiano cheese. Ital J Anim Sci 6:257–272

Sacchi P, Chessa S, Budelli E et al (2005) Casein haplotype structure in five Italian goat breeds. J Dairy Sci 88:1561–1568

Sardina MT, Ballester M, Marmi J et al (2006) Phylogenetic analysis of Sicilian goats reveals a new mtDNA lineage. Anim Genet 37:376–378

Sardina MT, Tortorici L, Mastrangelo S et al (2015) Application of microsatellite markers as potential tools for traceability of Girgentana goat breed dairy products. Food Res Int 74:115–122

Scintu MF, Piredda G (2007) Typicity and biodiversity of goat and sheep milk products. Small Rum Res 68:221–231

Siwek M, Finocchiaro R, Curik I et al (2011) Hierarchical structure of the Sicilian goats revealed by Bayesian analyses of microsatellite information. Anim Genet 42:93–95

Todaro M, Scatassa ML, Giaccone P (2005) Multivariate factor analysis of Girgentana goat milk composition. Ital J Anim Sci 4:403–410

Tortorici L, Di Gerlando R, Mastrangelo S et al (2014) Genetic characterization of CSN2 gene in Girgentana goat breed. Ital J Anim Sci 13:720–722

Vacca GM, Ali HOAB, Carcangiu V et al (2009) Genetic structure of the casein gene cluster in the Tunisian native goat breed. Small Ruminant Res 87:33–38

Valenti B, Pagano RI, Pennisi P et al (2010) Polymorphism at αs1-casein locus. Effect of genotype diet × interaction on milk fatty acid composition in Girgentana goat. Small Rumin Res 94:210–213

Zeder MA, Hesse B (2000) The initial domestication of goats (*Capra hircus*) in the Zagros mountains 10,000 years ago. Science 287:2254–2257

Chapter 15
Murciano-Granadina Goat: A Spanish Local Breed Ready for the Challenges of the Twenty-First Century

Juan Vicente Delgado, Vincenzo Landi, Cecilio José Barba,
Javier Fernández, Mayra Mercedes Gómez,
María Esperanza Camacho, María Amparo Martínez,
Francisco Javier Navas and José Manuel León

Abstract The present chapter describes all the initiatives, ready or in progress, which have been and/or are being implemented to ensure the competitiveness of the Murciano-Granadina goat breed, so as to maintain its leadership in Spain, as the most representative dairy goat breed of the country at a national and an international level. After an intense introduction concerning the history and the present status of the breed, we started with the description of the presently ongoing official breeding program. Selection objectives and their associated criteria are presented together with a summary of the information used in the last genetic evaluation. This information is accompanied by the genetic parameters of the main selection criteria, i.e., milk production and content (fat, protein, and usable dry matter), and morphology, (through official milk yield control and linear morphological qualification, respectively) and an evaluation of the genetic response selection over 15 years of

J. V. Delgado (✉) · V. Landi · M. M. Gómez · M. A. Martínez · F. J. Navas
Department of Genetics, Faculty of Veterinary Sciences,
University of Córdoba, 14071 Córdoba, Spain
e-mail: juanviagr218@gmail.com

C. J. Barba
Department of Animal Production, Faculty of Veterinary Sciences,
University of Córdoba, 14071 Córdoba, Spain

J. Fernández
National Association of Breeders of Murciano-Granadina Goat Breed, C/Baron
Del Solar, 22-A, Edificio II, Entresuelo A Puerta B., Jumilla, Murcia 30520, Spain

M. E. Camacho
Institute of Agricultural Research and Training (IFAPA), Córdoba, Spain

J. M. León
Centro Agropecuario Provincial de Córdoba, Diputación Provincial
de Córdoba, 14071 Córdoba, Spain

© Springer International Publishing AG 2017
J. Simões and C. Gutiérrez (eds.), *Sustainable Goat Production in Adverse Environments: Volume II*, https://doi.org/10.1007/978-3-319-71294-9_15

experience. In a different section, we present the results on the meat productivity with the aim to characterize all the process of meat production of the breed. Kid performance (daily gains, commercial weight, carcass characteristics, and quality) is defined under intensive, semi-intensive, and extensive management systems. A special interest is paid to the fatty acid profile of the meat from each tested management system. We conclude the chapter describing the future ongoing challenges to maintain the efficiency of the breed. On the one hand, we describe the study of lactation curve parameters, especially peak and persistence, as candidates for the selection criteria of the breed with the intention to increase the maximum production and its maintenance in an enlarged lactation. On the other hand, we described our dedication to develop the improvement of the case in profiles by using marker-assisted selection.

15.1 Introduction

Murciano-Granadina goat is one of the oldest and most representative livestock breeds of Spain. There are some references to its existence dating back to the fifteenth century, especially with respect to the Granadina population (Rodero et al. 1992). The first modern reference to the breed is dated in 1893 (Aragó 1893) but it considered Murciana and Granadina, whose names derivate from the Spanish provinces in which they were raised, as two separate breeds, a situation that was maintained until the first official recognition of the Spanish breeds in 1933.

According to Aparicio (1947) both Murciana and Granadina breeds are modern evolutions of the European *Capra aegagrus* goat branch, so that they are very close to each other from an evolutionary point of view, but still they hold important genetic differences as it has been highlighted by the tests carried out with molecular markers by Martínez et al. (2010), differences which could support their recognition as independent breeds.

Anyway, the integration of these two original breeds into a single racial entity was strictly an administrative decision took in the seventies during the past century. In those years, the Spanish government decided to follow the international recommendation to fusion close breeds in order to obtain higher census that permitted to extend the intensity of selection and the consequent bigger genetic progress.

Today this decision is severely criticized because it meant the erosion of the Granadina population, leading it near extinction, in spite of remarking the important adaptive capacity of this population to the altitude (more than 2500 m) and the heat and hydric stress. Presently, the new extensification of management systems and the effects of climatic change make the Granadina genotypes very demanded, which show the best performances under hard conditions.

15.1.1 Census and Description of Murciana-Granadina Goat Breed

The official fusion of both breeds took place in 1975 by means of a Resolution of the General Direction of Agrarian Production approving the Murciano-Granadina herd book.

Over the last decades, the breed has been growing, both in census and structures, maintaining its leading position within the Spanish goat panorama and showing the greatest international recognition as one of the most important breeds worldwide as well.

Murciano-Granadina breed is among the dry and wet tropic and subtropic adapted genotypes that shows the best performances and best milk contents, because its adaptive capacities are extreme. These goats have excellent performances, both in the snowy high mountains of Granada and the deserts of Almeria.

From the seventies on, the Murciano-Granadina begun to create livestock structures, which, together with the herd book, brought about the planning of the first genetic improvement initiative. On March 28, 1979 a scheme of Genetic-Functional evaluation for male reproducers of the Murciano-Granadina males was approved by the Spanish Ministry of Agriculture. Although this first initiative was not successful, it was a first step and the beginning of the modern evolution of the breed.

Twenty years later, a scheme of selection of dairy goat sires of the Murciano-Granadina breed was approved through a communicated resolution of the General Direction of Livestock Production (May 12, 1999). This scheme started its development by two different breeder's associations, CAPRIGRAN and ACRIMUR, separately. So, the genetic progress was divided into two initiatives, as two genetic evaluations, two sire catalogs, two shows, among others, were developed every year. Although the progress in milk and content performances were evident, this divided situation was not reasonable in terms of the efficient use of resources. So, the negotiations between both associations were stimulated from the Spanish Ministry of Agriculture, finally succeeding on December 22, 2011, with the foundation of the MURCIGRAN Federation, which encloses both associations of breeders. After the official recognition of the Federation, a unique management of the herd book and the scheme of selection has been performed, so maximizing the efficiency of the resources. This management encloses some measurements addressed to save the Granadina genotypes from extinction, but maintaining the genetic progress of the breed.

General statistics of the Spanish Ministry of Agriculture estimate the Murciano-Granadina census over the 500,000 individuals, disseminated over almost all the Spanish geography, but with a greater implantation in the southern regions. In 2016, around one-fifth of this census are herd book registered animals. Distribution of these animals and their farms through the Spanish regions is shown in Table 15.1.

Table 15.1 Distribution of registered animals and farms through the Spanish geography

Autonomous community	Animals registered in the herd book	Farms
Andalucia	36,386	92
Aragón	1823	3
Cantabria	94	1
Castilla La Mancha	14,180	18
Castilla y León	11,413	22
Cataluña	1580	5
Comunidad Valenciana	10,057	18
Extremadura	4336	8
Madrid	4231	3
Murcia	23,253	34
Total	104,010	202

From Deroide et al. (2016)

Oliveira et al. (2016) described that, currently, the generations interval is 3.01 ± 1.57 ($\pm$S.E.) years for the males and 3.83 ± 1.65 years for the females. Furthermore, the mean inbreeding rate was 0.12% and the mean kinship among individuals was 0.16%. The estimated increase in inbreeding per generation was 0.21%.

On average, more than 63,000 breeding females, distributed in 154 farms, are yearly officially assessed for milk yield. The data averages obtained in 2016 are shown in Table 15.2.

Murciano-Granadina breeders have five animal breeding officially authorized centers by the Spanish Ministry of Agriculture (Córdoba, Granada, Lorca, Toro, and Valdepeñas) aimed at the development of the existing genetic material in order to carry out the genetic connection among farms and the marketing of seminal doses from breeding animals. The total number of males admitted to these animal breeding centers is about 100 bucks with a mean production of 500 seminal doses/ year per animal.

Table 15.2 Information on the main variables taken from official milk controls

Variable	Middle value
Average production of natural lactation—(females 12–18 months old)	477.7 kg
Average production of natural lactation—(females more 18 months old)	646.4 kg
Average breed production	584.4 kg
Average duration of natural lactation	287 days
Standardized lactation production	493.9 kg
Duration of standard lactation	210 days
Normalized milk fat content	5.3%
Normalized milk protein content	3.6%
Dry extract in normalized lactation	14.9%

Table 15.3 Data on the main variables of the breeding program

Variable	Males	Females
Number of animals genetically assessed for the first time during the year	348	6254
Total number of genetically active animals in herd book	747	25,904
Total number of animals declared improved for the first time	177	3222
Total number of active breeding animals in herd book	389	13,982

Since 2008, the official catalog of Murciano-Granadina breeding males has been published annually. The most relevant technical data in 2016 are shown in Table 15.3.

Although two breed varieties are accepted, i.e., Murciana (Fig. 15.1) and Granadina (Fig. 15.2), the main phenotypic characteristics of the breed are: a straight or sub-concave profile, eumetric, and medium body proportions, with tendency to lengthen. Black or brown uniform coat color, 77 cm (males) and 70 cm high (females) at the withers and an average weight of 65 kg (males) and 50 kg (females). The animals generally lack horns, although they can appear in some of them. It is a permanent polyestric breed with high prolificacy (two or more kids/ parturition in multiparous females) and longevity (six parturitions).

In terms of milk production, the mean values are 584 kg in 287 days of natural lactation, 5.6% fat, and 3.6% protein (Table 15.2). From the perspective of meat production, the kids grow at a rate of up to 160 g/day from birth to weaning. These characteristics have increased the interest for this breed in Latin-America, Africa, and the European Mediterranean basin countries.

Fig. 15.1 Murciana variety females (provided courtesy of MURCIGRAN)

Fig. 15.2 Granadina variety female (provided courtesy of MURCIGRAN)

15.2   A Breeding Program to Ensure the Sustainability of the Breed

Undoubtedly, the way to maintain the breeds under competitiveness is to organize an efficient breeding program to qualify the breeders to adapt the population to any new situation, such as climate change, globalization, new market trends, among others. So that, the breeding programs of native breeds must take the past, the present, and the future of the breed into account, in order to ensure its tradition and idiosyncrasy; its present competitiveness and its adaptation to new challenges, respectively.

Murciano-Granadina breeding program (Camacho et al. 2007) is nowadays the most developed dairy goat program in Spain and shows the international levels of excellence of cosmopolitan breeds, especially after the unification between ACRIMUR and CAPRIGRAN associations of breeders into the MURCIGRAN Federation.

Our intent is to work with the maximum level of excellence in the breeding program, therefore all the genealogical relationships among animal registered in the kinship matrix are tested with molecular markers, also the lactation is recorded under ICAR A-4 system, and some marker-assisted selection (MAS) for caseins has been introduced. For the near future, we plan to introduce some lactation curve parameters such as peak and persistence as new selection criteria in order to improve the enlargement of the lactation length.

Even though the general objective of selection is the improvement of the productivity and profitability of the milk production of the Murciano-Granadina breed, taking the increasing production levels, the optimization of the milk composition, and the improvement of the dairy body conformation into account, specific objectives of selection and their respective associated criteria were the followings:

Objective 1: Improvement of the milk production and quality.

- Criterion 1. Milk production at a lactation length of 210 and 240 days;
- Criterion 2. Protein production at a lactation length of 210 and 240 days;
- Criterion 3. Fat production at a lactation length of 210 and 240 days.

Objective 2: Improvement of the body dairy conformation.

- Criterion 1. Lineal qualification of udder traits;
- Criterion 2. Lineal qualification of legs aplomb;
- Criterion 3. Lineal qualification of thorax depth.

In order to point out the dimension of the breeding program, we consider the information managed in the genetic evaluation of milk production and quality. Productive record comprised 124,872 standardized complete lactations at a lactation length of 210 days. Data were registered in 53,050 goats between 2002 and 2016. In parallel, 64,246 animals were enclosed in the kinship matrix.

These data were analyzed by means of an Animal Model with repeated observations by using the computer package MTDFREML (Boldman et al. 1995).

Effects enclosed in this model were as follows:

- *Fixed effects*: Herd-year interaction; Month of parturition and Kidding size;
- Quadratic and lineal *Co-variable*: *Doe age at parturition*;
- Random effects: *Individual* Additive Breeding Value and environmental permanent effect.

Criteria associated with body dairy conformation have more recently been applied, as it is compulsory to perform such yield control in the selective nucleus of CAPRIGRAN.

Although 2016s genetic evaluation enclosed a total of 377,101 lineal assessment observations recorded in 22,490 individuals belonging to 51 herds. A total of 25,736 animals were present in the kinship matrix. These linear records were performed by using a one to nine scale concerning the following traits:

- Related to structure and capacity: Height, thorax width, angle of the rump;
- Related to dairy conformation: Angularity and bone width;
- Related to the udder: Udder anterior insertion, middle suspensory ligament, udder width, udder depth, nipple insertion, and nipple diameter;
- Related to the legs aplomb: Rear view of the legs, lateral view of the legs, and mobility.

These data were analyzed by means of a univariate animal model using the MTDFREML package (Boldman et al. 1995). The effects enclosed in the model were as follows:

- *Fixed effects*: Herd; year of qualification, month of qualification, and number of parturition;
- Quadratic and lineal *Co-variable*: *Doe days of lactation until qualification;*
- Random effect: *Individual* additive breeding value.

In order to supply information regarding the genetic characteristics of the traits involved in the breeding program, Tables 15.4 and 15.5 show the variance components and genetic parameters, respectively, calculated for the selection criteria mentioned above. In general, levels of additive genetic variation registered in the Murciano-Granadina breed are in the highest limits reported for goats, as well as their important performances, which are also presenting the best perspectives for future genetic gains.

Genetic trends of the selection criteria are the best evidence of the efficiency of the breeding programs. In order to test the efficacy of the Murciano-Granadina breeding program, the response to selection of total produced milk and milk content referred to a lactation length of 210 days were calculated along 15 years of selection, from 2000 to 2014.

Genetic trends of total milk production are represented in Fig. 15.3. Genetic response to selection was 892 g/year, which meant a mean increase of 12.5 kg of milk per individual over the studied period, with an improvement of the productive capacity of the nucleus of 437,500 kg of milk. A sustainable and permanent increase was observed throughout the studied period.

The pattern of the total fat produced in lactation periods of 210 days was also positive (Fig. 15.4), showing almost 38.5 gr of year mean progress, which meant a mean progress of 540 gr per individual during the studied period, and an increase in the genetic potentiality of the nucleus of around 19,000 kg. This is very important because of two reasons; first, in spite of the low genetic correlation between milk

Table 15.4 Components of variance for milk content or composition in the Murciano-Granadina breed

Character	σ_a^2	σ_{pe}^2	σ_e^2	σ_p^2
Milk	2924.64	2534.31	8298.80	13757.75
Fat	6454	5828	24,380	36,662
Protein	3518	2984	9959	16,461
Dry extract	41,285	39,824	133,939	215,049

σ_a^2 = Additive genetic variance; σ_{pe}^2 = Permanent environmental variance; σ_e^2 = Residual variance; σ_p^2 = Phenotipic variance

Table 15.5 Genetic parameters for milk content in the Murciano-Granadina breed

Character	h^2	S.E.	r_e	S.E.
Milk	0.21	0.008	0.39	0.009
Fat	0.18	0.008	0.33	0.007
Protein	0.21	0.008	0.39	0.008
Dry extract	0.19	0.008	0.37	0.009

h^2 = Heritability; r_e = Repeatability; S.E. = Standard error

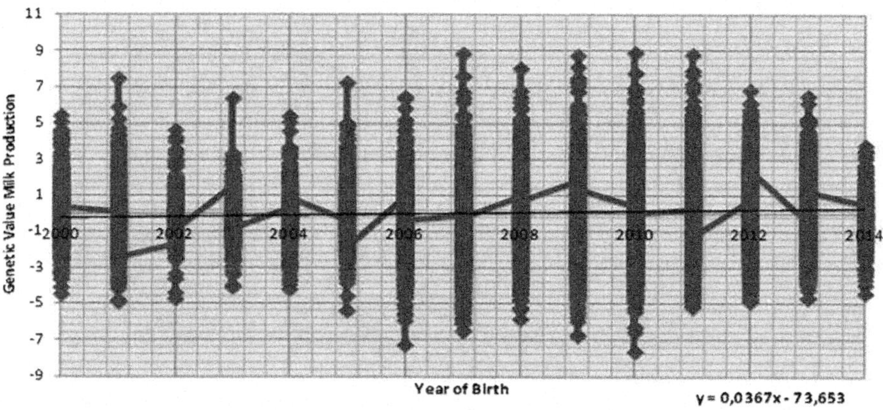

Fig. 15.3 Genetic trends of total milk production at a lactation length of 210 days (2000–2014)

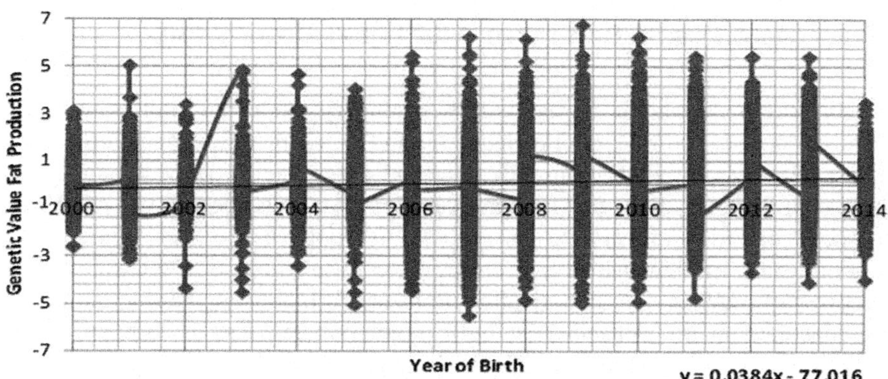

Fig. 15.4 Genetic trends of total fat production at a lactation length of 210 days (2000–2014)

and fat production, an excellent response to selection was obtained for both selection criteria; and second, as almost all the milk produced by the breed is destined to cheese production, the increase in fat content in the milk is good news.

Finally, in Fig. 15.5 we show the tendency of the total protein genetic trends; a total parallelism was observed in this criterion with respect to the fat, similar level of genetic gains observed over the studied period. It was really good news as well, for the same reasons previously discussed above, but especially because the protein content can be one of the criteria to discriminate the prices of the milk. So, the protein genetic gain has a quick and direct repercussion in the farmer income.

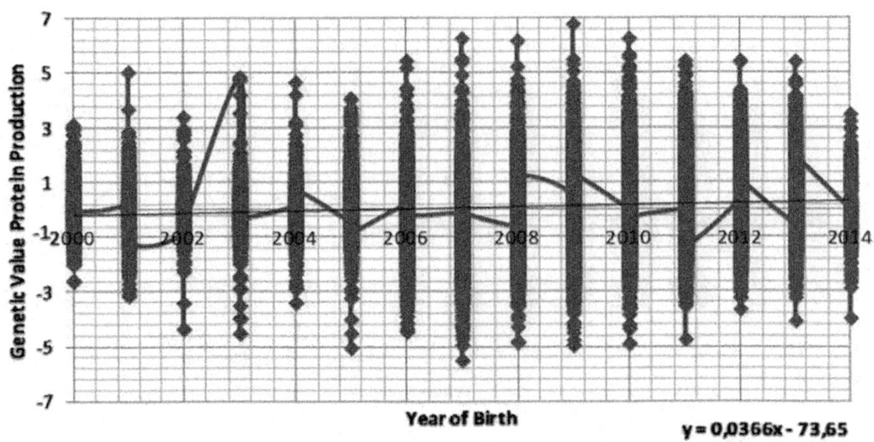

Fig. 15.5 Genetic trends of total protein production at a lactation length of 210 days (2000–2014)

15.3 Meat Production as an Additional Profitability

In dairy breeds, meat has always been a secondary production trait compared to milk production, given its high added value in the technological transformation in cheese. However, oscillations in milk price and cheese demand have brought about the instability of the dairy goat farm in Spain for the last decade. For this reason, the subsector has tried to improve the profitability supplied by other marginal productions such as skin, manure, but especially meat production focusing on the carcasses of sucking kids. Historically, kid meat is a highly appreciated product by the consumer in the Spanish goat milk production regions. In addition, it is a product of high organoleptic quality that could fulfill the necessary requirements for its recognition as a differentiated quality designation product.

With the aim to give scientific support to the proposal of a differentiated trademark to the meat of the Murciano-Granadino sucking kid carcasses, our team has developed a thorough study of the characteristics of the growth, the meat, and the carcass of these animals, taking into account the diversity of management systems found in the field.

Our team has developed a newfangled research using multivariate approaches to discriminate between the final product of Murciano-Granadino kids taking into consideration all the available information of growth, carcass and meat characteristics together (Zurita et al. 2011a, b). Two main objectives were pursued. On the one hand, the differentiation of three separate products that could support a commercial distinction into a trademark and, on the other hand, the determination of canonical correlations among the three step in the evolution of the product (growth, carcass, and meat).

Few differences have been reported (Zurita et al. 2011a) in the growth of kids reared under the three management systems, but they are really evident when considering the carcass and meat quality, whose differences were even higher when the whole process was assessed.

These findings recommended deeper and specific studies on growth, carcass characteristics, and meat quality. In this way, the first approach was the study of the growth and carcass characteristics of commercial kids with 7 ± 1 kg (Zurita et al. 2011b). Significant differences among the daily gains of kids managed under intensive, semi-intensive, and extensive conditions were found, with the best growth rates obtained for the semi-intensive kids (127.6 g/day) and the worst for the extensive ones (96.0 g/day). Gender influences were determined as well, in favor of males kids. Carcass weights and yields were 3.6 kg and 56.1% for extensive kids, 4.1 kg and 57.3% for semi-intensive kids, and 3.7 kg and 55.3% for intensive kids, respectively. Sexual dimorphism was not evident at this level, but the carcass composition was very diverse among systems and genders.

Another research published in 2013 (Zurita et al. 2013) reflected scarce existing differences among management systems for the meat quality characteristics of the kids, only in fatty acids composition the extensive kid meat showed a clearly beneficial profile in terms of health repercussions especially as a protective factor to cardiovascular diseases. This was remarked in a later deeper and more specific study (Zurita et al. 2015), which pointed out the fact that meat from animals reared under extensive systems has the highest oleic acid levels, the minimum rates of myristic acid and the lowest atherogenicity index.

As the main conclusion of this project, we could remark that the Murciano-Granadina goat has excellent capacities for meat production, counting with diverse formats, all differentiable and identifiable in the market, highlighting the potentiality of the carcass of extensive kids and adult goats for its undoubtfully healthy characteristics, an aspect that would provide it with a special added value through the creation of a brand of differentiated quality. In this way, a commercial mark of products belonging to a pure breed is in course according to the last Spanish Ministry of Agriculture regulation.

15.4 New Challenges in the Breeding Program

Two are the most relevant future challenges that we have planned in order to maintain the leadership of the Murciano-Granadina breed in the Spanish dairy goat context. On the one hand, research into the parameter concerning the lactation curve, looking for new selection criteria, which could allow us to prolong the lactation period of the breed and to get better and longer peaks. On the other hand, the implantation of MAS of caseins looking for better protein profiles to be used in a greater efficiency cheese production.

15.4.1   The Improvement of the Lactation Curve Parameters

In general terms, the Murciano-Granadina farmers agree with a management based on two kidding seasons per year supported in the polyestric capacity of the breed, which gives interesting profits from no longer lactation periods than 210–240 days. It permits a good fitness for the lactation curves of both periods maintaining high levels of milk productions over the year.

Simultaneously, an important number of farms has recently gathered together their effectives and have severely intensified and industrialized their systems, demanding for longer lactation periods of over 280 days.

To give a selective response to this demand, we have started a deep study regarding the lactation curve which best fits the breed, seeking some selection criteria within lactation curve parameters, which could support the improvement of the peak production and its maintenance for longer periods heightening the persistence.

By now, the best fitting lactation function has been determined under different effects by our team (León et al. 2012). The quadratic spline function resulted in the best option when aiming at explaining the behavior of milk production in the breed, both in general and under several factor effects such as kidding season, latitude, type of kidding, and lactation number, among others.

Presently, using these findings, we are researching for the genetic parameters of traits peak and the persistence of the individual curves of production in order to determine their possibilities as selection criteria. These studies are very advanced nowadays and soon we will be able to provide decisive results and these new criteria will be introduced into the breeding program of the breed.

15.4.2   Marker-Assisted Selection in Casein Genes

Casein is the most important protein component in the milk, especially in those employed to make cheese and other derivate products. Under the effect of the rennet, the casein molecule is the responsible for the formation of calcium bridges within the cheese structure. The casein protein is regulated by a cluster of four genes within the chromosome 6. These four genes are the CNS3, CNS1, CNS2, and CNS1S2 and, respectively, codify for the Kappa, Alfa-s1, Beta, and alfa-s1s2 casein protein.

The biological function and interaction of the four genes remain unknown, especially in goats. For instance, several studies have demonstrated that the variation on CNS3 has a positive influence on the coagulation capacity of milk, while several alleles on the CNS1 gene have been associated to a different level or the lack of the relative protein content in milk. Even if the biological process needs to be dissected better, it is recognized that marker-assisted selection on CNS3 and CNS1 gene could improve milk production and quality giving the possibility to improve the technical quality of the curd as well (Ramunno et al. 2001). Currently, two test are routinely carried out on the best bucks in the breed. The first is a genetic test to search for B, A, F, E, and N of CNS1 gene alleles (Maga et al. 2009) and the second is a test that aims to determine the CNS3 genotype corresponding to protein types A or B (Caravaca et al. 2011).

As a future strategy, a genomic study on the entire cluster is being initiated. In fact, there is a need to explain, not only how the different variation within the genes influence the protein production (considering that most of the existing variation in the goat species remains unknown), but also what is the effect of the four different genes on themselves, in particular (Hayes et al. 2006).

In any case, although this action is not part of the official annual genetic evaluation, Murciano-Granadina breed males integrated into the selection scheme have been genotyped for the casein gene for several years, as such information is available for the breeders in the individual records of the official catalog of Murciano-Granadina breeding males.

15.4.3 Other Aims

Through the gene MAS being carried out, we are studying the introduction of new candidates related to:

- Lifelong production;
- Longevity;
- Illnesses resistance;
- Energetic efficiency.

Other challenges concern the adaptation of our animals and management system to the present demands, in terms of reduction of the emissions of greenhouse gases to adequate our breed for the future.

Finally, by making use of new technologies the breeders association has developed a platform based on individual animal data collection to improve decision-making in dairy goat farms. This technology has been registered as Eskardillo, and is ready for its use in smartphone technology-based devices. The application platform relies on the following three principles:

- Systematic individual data recording (milking control, productivity, genetic value, morphology, phylogeny, prolificacy);
- Big data processing and interpretation;
- Interactive feedback to the farmer to optimize decision-making.

15.5 Concluding Remarks

The Murciano-Granadina breed has occupied a privileged place in the Spanish zootechnical scene since the fifteenth century when the first references from its existence as a breed were reported. This role has been maintained and has grown up to this day in which the breed has reached the top ten of global dairy goat breeds on its own merits. MURCIGRAN is a newly created federation that has brought together the efforts of associations that for decades have developed breeding and breeding programs. There is now a modern and effective selection program that has provided high doses of genetic progress in both the amount of milk and its contents over the last decade. This program has recently been considered to incorporate selection assisted marker genes and the introduction of new selection criteria based on the parameters of lactation curves.

Apart from what has already been said, the research team of the University of Córdoba that supports the program has provided a complete characterization of the carcass and meat of the kids of this breed produced under different husbandry systems as the basis of a potential protection designation for the meat products of the breed.

For all of the above mentioned, we conclude that the Murciano-Granadina breed is located in an unbeatable scenario to lead the global caprine dairy production because it also has a very large capacity for adaptation that makes it resistant to thermal stress and the consequences of climate change being suitable for milk production from the sea level up to 2500 m of altitude. No worldwide breed reaches the productive levels of this breed, preserving the very high rusticity that it presents.

References

Aparicio G (1947) Zootecnia especial. Imprenta Moderna, Cordoba, Etnología compendiada, p 474

Aragó DB (1893) Tratado de ganado lanar y cabrío. Hijos de Cuesta eds. Madrid, p 380

Boldman KG, Kriese LA, Van Vleck LD et al. (1995) A manual for use of MTDFREML. A set of programs to obtain estimates of variances and covariances (Draft). United States Department of Agriculture. Agricultural Research Service. Clay Center, Nebraska, p 114

Camacho ME, Martínez M, León JM et al (2007) Advances in the breeding program of the Murciano-Granadina dairy goat breed. Ital J Anim Sci 6:56

Caravaca F, Ares JL, Carrizosa J et al (2011) Effects of alpha s1-casein (CSN1S1) and kappa-casein (CSN3) genotypes on milk coagulation properties in Murciano-Granadina goats. J Dairy Res 78:32–37

Deroide CAS, Jacopini LA, Delgado JV et al (2016) Inbreeding depression and environmental effect on milk traits of the Murciano-Granadina goat breed. Small Ruminant Res 134:44–48

Hayes B, Hagesaether N, Adnoy T et al (2006) Effects on production traits of haplotypes among casein genes in Norwegian goats and evidence for a site of preferential recombination. Genetics 174:455–464

León JM, Macciotta NPP, Gama LT et al (2012) Characterization of the lactation curve in Murciano-Granadina dairy goats. Small Ruminant Res 107:76–84

Maga EA, Daftari P, Kultz D et al (2009) Prevalence of alphas1-casein genotypes in American dairy goats. J Anim Sci 87:3464–3469

Martínez AM, Vega-Pla JL, León JM et al (2010) Is the Murciano-Granadina a single goat breed? A molecular genetics approach. Arq Bras Med Vet Zootec 62:1191–1198

Oliveira RR, Brasil LHA, Delgado JV et al (2016) Genetic diversity and population structure of the Spanish Murciano-Granadina goat breed according to pedigree data. Small Ruminant Res 144:170–175

Ramunno L, Cosenza G, Pappalardo M et al (2001) Characterization of two new alleles at the goat CSN1S2 locus. Anim Genet 32:264–268

Rodero A, Delgado JV, Rodero E (1992) Primitive andalusian livestock an their implications in the discovery of America. Arch Zootec 41:383–400

Zurita P, Delgado JV, Argüello A et al (2011a) Multivariate analysis of meat production traits in Murciano-Granadina goat kids. Meat Sci 88:447–453

Zurita P, Delgado JV, Argüello A et al (2011b) Effects of extensive system versus semi-intensive and intensive systems on growth and carcass quality of dairy kids. R Bras Zootec 40:2613–2620

Zurita P, Delgado JV, Argüello A et al (2013) Effects of three management systems on meat quality of dairy breed goat kids. J Appl Anim Res 41:173–182

Zurita P, Delgado JV, Argüello A et al (2015) Improvement of fatty acid profiles in kid meat from Murciano-Granadina goats under semi-arid environment. J Appl Anim Res 43:97–103

Chapter 16
The Canary Islands' Goat Breeds (Majorera, Tinerfeña, and Palmera): An Example of Adaptation to Harsh Conditions

Noemí Castro, Anastasio Argüello and Juan Capote

Abstract The importance of small dairy ruminants has increased significantly in last years and goats have shown to be well adapted to harsh conditions. On the Canary Islands, an insular territory of Spain, goat population is higher than 300,000 heads adapted to this subtropical Archipelago with different microclimates, being disseminated through the seven islands. This census supposes about 70% of the total livestock population on the islands. There are three local dairy goat breeds, Majorera, Tinerfeña, and Palmera. The three breeds are considered high-yielding dairy goats. Majorera breed is adapted to arid climates; conversely, Palmera goats are adapted to rainy and abrupt areas. Regarding Tinerfeña breed, two ecotypes are recognized, one adapted to rainy (North ecotype) and the other to dry environments (South ecotype). Additionally to the Canary Islands, Majorera goats have shown to be well adapted in other places, especially in arid, semiarid, and even tropical regions.

16.1   Introduction

The world goat population has increased in the past decades, but only 1.9% is located in Europe (FAO 2011). More than 500 goat breeds have been described around the world and 60% of them are found in developing countries. The genotypes with high milk production, such as Saanen, Alpine, or Toggenburg are located in Europe. However, the genetic diversity has decreased because of the production improvements.

N. Castro (✉) · A. Argüello
Animal Production and Biotechnology Group, Institute of Animal Health and Food Safety,
Universidad de Las Palmas de Gran Canaria, Arucas, Gran Canaria 35413, Spain
e-mail: noemi.castro@ulpgc.es

J. Capote
Instituto Canario de Investigaciones Agrarias (ICIA), Tenerife, Valle Guerra 38297, Spain

© Springer International Publishing AG 2017

J. Simões and C. Gutiérrez (eds.), *Sustainable Goat Production in Adverse Environments: Volume II*, https://doi.org/10.1007/978-3-319-71294-9_16

Spain has one of the highest goat genetic resources of Europe. Currently in the Canary Islands, a Spanish insular territory, the goat population is over 300,000 heads divided into three officially recognized different breeds: Majorera, Tinerfeña, and Palmera goats (BOE, Orden APA 2420/2003). Moreover, morphological (Capote et al. 1999), productive (Fresno 1993; Argüello et al. 1999), and genetic (Amills et al. 2004; Martínez et al. 2006) studies have demonstrated the differences among those breeds. It has been reported the presence of goats on the Canary Islands since the fourteenth to fifteenth centuries (Tejera and Capote 2005) which confirms the pre-Hispanic origin. Goats have been crucial in the economy development of the Archipelago since the aborigines until nowadays.

Majorera, Tinerfeña, and Palmera are dairy breeds but the meat, especially kids' meat, is well appreciated by the local people. This chapter reports their adaptability to harsh conditions, the description, distribution, morphological, and productive traits of these Canary goats.

16.2 Adaptability to Harsh Conditions of the Canary Goats

The climate of some regions around the world is characterized by one dry and one rainy season. This is the case of Mediterranean and Tropical areas. The Canary Archipelago, a subtropical region, is composed by seven Islands: El Hierro, La Palma, La Gomera and Nothern of Tenerife are humid areas; conversely, Fuerteventura, Lanzarote, Gran Canaria, and Southern of Tenerife are dry (Herrera et al. 2001). Currently, the goat population is widely distributed along the Canary Archipelago, although the highest census is found in Fuerteventura, Gran Canaria, and Tenerife (Fig. 16.1).

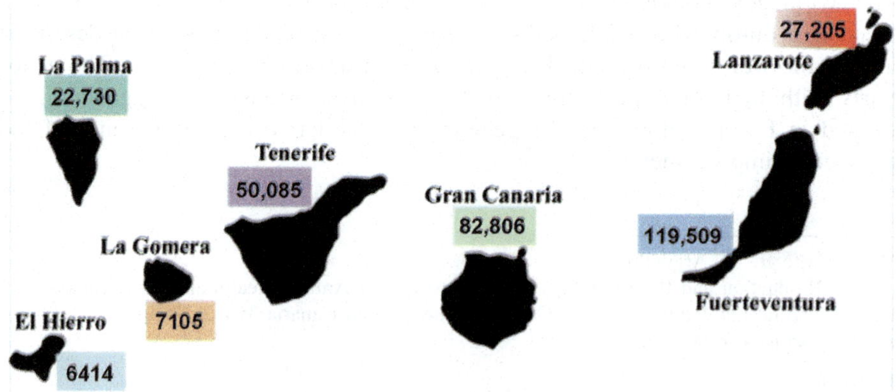

Fig. 16.1 Goat census and its distribution on the different Canary Islands. *Source* ISTAC (2012)

Majorera goat is a high-yielding dairy breed well known for its especial adaptation to arid climates. This breed represents approximately 70% of the total goat population in the Canary Islands. In the past decades, because of its outstanding productive and adaptation characteristics, the expansion of this breed has been increased. Majorera goats have been exported to tropical regions in Latin America or African countries such as Cape Verde and to some other regions in Spain, especially southern areas. In Venezuela, for example, goat production is located mainly in arid and semiarid regions and is managed mainly under extensive system (Armas et al. 2006). In this country, Majorera goats have been bred with other breeds (including Tinerfeña and Palmera) and farmers have obtained a goat called *Canaria*. Recently, 95% of farms in Venezuela have this crossbreeding, although farmers have recently chosen Majorera goats because of their rusticity, adaptability, and productivity (Torres and Capote 2011). Currently, Majorera is the predominant breed in arid areas of Venezuela (Capote et al. 2012).

The adaptation of Majorera breed to Sub-Saharan Africa environment has also been studied. Recently, goats of this breed have been successfully introduced in Senegal, where the physiological adaptation of the animals have shown good reproductive performance and similar milk yield to those recorded on the Canary Islands under the same management (Capote et al. 2012).

Additionally, the adaptation of goats to poor feed availability, especially during dry season, as well as to adverse conditions is remarkable (Léiras et al. 2014). The lower pasture quality is one of the main limitations in the Tropics, which may cause seasonal weight losses and, subsequently, reduction in the production performances (Léiras et al. 2013). Thus, the breed selection is particularly important in order to reduce this problem in those areas. In fact, during dry season, the availability and quality of pastures are considerably reduced, affecting the protein and fiber contents, which may produce weight losses in the animals, commonly called seasonal weight loss (Lamy et al. 2012; Cardoso and Almeida 2013). The weight losses affect the productivity traits among other disorders. There are several possibilities to minimize this problem, for example, introducing feeding supplementation, but it increases the production costs. However, the use of local or crossbreeding animals, well adapted to harsh conditions, is considered the best option.

According to the above description, the adaptation of Majorera goats to different tropical regions and African ecosystems has been suitable. Nevertheless, studies about their potential productive performances under difficult conditions are scarce. The effect of nutritional stress on weight losses, productive traits, and biochemical and endocrine variables have been studied using two Canary goat breeds as animal models, Majorera and Palmera (Léiras et al. 2013, 2015). No significant differences were observed neither weight nor milk yield losses between both breeds; although this fact could be explained because the trial conditions do not replicate exactly the stressful field conditions. Despite, the biochemical and endocrine profiles were affected by feed restriction, showing different responses between Palmera and Majorera goats to undernutrition.

16.3 Majorera Goat Breed

16.3.1 Distribution

Majorera goats are disseminated along Canary Archipelago but the higher population is located in Fuerteventura and Gran Canaria Islands (Navarro-Rios et al. 2011). In general, the animals show a great adaptation to different production systems, from grazing in arid areas (Fig. 16.2) to intensive farming, although on the Canary Islands they are commonly managed under intensive system. Additionally, it is remarkable the adaptation of this breed to harsh weather conditions (Amills et al. 2016).

16.3.2 Morphological Characteristics

The adult average weight in this breed is 45–55 kg in goats and 70–100 kg in bucks. Majorera goats have wide head, straight or subconvex front-nose, and large and hang downward ears. Horns have backward arch shape, showing sometimes a curve on the distal end. Neck is large and thin but powerful, and frequently Majorera goats show in the lower foreneck skin folds called wattles. The body is long with deep thorax, straight topline, and angular shoulders. With regard to hindquarter, rump should be width and usually with slope. Tail must be of high insertion and pointing straight up. Legs and feet are strong, long, and slim with dark hoofs (Fig. 16.3).

In this breed, the skin and covering traits include high variability of coat color (from one color to several mixed colors in different proportions), but always hair is short. In addition, hairless areas must be pigmented. Their full beard characterizes Majorera bucks and the well-developed reproductive organs (Martín et al. 2004).

Fig. 16.2 Majorera goats in Fuerteventura, Canary Islands, grazing in a typical arid environment (provided courtesy of Fermín Correa, ICIA)

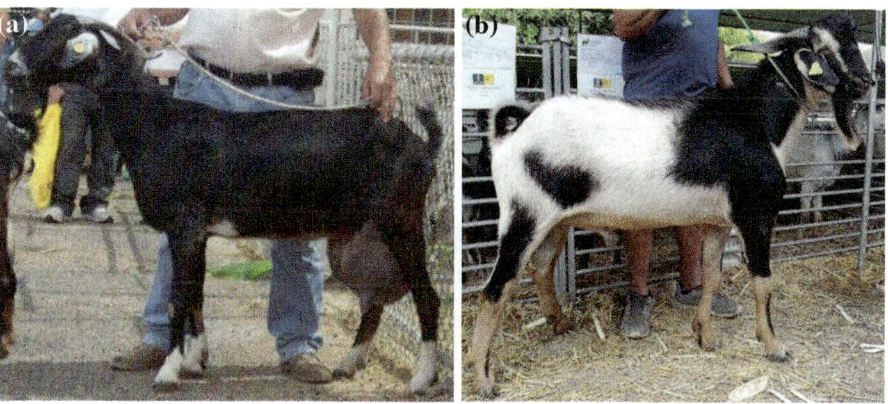

Fig. 16.3 Majorera breed: goat (**a**) and a young buck (**b**) (provided courtesy of Antonio Morales and Tania Lorenzo)

Udder is voluminous and capacious, soft and pliable, widely attached, well-differentiated teats but sometimes pointed sideways (Esteban-Muñoz 2008). It is remarkable that the udder skin must be pigmented, dark almost black (Fig. 16.4).

16.3.3   Productive Traits

Majorera goats are good milk producers; the milk yield range from 473 kg/lactation in primiparous to 541 kg/lactation in multiparous (Fernández et al. 2015). These goats are milked once daily. Milk fat, protein, and lactose percentages are 3.9, 3.9,

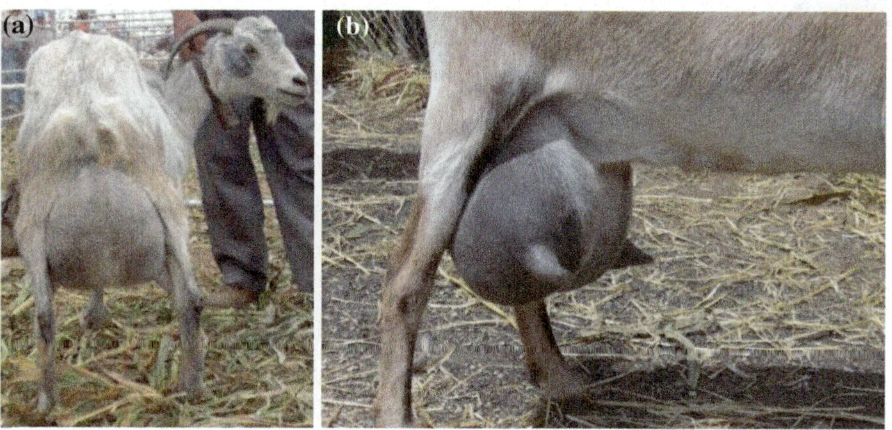

Fig. 16.4 Caudal (**a**) and cranial-lateral (**b**) views of the udder of a Majorera goat (provided by the authors)

and 4.6, respectively; dry matter is 13.2% (Fresno 1993). What is noticeable in this breed is the higher percentage of caseins (3.1%) present in the milk (Fresno et al. 2009b) compared with other high-yielding dairy goats such as Saanen (2.6%) or Alpine (2.6%) (Csapo-Janos et al. 1984).

On the other hand, this breed is also known for its high twinning ability, the average prolificacy is 1.83 kid/parturition. Goat kids birth weight shows an average range of 3.5 and 3.2 kg for males and females, respectively. The carcass yield in adults is 48.7%, while in goat kids range from 55.1 to 51.2%, in natural and artificial reared kids, respectively (Fresno et al. 2009b).

16.4 Tinerfeña Goat Breed

16.4.1 Distribution

This breed is principally located in Tenerife Island. Two different ecotypes of Tinerfeña goat breed are described (Capote et al. 1998; Martínez et al. 2006; Fig. 16.5): one (Tinerfeña North ecotype) is composed of goats adapted to humid

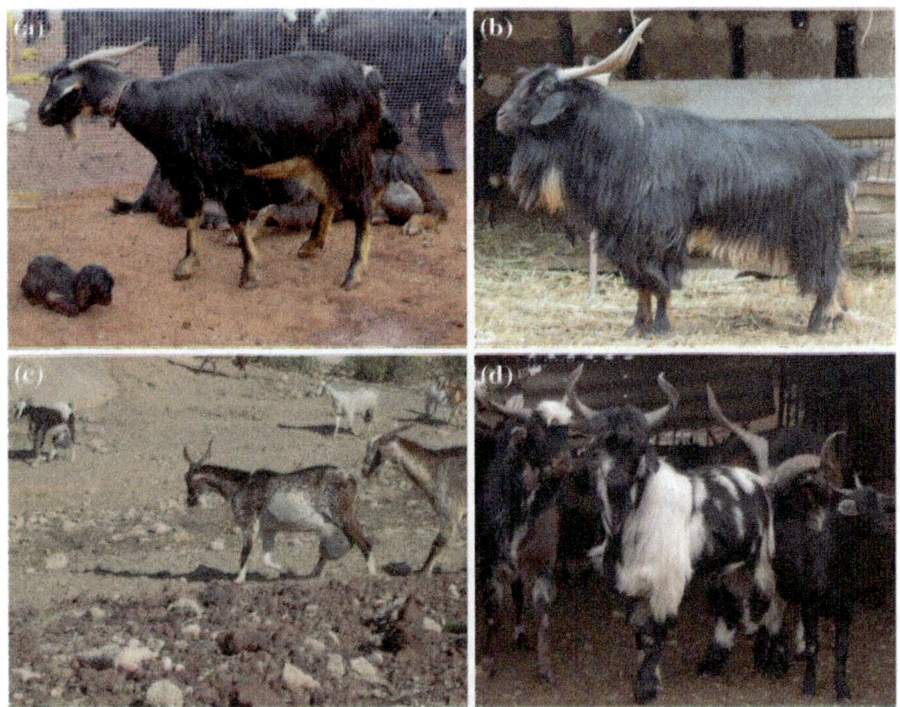

Fig. 16.5 Tinerfeña North goat ecotype, female (**a**), male (**b**); and Tinerfeña South goat ecotype, female (**c**) and male (**d**) (provided courtesy of Mario Quintana, Aridany Suárez and the authors)

climate conditions typical in the North of the island and the other (Tinerfeña South ecotype), with lower census and whose goats are adapted to a dry and arid climate, which is typical in the southern Tenerife. The South ecotype population has been decreasing markedly because of the ongoing implantation of Majorera breed goats (Capote et al. 1999). In general, North ecotype is adapted to grazing management, although it is commonly used in semi-extensive farming system. Conversely, South ecotype is managed under intensive system.

16.4.2   Morphological Characteristics

Adult weight is reached at 45 kg in goats and 65–70 kg in bucks. North ecotype maybe straight or subconvex front-nose profiles, while in South ecotype it must be always straight. In both ecotypes horns are prisca type, both grown symmetrically turning outward immediately. North Tinerfeña has large and hang downward ears while in South ecotype are shorter. Moreover, full bear and tuft are noticeable in North ecotype. Like in Majorera breed, neck is large and thin, although wattles are not frequent.

These animals have width and deep breath, width rump and tail of high insertion and pointing straight up. Legs and feet are strong but short.

Udder must be capacious and commonly teats are short and pointed sideways (Esteban-Muñoz 2008); skin must be dark.

Covering traits show differences depending on the ecotypes, in North animals must have long and dark (commonly black or brown) hair while in southern goats hair is short and coat may have different colors, which could be due to the adaptation to the environment (Fresno et al. 2009a).

16.4.3   Productive Traits

Tinerfeña goats are also known for their rich dairy production. Milk yield average is 347.2 kg in 210 days of lactation, with 3.9% of fat, 3.8% of protein, 4.5% of lactose, and 13.1% of dry matter (Fresno 1993; Fresno et al. 2009a). The prolificacy is also high, with 1.8 kid/parturition and an average birth weight of 3.7 kg for males and 2.9 kg in females (Martín et al. 2004).

16.5 Palmera Goat Breed

16.5.1 Distribution

Geographic distribution of Palmera goats is restricted to La Palma Island, which is characterized by a mild tropical semiarid climate. Moreover, this breed is very well adapted to rainy climates (Navarro-Rios et al. 2011) and to the difficulties of the typical abrupt orography of La Palma (Capote et al. 1999). The origin of this breed is coming from the pre-Hispanic goat population, probably because of the higher isolation compared to the other Canary goat breeds (Martínez et al. 2006). These animals are commonly under semi-extensive production system.

16.5.2 Morphological Characteristics

The morphological traits are pointed to improve the adaptability to steep environment in the mountains. The adult weight ranges 60–70 and 35–45 kg in bucks and goats, respectively. These goats have short and width head, straight or sub-concave front-nose profile, short ears, and spiral horns (Fig. 16.6). Horns are especially noticeable in bucks. This feature helps to manage in the abrupt zones of mountains. Furthermore, full bear and tuft are common. These animals have straight topline and the rump is width and round. Like in the other Canary breeds, tail of high insertion and pointing straight up is observed. Legs and feet are short.

Udder of Palmera goats is globulous, upper than in Majorera and Tinerfeña breeds, and maybe splatter brown or black with short teats (Esteban-Muñoz 2008).

The coat is medium to large size and red color is predominant, hair tends to be larger in hindquarters.

Fig. 16.6 Palmera breed: goat (**a**) and buck (**b**) (provided courtesy of Lorena Álvarez)

16.5.3 Productive Traits

Average milk yield in 210 days of lactation is 362.6 kg, lower than Majorera goats. With regard to chemical composition, fat and protein percentages are higher than in Majorera breed, with 4.1 and 4.2%, respectively. The prolificacy is 1.6 kid/parturition and weights at birth average are 3.9 and 3.6 kg for males and females, respectively.

16.6 Other Important Attributes Regarding Canary Goats

16.6.1 Milking Management

In addition, in those areas where high-yielding dairy goats are used, animals are commonly milked twice daily in order to increase the milk production and, subsequently, the farmer benefits. Nevertheless, this management also increases the labor costs. The milking frequency management has also been studied in the Canary goats showing that twice-daily milking does not increase significantly the milk yield compared with once-daily milking (1.5 vs. 1.3 L/day in Majorera goats), which facilitates the management of the herds especially in extensive and semi-extensive systems (Torres 2013; Torres et al. 2013). Moreover, in the three Canary breeds commonly the teat-floor distance is higher than the cistern-floor distance, which implies manipulation of the udder during the machine milking in order to remove the whole available milk (López et al. 1999). This fact increases the time of milking because of this routine procedure. However, in the case of Majorera breed, 77.3% of the milk can be obtained without udder manipulation, which is the highest percentage when compared with the other Canary breeds (67.2 and 65.9% in Tinerfeña and Palmera goats, respectively) (Torres et al. 2013).

16.6.2 Meat Quality: An Interesting Secondary Product in Dairy Goats

Goat meat is an important source of proteins in many regions around the world, especially in Africa, Asia, and the Far East. Thus, the meat preferences are influenced by local custom (Naude and Hofmeyr 1981). In the case of the Mediterranean countries, the goat kids' live weight at slaughter is lower than in African or Arabian countries. However, when dairy goats are raised the meat production is considered as a secondary product and, commonly, goat kids are slaughtered at a low body weight when natural rearing is used, decreasing the meat quality. For this reason, the meat quality traits at different live weight at slaughter were studied by Marichal et al. (2003), concluding that meat quality is not affected when Majorera goat kids artificially reared are slaughtered at 6, 10, or 25 kg. Moreover, Argüello et al. (2005) reported similar meat quality in Majorera goat kids reared with their dams or using milk replacer. This fact allows to produce goat meat at high quality without milk or cheese losses, increasing also the meat quantity marketable and, subsequently, the farmer profits.

16.7 Concluding Remarks

The small ruminant production importance has been improved in the past decades, especially goat production. Goat production has been associated to rural areas with low pasture quality because of its adaptation to produce under such conditions. This is the case of the Canary goats, which are composed of three different breeds whose adaptability and high-yield must be highlighted. Goat production on the Canary Islands has been an important economic resource since pre-Hispanic period until nowadays. Although Majorera, Tinerfeña, and Palmera breeds are dairy goats, their meat production is also very appreciated. On the other hand, it is interesting to show that most of the produced milk is used for cheese industry, being remarkable that there are two Protected Designation of Origin in cheese produced with Majorera and Palmera goats. Finally, based on the successful introduction of these Canary goats into other continents, particularly in terms of milk production and adaptation, these breeds seem good candidates to be tested in other geographical areas with similar environments and ecosystems.

References

Amills M, Capote J, Manunza A (2016) Origins, diversity and influence of the gene pool of canarian goats. A genetic perspective about the origins of the Canarian livestock. Colección Universidad 10:71–84

Amills M, Capote J, Tomas A et al (2004) Strong phylogeographic relationships among three goat breeds from the Canary Islands. J Dairy Res 71(3):257–262

Argüello A, Castro N, Capote J et al (2005) Effects of diet and live weight at slaughter on kid meat quality. Meat Sci 70(1):173–179

Argüello A, Fabelo F, Capote J et al (1999) Carcass composition of Canary Caprine group at adult age. J Appl Anim Res 15:75–79

Armas W, Arvelo M, Delgado A et al (2006) El circuito caprino en los estados Lara y Falcón, 2001–2003. Una visión estratégica. Agroalimentaria 23:101–110

Capote J, Álvarez S, Fresno M et al (2012) Adaptación de las cabras canarias en el árido Subsahariano. Agropalca 17:27

Capote J, Delgado JV, Fresno M et al (1998) Morphological variability in the Canary goat population. Small Ruminant Res 27(2):167–172

Capote J, Fresno M, Álvarez S (1999) Agrupación Caprina Canaria (ACC). Ovis 62:11–22

Cardoso LA, Almeida AM (2013) Enhancing animal welfare and farmer income through strategic animal feeding. In: Makkar HPS (ed) Enhancing animal welfare and farmer income through strategic animal feeding. Food and Agricultural Organization of the United Nations (FAO), Rome, pp 37–44

Csapo-Janos J, Csapo-Janosne J, Horvathne AM (1984) Protein content, protein composition, macro and microelement content of goat milk. Tejipar 33(3):61–65

Esteban-Muñoz C (2008) Razas Ganaderas Españolas Caprinas. Ediciones FEAGAS, Madrid, Spain

FAO (2011) Food and Agriculture Organization of the United Nations. Available at: http://faostatfao.org

Fernández G, Mernies B, Rivero JC et al (2015) Esquema de selección de la raza caprina Majorera: 2. Parámetros productivos y factores que les afectan. XI Congreso de la Federación Iberoamericana de razas criollas y autóctonas (Zaragoza, España)

Fresno MDR (1993) Estudio de la producción láctea de la Agrupación Caprina Canaria. Ph.D. Thesis. Universidad de Córdoba, Spain

Fresno MdR, Capote J, Álvarez S (2009a) Tinerfeña. Guía de campo de las razas autóctonas españolas (23):241–244

Fresno MdR, Capote J, Álvarez S et al (2009b) Majorera. Guía de campo de las razas autóctonas españolas (13):208–211

Herrera R, Puyol D, Martín E (2001) Influence of the North Atlantic Oscillation on the Canary Islands precipitation. J Clim 14(19):3889–3903

ISTAC (2012) Instituto Canario de Estadística. http://www.gobiernodecanarias.org/istac/

Lamy E, van Harten S, Sales-Baptista E et al (2012) Factors influencing livestock productivity. In: Sejian V, Naqvi SMK, Ezeji T, Lakritz J, Lal R (eds) Environmental stress and amelioration in livestock production. Springer, Berlin, pp 19–51

Léiras JR, Hernández Castellano LE, Morales-delaNuez A et al (2013) Body live weight and milk production parameters in the Majorera and Palmera goat breeds from the Canary Islands: influence of weight loss. Trop Anim Health Prod 45(8):1731–1736

Léiras JR, Hernández Castellano LE, Suárez-Trujillo A et al (2014) The mammary gland in small ruminants: major morphological and functional events underlying milk production—a review. J Dairy Res 81(3):304–318

Léiras JR, Peña R, Hernández Castellano LE et al (2015) Establishment of the biochemical and endocrine blood profiles in the Majorera and Palmera dairy goat breeds: the effect of feed restriction. J Dairy Res 82(4):416–425

López JL, Capote J, Caja G et al (1999) Changes in udder morphology as a consequence of different milking frequencies during first and second lactation in Canarian dairy goats. In: Barillet F, Zervas NP (eds), Milking and milk production of dairy sheep and goats. Wageningen Presse, Wageningen, pp 100–103

Marichal Á, Castro N, Capote J et al (2003) Effects of live weight at slaughter (6, 10 and 25 kg) on kid carcass and meat quality. Livest Sci 83(2–3):247–256

Martín D, Capote J, Castro N, et al. (2004) Manual de granja para la calificación lineal. Adaptación a las razas caprinas canarias. Asociación de Estudios Ganaderos, Las Palmas, pp 1–22

Martínez A, Acosta J, Vega-Plá J et al (2006) Analysis of the genetic structure of the canary goat populations using microsatellites. Livest Sci 102(1–2):140–145

Naude RT, Hofmeyr HS (1981) Meat production. In: Gall C (ed) Goat production. Academic Press, London, pp 285–307

Navarro-Rios MJ, Fernández G, Pérezgrovas R (2011) Characterization of Majorera goat production systems in the Canary Islands. Options Méditerranéennes 100:205–210

Tejera A, Capote J (2005) Colón y La Gomera. La colonización de "La Isabella" (República Dominicana) con animales y plantas de Canarias. Taller de Historia, Tenerife

Torres A (2013) Efecto de la frecuencia de ordeño sobre la producción, fraccionamiento lechero y parámetros de calidad de la leche en las cabras canarias. Ph.D. Thesis, p 143

Torres A, Capote J (2011) Venezuela y las cabras Canarias. Agropalca 15:25

Torres A, Castro N, Argüello A et al (2013) Comparison between two milk distribution structures in dairy goats milked at different milking frequencies. Small Ruminant Res 114(1):161–166

Chapter 17
Reproductive and Milk Production Profiles in Serrana Goats

João Simões and Amy Bauer

Abstract Serrana goats are the major Portuguese local breed, reared under a pastoralist system, mainly in mountain regions. Approximately 20,000 adult animals are registered in the respective pedigree book, in small farms normally with fewer than 100 goats. The overall production rate is 1.47 with *cabrito*, weighing 8–9 kg at 45 days old, for trade. The 150-days normalized milk production is low, less than 100 L in the Transmontano ecotype (11,000 goats), and mainly used in cheese manufacture. The empirical reproductive management and incipient genetic selection program were predominant for the Transmontano, Ribatejano, Jarmelista, and Serra ecotypes over the last three decades. In consequence, the selection of this breed can be considered environment-friendly. According to pedigree record data from 1987, the circannual profile of normal parturitions presents peaks, the first one in January, from goats bred in August, and the second in October for goats bred in May. The 150-days normalized milk production also demonstrates seasonal variations according to the month of goat parturitions for all four ecotypes. We conclude that an overall improvement of genetic, reproductive, and nutritional aspects should be addressed in regard to keeping the Serrana goat breed in pastoralist systems, independently of each ecotype.

17.1 Introduction

The Serrana goat is the most important Portuguese local goat breed. The number of adult animals registered in the pedigree book is approximately 20,000 animals, including fewer than 1000 bucks. This breed includes four ecotypes. The

J. Simões (✉)
Department of Veterinary Sciences, Agricultural and Veterinary Sciences School,
University of Trás-os-Montes and alto Douro, 5000-801 Vila Real, Portugal
e-mail: jsimoes@utad.pt

A. Bauer
College of Veterinary Medicine, Department of Comparative Pathobiology,
Purdue University, West Lafayette, IN 47907, USA

© Springer International Publishing AG 2017
J. Simões and C. Gutiérrez (eds.), *Sustainable Goat Production in Adverse Environments: Volume II*, https://doi.org/10.1007/978-3-319-71294-9_17

Transmontano ecotype is the most numerous, representing more than half of the goats (up to 11,000). This ecotype, as well as the Jarmelista (approximately 2000) and Serra (less than 400) ecotypes, are reared under a pastoralist system mainly in mountain regions of the Northeast and Central regions of Portugal (L 39°–41° N). The Ribatejano ecotype includes more than 6000 adult animals in the lowland Ribatejo region. In general, Serrana goats are raised in small farms, up to 100 animals, to obtain meat (*cabrito*) and also milk for cheese production (Pereira 2015).

The breed is represented by the National Serrana Breeders Association (ANCRAS, http://www.ancras.pt/), which assists producers regarding the technical (including health management), commercial, and administrative aspects of Serrana management, and is the entity responsible for recording data into the pedigree book. The official sanitation in flocks is executed by the Animal Health Groups originally imported from the French model four decades ago. Other than the official brucellosis plan control (under government supervision), or other putative disease control plan, these private professional groups also deliver veterinary services, with emphasis on deworming and vaccination plans, e.g., Enterotoxaemia, and even Paratuberculosis in last year's due to specific prospection disease in the region (see Chap. 15 of volume 1).

The reproductive management of Serrana goats remains based in natural breeding without hormonal induction of estrus. Normally, the bucks are kept together with does, particularly in the Transmontano ecotype. However, in some periods of the year, e.g., in spring, the males are temporarily removed from females and reintroduced using the male effect (see Chap. 6 of volume 1) empirically. Thus, an incipient controlled reproduction is made in farms where this practice occurs. Moreover, in some cases, bucks are temporarily exchanged between farms in order to minimize conditions related to genetic inbreeding. These reproductive practices associated with pastoralism in traditional land commons convert farms into open populations (Rothman et al. 2008) regarding their epidemiological disease conditions.

Although we can consider the farms to be environment-friendly, regarding their extensive or in some cases semi-intensive systems, several constraints exist. The small number of females per farm associated with an overall production rate of 1.47 offspring (Sacoto and Simões 2016) and approximately one liter of milk production per day are elucidative points regarding the economic returns for this agricultural activity. As a consequence, farmers try to develop other integrated agricultural activities or produce cheese for the local market. The economic returns to farmers originate from *cabrito*, weighing 8–9 kg at 45 days old (Pereira 2015), which normally sell for 40–50 Euros (Matos 2015a), and from milk and/or cheese. The price of milk normally varies between 0.50 and 0.60 Euros per liter. The fresh, semi-cured, and cured cheese varies in price between 5 and 8 Euros per unit (Matos 2015b).

Regarding all of the aspects previously reported, Serrana goats provide an excellent and even unique opportunity to understand the reproductive activity and production of indigenous goats under natural conditions and exploitation by man.

Other than this research objective, the present chapter also aims to discuss some trends and challenges for the sustainability of this breed.

17.2 Methodology

All four ecotypes (Fig. 17.1) were included in the present study. The data was obtained from the records of the pedigree book (Ruralbit, http://www.ruralbit.pt/) between 1987 and 2015 as described by Simões and Pires (2017). The data was collected by several technicians across three decades and consequently, some differences between operators occurred. The year and month of normal parturitions, as well as abortions and/or presence of stillborn(s), the number of lactations/parity, and the 150-days normalized milk production (Prod150) of goats were considered.

A total of 316,610 parturitions, including 23,660 abortions/stillbirths, were obtained from the records. These parturitions were distributed by Transmontano ($n = 238,106$), Ribatejano ($n = 45,925$), Jarmelista ($n = 31,723$), and Serra

Fig. 17.1 The four ecotypes of Serrana goats. According to the pedigree book, the adult animal is characterized phenotypically by medium height with 64 cm at the withers and long hair. Adult weight of females: 25–40 kg and males: 35–50 kg. **a** Transmontano: gray coat (photographed by Eng. Francisco Pereira); **b** Ribatejano: black hair or dark brown hair (photographed by Eng. Dina Martins); **c** Jarmelista: brown hair (photographed by Eng. Francisco Pereira); and **d** Serra: black hair (provided courtesy of Eng. Francisco Pereira)

($n = 856$; only from four farmers and from 2013) ecotypes representing the importance of each one in last decades. For production data, only the records from 1997 were used. The Prod150 was evaluated according to the ICAR recording guidelines (see http://www.icar.org).

Associations between the percentage of parturitions and seasons or months were evaluated using the Pearson's chi-square test. The data for abortions/stillborns was removed for a percentage of parturitions and mean parity analysis. The van der Waerden test was used to compare the mean parity and Prod150 between months, as well as the Prod150 regarding the number of lactations. Independently of this last evaluation, polynomial regressions of degree 3 were used to estimate the relationship between Prod150 and the number of lactations or months. JMP® 11 software was used (SAS 2013). All differences were considered significant at 0.05 level.

17.3 Results and Discussion

17.3.1 Reproductive Profile

The circannual profile of normal parturitions after natural mating was affected ($P < 0.001$) by season and month as was expected. Two peaks of parturition, in January (15.2%; $n = 44{,}548$) and October (19.2%; $n = 56{,}292$), were observed (Fig. 17.2). Consequently, these goats were bred five months before these dates, in August and May, respectively. The percentage of parturitions decreased from January, reaching the lowest levels in June (1.9%; $n = 5613$) and July (1.5%; $n = 4443$). This pattern is consistent with the normal breeding season, with the onset in August/September and the end in January/February, reported by several researchers (Chemineau et al. 1992; Fatet et al. 2011) mainly in higher latitudes than Portugal. Under natural breeding, a gradually increasing increment of pregnant goats occurs through the end of the reproductive season and depends upon the presence of sexually active bucks with a normal ratio of 20 females/1 male.

After July, a gradual increase of parturitions in Serrana goats was observed reaching a second peak in October (natural matings in May). These results can confirm sexual activity in the non-reproductive season for a significant number of females, and males, in this autochthonous goat breed, e.g., fertile matings in March, April, and May. In fact, Delgadillo et al. (2015) observed in Mexico (L 26° N) that sexually active bucks can prevent the display of seasonal anestrous of local females. This can be related, at least partially, to controlled reproductive management by some farmers, through use of the male effect (by May). However, the magnitude of this practice may not be sufficient to justify this peak occurrence.

In an interesting study, plasmatic progesterone levels were evaluated in Ile de France (born in Portugal) and Churra Terra Quente (a local breed) ewes kept in our region at the same latitude (41° N) twice weekly through the entire year. The rams

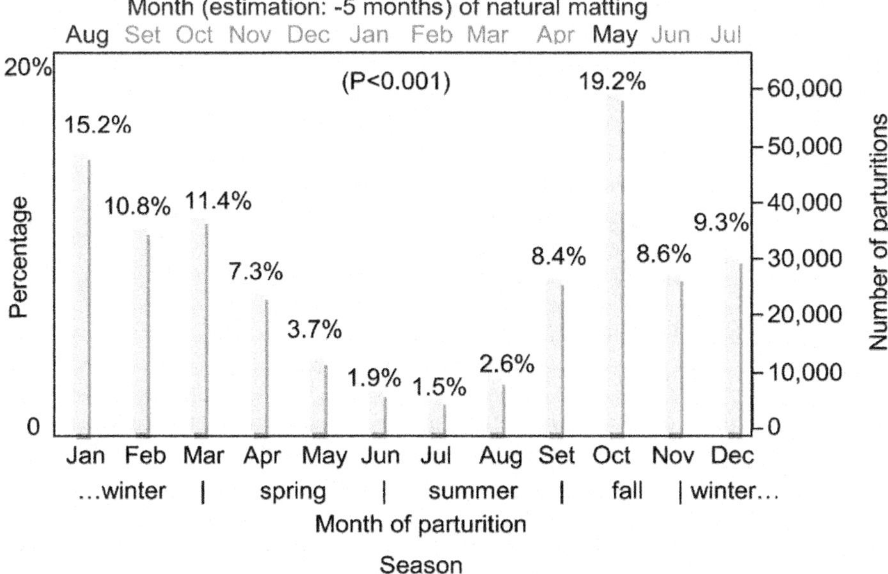

Fig. 17.2 Monthly distribution (percentage) of normal parturitions in Serrana goats after natural mating (data of abortion and parturitions with stillborn was removed; n = 292,950) from 1987 to 2015

were separated in both flocks and all ewes remained nonpregnant. Apart from significant differences in patterns between breeds (genotype effect), a peak of plasmatic progesterone levels was observed in some Churra Terra Quente ewes around May (Sacoto 2013; Simões unpublished data). No plausible justification is found at the present time, but this may be in accordance with refractoriness to photoperiodic stimulus, i.e., refractoriness to short and long days engendering a circannual endogenous cycle, suggested by Gómez-Brunet et al. (2010) and Delgadillo et al. (2011). Advances in the neuro-endocrine aspects of seasonality in small ruminants are necessary to thoroughly understand this circannual endogenous cycle.

After the October peak, the percentage of parturitions in Serrana goats remained around 9% in November (n = 25,211) and December (n = 27,296), i.e., conception in these females occurred in June and July. In Mediterranean and/or subtropical regions, the non-breeding season can be shortened with some does ovulating in June and July (Gallego-Calvo et al. 2014). The breeding season is also influenced by body condition score and body weight (Zarazaga et al. 2005; Gallego-Calvo et al. 2014).

An interesting observation in Serrana Goats was the fact that the mean parity of females presented a peak (4.2 ± 0.04; ± S.E.M.; P < 0.001) of parturitions in June (Fig. 17.3), decreasing until the next February (2.9 ± 0.02), with an increase after this last month; i.e., the mean parity was highest when the percentage of parturitions

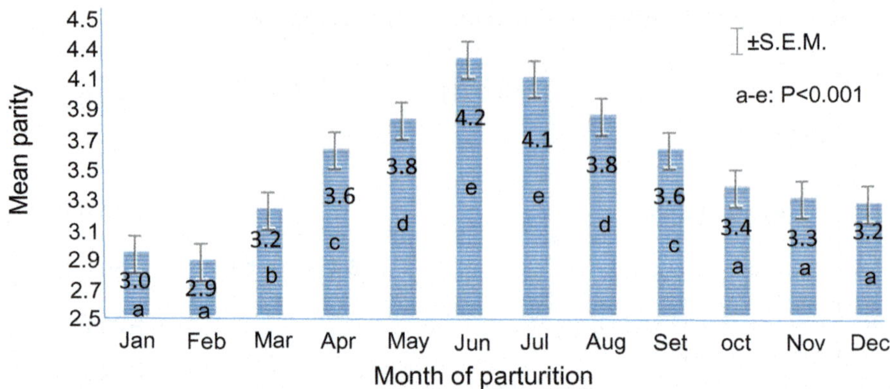

Fig. 17.3 Mean parity (SEM: ±0.01 to ±0.04) of goats according to monthly parturitions (data of abortion and parturitions with stillborn was removed; n = 292,950) from 1987 to 2015

was lowest. We assume that farmers increase the length of lactation of more productive goats, delaying mating, and focus attention on females considered more valuable. This is mainly due to the seasonal variation of milk prices in the market and consequently maximizes the returns to the farmer.

It is evident that at least a portion of autochthonous small ruminants can present effective reproductive activity under natural conditions regarding the second half of the nonbreeding season at our latitude. This aspect has practical consequences for reproductive management in local breeds of goats.

First, the use of estrus induction by the male effect is easier (Ponce et al. 2014; Ramírez et al. 2017) than in exotic breeds located in high latitude regions. In these regions, a prior photoperiodic treatment is needed in order to decrease the "intensity" of the anoestrus condition in goats and develop sexual activity in bucks (Chemineau et al. 1986; Pellicer-Rubio et al. 2007). Conversely, estrus induction after use of the male effect without previous photoperiodic treatment of females is very effective in Serrana goats (Simões et al. 2008) or other local breeds at lower latitudes such as subtropical regions (Luna-Orozco et al. 2012). However, there is recent evidence that Alpine bucks subjected to photoperiodic treatment can also efficiently induce estrous in females during the anestrous season, without photoperiodic treatment, in temperate climates at L 47° N (Chasles et al. 2016). At this latitude, the Alpine goat breed normally presents 0% spontaneous ovulations (Chemineau et al. 1992) during the deep anestrous season compared to other local goat breeds at lower latitudes (Gallego-Calvo et al. 2014). Thus, the separation between males and females, as well as pregnancy diagnosis and the use of luteolytic substances, such as the synthetic analogues of PGF2α, assumes a special importance for reproductive management in Mediterranean regions, especially if timed artificial insemination is considered. In this last case, research is needed to find phytogenics, other natural progestogenic substances, or new estrus synchronization protocols that effectively promote increased progesterone levels or similar substances in order to synchronize ovulations in flocks.

Second, the bucks, or at least some portion of them, can remain sexually active and fertile, even without previous photoperiodic treatment. This creates an opportunity for farmers to reach 90–95% fertility (Pereira 2015) in flocks by natural mating, during the late non-breeding season, mainly when genetic selection is not a priority and inbreeding is low. In contrast, when timed artificial insemination is used, the fertility rate for females responsive to hormonal treatment remains under 65% (Leboeuf et al. 1998, 2008). However, both procedures can be applied in selecting females for timed artificial insemination or for natural breeding.

17.3.2   Milk Production

17.3.2.1   Ecotype Transmontano

In Serrana goat ecotype Transmontano, the mean 150-days normalized milk production was 96.1 L (95% CI: 95.9 to 96.4 L; $n = 144,921$) over the past three decades. This 150-days normalized production was influenced by the number of lactations (Fig. 17.4). Similar to other goat breeds and with a probable association with age (Zoa-Mboé et al. 1997; Goetsch et al. 2011), the Prod150 in the first lactation was 89.2 ± 0.2 L ($n = 34,247$), which increased ($P < 0.001$) until the fourth lactation (101.0 ± 0.3 L; $n = 17,545$) was maintained in the fifth (101.0 ± 0.3 L; $n = 17,545$) and sixth (101.5 ± 0.4 L; $n = 9762$) lactations, and progressively decreased in subsequent lactations. The pattern of variation in milk yield, reaching a Prod150 of 500 L, suggests a good possibility for genetic selection. In fact, some models of hereditary estimation were reported for this ecotype (Pereira 2012) and an emergent genetic program was implemented.

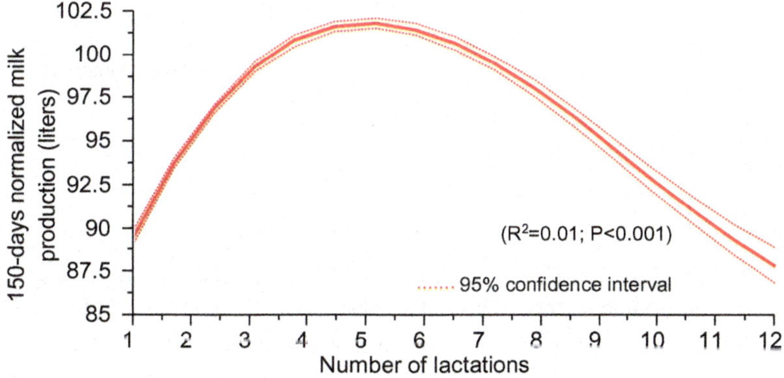

Fig. 17.4 Estimation of the 150-days normalized milk production in Serrana goats regarding the lactation number

Other than genetic influence, nutrition assumes a key role in milk production. In pastoralist systems, the goats in lactation are very dependent upon biomass present in the mountain region which varies between seasons in Mediterranean/temperate climates. Goats grazing on pasture without concentrate supplementation can provide low production costs. However, especially when the biomass creates unbalanced diets, concentrate supplementation provides a significant improvement in milk yield and constituents (Min et al. 2005). The influence of diseases in milk yield production also should not be neglected. İn fact, we observed a negative effect of abortions and/or stillbirths in the following lactation (Simões and Pires 2017).

In Serrana goats, the highest ($P < 0.001$) Prod150 was observed in lactations from goats that freshened in February (97.4 ± 0.3 L; $n = 18,569$), gradually decreasing until June (81.5 ± 0.6 L; $n = 2585$; Fig. 17.5); i.e., the highest lactations occurred during spring, when more food is available on pasture. From January to April 83,609 lactations were started, and between May and August "only" 13,684 new lactations were observed. Moreover, the increasing of mean parity, reaching 4.2 in June, for goats freshening during months with low food availability should also be considered. This aspect is related to reproductive management, i.e., controlled natural reproduction previously described in this chapter. Moreover, other than the forage intake due to biomass availability, concentrate supplementation at milking time was provided by farmers and the end of lactation was delayed until the end of summer, when the milk price is highest. Other than milk price, the extended lactation can also increase the milk constituents without negatively impacting milk yield when the kidding interval is extended from 12 to 24 months (Salama et al. 2005).

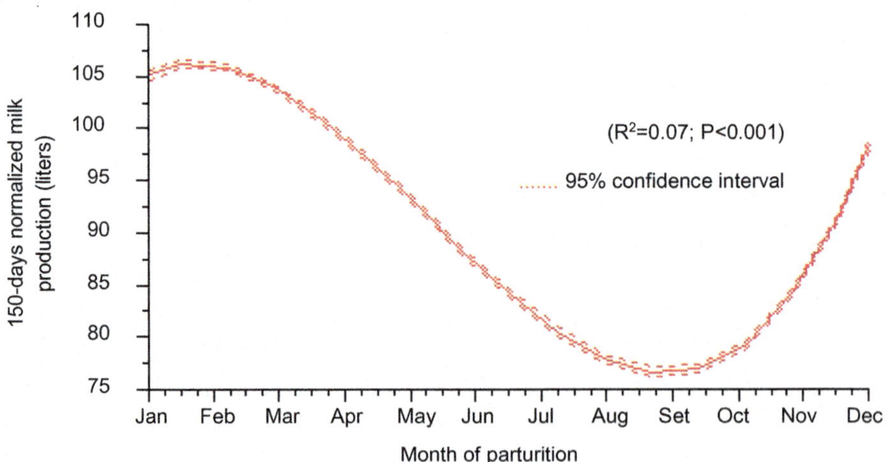

Fig. 17.5 Estimation of the 150-days normalized milk production in Serrana goats ecotype Transmontano regarding the month of parturition

17.3.2.2   Other Ecotypes

Ribatejano and Jarmelista are the two other ecotypes reared in the Central region of Portugal, presenting a Prod150 of 220.7 $\pm$ 0.5 L (n = 35,891) and 146.7 $\pm$ 0.4 L (n = 26,146), respectively.

In the Ribatejano ecotype the lowest ($P < 0.001$) Prod150 was observed in lactations started between April (147.1 $\pm$ 4.9 L; n = 233) and June (169.3 $\pm$ 15.7 L; n = 21), increasing until December (219.5 $\pm$ 1.3 L; n = 3860). This pattern (Fig. 17.6) is probably due to the milder environmental conditions in the Ribatejo region where the cultivation (e.g., sorghum) of pasture lands is easier than in typical mountain regions. On the other hand, normally these farmers separate the bucks from the females. In consequence, a greater amount of controlled reproduction is used when compared with the Transmontano ecotype. A low number of parturitions occured between April and September (n = 504). In October, the number of lactations increased as well the Prod150 (230.1 $\pm$ 0.7 L; n = 15,395), corresponding to fertile breedings in May. Consequently, this ecotype also approaches the same seasonal profile observed in Blanca Andaluza goats (Gallego-Calvo et al. 2014) at similar latitudes, in which natural ovulations can be detected in June.

In the Jarmelista ecotype, the Prod150 pattern has some similarities to the Transmontano ecotype. The highest Prod150 was reached in January (161.9 $\pm$ 1.1 L; n = 4074) and the lowest in May (96.3 $\pm$ 3.4 L; n = 247; $P < 0.001$). Additionally, rearing conditions were similar to those practiced in mountain regions.

Fig. 17.6 Estimation of the 150-days normalized milk production in Serrana goats ecotypes Ribatejano (**a**) and Jarmelista (**b**) regarding the month of parturition

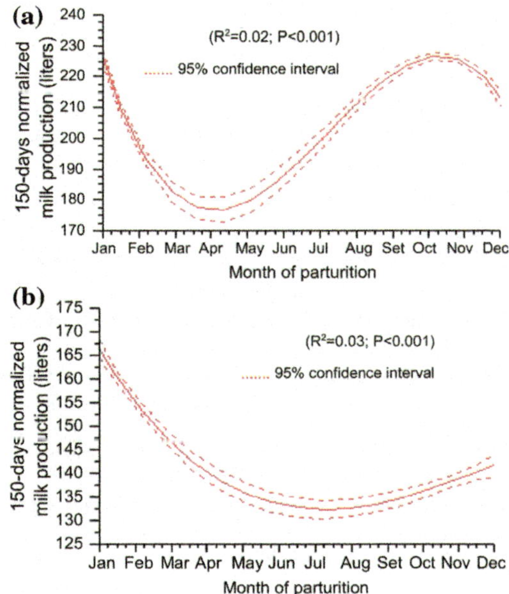

17.4 Concluding Remarks

During the last decades, the reproductive pattern of Serrana goats was dependent upon natural breeding in accordance with the empirical reproductive plan of each farmer. Globally, this breed shows a distribution of parturition during the whole year presenting as two peaks, the first one in January and the second in October.

The overall milk production of Serrana goats is low, around 100 L during the 150-days of normalized lactation, with significant differences between ecotypes. During the last decades, adjustment of nutritional management was made by farmers trying to keep production cost low, and genetic selection is still developing. Consequently, the use of this breed can be considered environment-friendly.

Regarding different ecotypes, this rustic breed is well adapted to the mountain zone and climate. In terms of marketability, reproductive and genetic management need be improved. Nutritional aspects of management including the use of biomass in mountain environments and supplementation with other food sources need be addressed in order to develop larger farms and to improve milk yield.

Acknowledgements The authors thank Manuel Silveira (Ruralbit) and Francisco Pereira (ANCRAS) for the full access to the data of the pedigree records of Serrana Goats.

References

Chasles M, Chesneau D, Moussu C et al (2016) Sexually active bucks are efficient to stimulate female ovulatory activity during the anestrous season also under temperate latitudes. Anim Reprod Sci 168:86–91

Chemineau P, Daveau A, Maurice F et al (1992) Seasonality of estrus and ovulation is not modified by subjecting female Alpine goats to a tropical photoperiod. Small Rum Res 8(4): 299–312

Chemineau P, Normant E, Ravault JP et al (1986) Induction and persistence of pituitary and ovarian activity in the out-of-season lactating dairy goat after a treatment combining a skeleton photoperiod, melatonin and the male effect. J Reprod Fertil 78(2):497–504

Delgadillo JA, De La Torre-Villegas S, Arellano-Solis V et al (2011) Refractoriness to short and long days determines the end and onset of the breeding season in subtropical goats. Theriogenology 76(6):1146–1151

Delgadillo JA, Flores JA, Hernández H et al (2015) Sexually active males prevent the display of seasonal anestrus in female goats. Horm Behav 69:8–15

Fatet A, Pellicer-Rubio MT, Leboeuf B (2011) Reproductive cycle of goats. Anim Reprod Sci 124(3–4):211–219

Gallego-Calvo L, Gatica MC, Guzmán JL et al (2014) Role of body condition score and body weight in the control of seasonal reproduction in Blanca Andaluza goats. Anim Reprod Sci 151(3–4):157–163

Goetsch AL, Zeng SS, Gipson TA (2011) Factors affecting goat milk production and quality. Small Rum Res 101(1–3):55–63

Gómez-Brunet A, Santiago-Moreno J, Toledano-Díaz A et al (2010) Evidence that refractoriness to long and short day lengths regulates seasonal reproductive transitions in Mediterranean goats. Reprod Domest Anim 45(6):338–343

Leboeuf B, Delgadillo JA, Manfredi E et al (2008) Management of goat reproduction and insemination for genetic improvement in France. Reprod Domest Anim 43(Suppl 2):379–385

Leboeuf B, Manfredi E, Boué P et al (1998) Artificial insemination of dairy goats in France. Livestock Prod Sci 55(3):193–203

Luna-Orozco JR, Guillen-Muñoz JM, De Santiago-Miramontes Mde L et al (2012) Influence of sexually inactive bucks subjected to long photoperiod or testosterone on the induction of estrus in anovulatory goats. Trop Anim Health Prod 44(1):71–75

Matos A (2015a) Fileira da Carne de Cabrito da Raça 'Serrana': Estudo de Caso. [The production chain of *cabrito* from Serrana goat breed: a case study]. In: Proceedings of Capra 2015, Reunião nacional de caprinicultura e ovinicultura, Mirandela 12–14 de novembro, pp 25–30

Matos A (2015b) Fileira do Leite e do Queijo Provenientes da Cabra da Raça 'Serrana': Estudo de Caso. [The production chain of milk and cheeses from Serrana goat breed: a case study]. In: Procedings of Capra 2015, Reunião nacional de caprinicultura e ovinicultura, Mirandela 12–14 de novembro, pp 31–36

Min BR, Hart SP, Sahlu T et al (2005) The effect of diets on milk production and composition, and on lactation curves in pastured dairy goats. J Dairy Sci 88(7):2604–2615

Pellicer-Rubio MT, Leboeuf B, Bernelas D et al (2007) Highly synchronous and fertile reproductive activity induced by the male effect during deep anoestrus in lactating goats subjected to treatment with artificially long days followed by a natural photoperiod. Anim Reprod Sci 98(3–4):241–258

Pereira F (2012) Estimativa dos componentes de variância da produção de leite diária da cabra Serrana - Ecótipo Transmontano. Master Thesis, Polytechnic Institute of Bragança, Bragança, Portugal

Pereira F (2015) Cabra Serrana, situação atual e perspetivas futuras [Current situation and trends of Serrana Goat]. In: Procedings of Capra 2015, Reunião nacional de caprinicultura e ovinicultura, Mirandela 12–14 de novembro, pp 36–45

Ponce JL, Velázquez H, Duarte G et al (2014) Reducing exposure to long days from 75 to 30 days of extra-light treatment does not decrease the capacity of male goats to stimulate ovulatory activity in seasonally anovulatory females. Domest Anim Endocrinol 48:119–125

Ramírez S, Bedos M, Chasles M et al (2017) Fifteen minutes of daily contact with sexually active male induces ovulation but delays its timing in seasonally anestrous goats. Theriogenology 87:148–153

Rothman KJ, Greenland S, Lash TL (2008) Modern epidemiology, 3rd edn. Lippincott Williams & Wilkins, Philadelphia, pp 32–50

Sacoto S (2013) Seasonality of reproduction in Churra da Terra Quente ewes: out-of-season breeding. Ph.D. Thesis—Universidade de Trás-os-Montes e Alto Douro, Vila Real

Sacoto S, Simões J (2016) Prolificity of Portuguese Serrana Goats between 1987 and 2015. Asian Pac J Reprod 5(6):519–523

Salama AA, Caja G, Such X et al (2005) Effect of pregnancy and extended lactation on milk production in dairy goats milked once daily. J Dairy Sci 88(11):3894–3904

SAS (2013) JMP®, Version 11. SAS Institute Inc., Cary, NC, USA

Simões J, Baril G, Cunha T, et al (2008) Oestrus and ovulatory response of goats with different parity to male effect and short-term progestagen treatment. Reprod Domes Anim 43(5):71 (Abstract P74)

Simões J, Pires AFA (2017) Reproductive disorders in Portuguese Serrana goats and its effects on milk production. Rev Colomb Cienc Pec (accepted)

Zarazaga LA, Guzmán JL, Domínguez C et al (2005) Effect of plane of nutrition on seasonality of reproduction in Spanish Payoya goats. Anim Reprod Sci 87(3–4):253–267

Zoa-Mboé A, Michaux C, Detilleux JC et al (1997) Effects of parity, breed, herd-year, age, and month of kidding on the milk yield and composition of dairy goats in Belgium. J Anim Breed Genet 114(1–6):201–213

Chapter 18
Current Status of Goat Farming in the Czech Republic

Zuzana Sztankoova and Jana Rychtarova

Abstract Goat breeding has a rich history and tradition in the Czech Republic since 1929, and carried out the state milk performance. Goat breeding is focused mainly on milk production and its subsequent processing on dairy products (cheese, yogurt, and kefir) by the breeders. Two predominant dairy goat breeds, the White Shorthaired and the Brown Shorthaired, are reared in this country. These breeds are classified as locally adapted breeds and supported through the program for conservation genetic resource, being kept both on small-scale and large-scale goat farms. In last years, a number of animals, such as the amount of milk production, and also the price of goat dairy products were increased. Breeding program aims to increase production of the milk protein, i.e., both at milk yield and its protein content. Bucks of both breeds, accepted for breeding purposes, are genotyped for loci alpha S1 and kappa casein. The most prevalent genetic variant of the alpha S1 casein locus is allele F, and for kappa-casein locus is allele B. For the White Shorthaired breed, the most common haplotype of casein loci is FCFB, whereas, for the Brown Shorthaired breed, the most common haplotype is FCFA. This breeding program is an important tool for milk improvement toward locally manufactured dairy products.

18.1 Introduction

Over the past decades, goat breeding reared in Czech Republic had a small-scale character, where most goats were kept by private individuals. Production was aimed at self-sufficiency in milk, so industrial dairy processing and market with dairy goat products were missing.

Since 1990, there is a constant slight increase in the number of goats in the country. This growing demand for goat milk and dairy products and expansion of

Z. Sztankoova (✉) · J. Rychtarova
Institute of Animal Science, Pratelstvi 815, 104 00, Prague Uhrineves
Czech Republic
e-mail: sztankoova@seznam.cz

J. Simões and C. Gutiérrez (eds.), *Sustainable Goat Production in Adverse Environments: Volume II*, https://doi.org/10.1007/978-3-319-71294-9_18

supported organic farming gave rise to a number of dairy goat farms, focused on milk production and also on farm processing. The White Shorthaired goat and the Brown Shorthaired goat are still the most numerous goat populations, although in recent years there is a tendency to import more productive breeds (Anglo-Nubian, French Saanen, and Boer goats) for both purebred breeding and crossbreeding. A small number of goats of other breeds are also raised (Cashmere, Angora, Valais black neck, and Dutch Dwarf goats) for crossbreeding or as companion animals.

Although goat milk performance has been recorded by state government since late 1920s, only a few scientific reports have been published. So, this chapter aims to describe the present status of the goat production in the Czech Republic, as well as the characteristic of the White Shorthaired and the Brown Shorthaired breeds based on data mainly provided by the Czech Association of Sheep and Goat Breeders (ASGB 2017).

18.2 History of Goat Breeding in the Czech Republic

18.2.1 Goat Population

From the view of number of livestock kept, goat breeding was a relatively significant sector of traditional agriculture small production in the Czech Republic. Compared to the rich history and tradition of goat breeding, at present, goat farming is little extended. In 1960, about 540,000 goats were registered, and then there was a sudden decline, which continued until 2000, when the drop for a long time stopped. Since this year, there was a slight and gradual increase in the goat census (Table 18.1) (Horák et al. 2008; Fantová et al. 2010; CMCB/ASGB 2013).

The number of goats in performance recording (all breeds) has a growing trend from 2275 (2001) to 5755 (2016). Similarly, the number of measured lactations in dairy breeds increased from 1144 (2001) to 3778 (2015) (Fantová et al. 2010; ASGB 2017). In 2011, organic farms represented approximately 25% of total farms (Králíčková et al. 2013).

Table 18.1 Number of goats registered since 1921 in the Czech Republic

Year	Number of goats[a]	Year	Number of goats[b]
1921	1,117,947	2005	12,623
1940	669,636	2010	21,709
1950	906,809	2011	23,263
1960	540,082	2012	23,620
1970	256,984	2013	24,042
1980	53,561	2014	24,348
1990	40,893	2015	26,765
2000	31,988	2016	26,548

Source Czech statistical office (https://www.czso.cz/csu/czso/home)
[a]total number of goats registered
[b]since 2002, only goats on farms are registered

Goat breeding is focused mainly on milk production and its subsequent processing. Consummation of goat (and sheep) meat is not too popular in the Czech Republic. Of the total meat consumption consumed in the country, meats of these small ruminants represent only less than 1%, which supposes approximately 0.1–0.3 kg per inhabitant per year, whereas goat meat represents only about 10% of this amount. According to the Czech statistical office, the numbers of slaughtered goats including home slaughtering were 28,400 in 2015 (CMCB/ASGB/DA 2016; CZSO 2016).

At present, there are kept two dominant dairy goat breeds in the Czech Republic: White Shorthaired goats, c. 62% of the population and Brown Shorthaired goats, c. 28% of the population. Both breeds are classified as locally adapted and supported through the program for conservation genetic resource, being kept both on small-scale or on large-scale goat farms. Although they are still the most numerous goats, in recent years, there is a tendency to import more productive breeds (Anglo-Nubian, French Saanen, and Boer goats) for both purebred breeding and crossbreeding. A small number of goats of other breeds (Cashmere, Angora, Valais black neck, and Dutch Dwarf goats) are kept also for crossbreeding or as pets (Table 18.2) (Horák et al. 2008; Fantová et al. 2010; ASGB 2017).

18.2.2   Milk Production and Dairy Derivatives

Although goat breeding has a rich history and tradition in the Czech Republic (Horák et al. 2008), goat farming is little extended at present. Figure 18.1 describes the milk production included into the dairy performance recording in the Czech Republic during the years 2001–2015 including large- or small-scale farms. Figure 18.2 describes the growing trend of the cheese production and price during the same period (ASGB 2017; Roubalová 2012).

Table 18.2 Number of goats registered in performance, recording by breed, in the Czech Republic

Breed	2016	2015	2014	2013
White Shorthaired goat	2619	2502	2443	2351
Brown Shorthaired goat	1300	1216	1138	1126
Anglo-Nubian goat	368	253	259	188
Boer goat	292	304	204	209
Dutch Dwarf goat	29	26	14	15
Cashmere goat	20	22	15	15
Angora goat	40	29	26	18
French Saanen	400	280	11	10
Valais black neck goat	18	15	17	15
Crossbreed	554	404	318	297

Source Association of sheep and goat breeders in the Czech Republic (ASGB 2017)

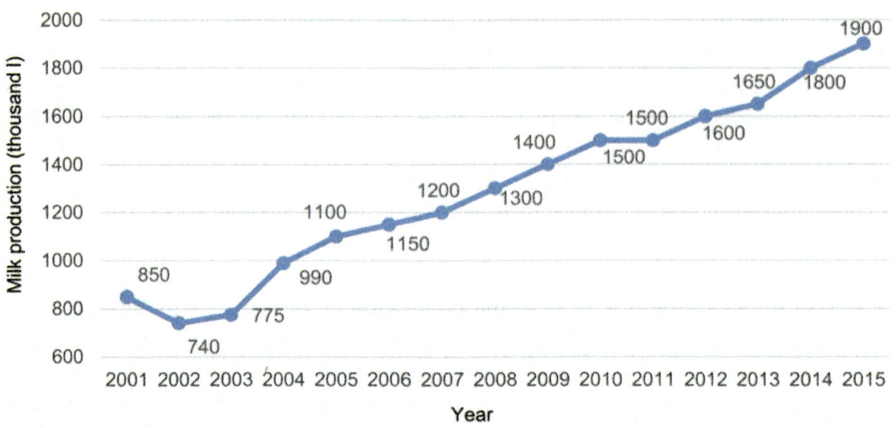

Fig. 18.1 Milk production in the Czech Republic from 2001 to 2015. *Source* Data collected from CMCB/ASGB/DA (2016)

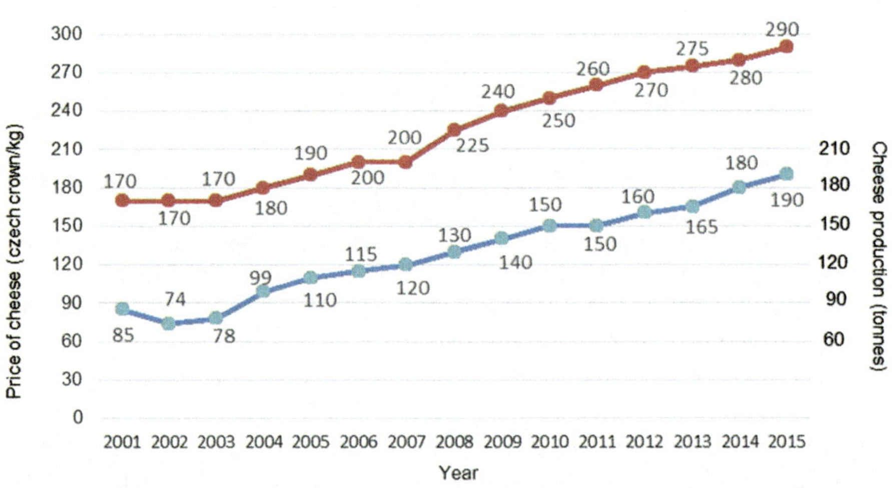

Fig. 18.2 Cheese production including market price in the Czech Republic from 2001 to 2015. *Source* Data collected from CMCB/ASGB/DA (2016)

In the Czech Republic, there is no a special dairy factory that process goat milk for the market. Goat milk processing into cheese and other products (yogurt, kefir, and sweet cottage) is mostly performed on farms, partly for direct sales to the consumers and partly to supply selected stores (Fantová et al. 2010; ASGB 2017). The amount of sales of these dairy goat products is recorded only by farmers.

18.3 Indigenous Czech Goats

18.3.1 White Shorthaired Goats

18.3.1.1 Characteristics

The White Shorthaired goat is a dairy breed, developed in the first half of the twentieth century by crossing indigenous rustic goats bred locally with Saanen bucks imported from Switzerland and Germany (Jandurova et al. 2004) in the period 1900–1930. Therefore, the breed is now ranked as a Saanen—derived one. Despite the fact that the systematic milk yield control has been carried out since 1929, the White Shorthaired goat was recognized for the first time as an autonomous breed in 1954–1955, and it is now found throughout the Czech Republic; several dozen animals have been exported in recent years to Slovakia, Ukraine, and Russia.

This breed is similar to the Saanen in appearance, pure white, and shorthaired without any colored hair allowed. Some strains maintain the characteristic Saanen's black spots on the skin of the nose, eyelids, and udder with upright ears. Most are hornless (75–80%), with the pollens fixed through systematic selection. Animals are medium sized; the head is quite long and wide at the front and the neck is relatively long and thin. Morphologically, their appearance is typical for dairy breeds, strong but fine boned, deep and long in body, and long legged. Shell color is monochromatic, i.e., white permissible without signs of other colors. Strong, short, smooth coat without pigment in some animals with the occurrence of skin appendage and corners (Since 1992, allowed occurrence corners). Goats are medium to large body frame, harmonious physique, and good physique, with a reasonably broad and deep chest.

In females, average weight is about 54–68 kg, height in withers 72–80 cm, heart girth 85–105 cm; in males, about 68–86 kg, 75–85 cm in withers, and 95–115 cm in heart girth. Early mature, first kidding is in 12–15 months of age.

The dominant feature is pollness. Until 1992, there was a strict selection for pollness in both genders. At present, horned individuals are again classified and allowed for breeding. In polled bucks, a higher incidence of cryptorchidism is observed. Mammary gland is proportionately large, medium, long teats, adapted for both manual and mechanical milkings. The breed is suitable for both small-scale and farm breeding, with a good ability to feed conversion (Fig. 18.3) (Pind'ák et al. 2003; Horák et al. 2008; Fantová et al. 2010; ASGB 2017).

18.3.1.2 Performance

Performance recording, carried out and reported by the Czech Association of Sheep and Goat Breeders, is focused on milk production, reproduction, and growth parameters. Since 2001, the goat breeding value estimation has been modified with the main focus put on the total milk protein production.

Fig. 18.3 White Shorthaired goats. Buck (**a**) and female (**b**) (provided by the authors)

The typical dairy performance for the 280-day lactation period is now 800–1000 kg of milk with 3.1% fat and 3.0% protein (as a 5-year average) (Table 18.3). Thus, lactation curves and fat and protein contents seem to be similar to others dairy goat breeds (Oravcová and Margetín 2015). Prolificacy rate is about 180–200%, and the average live weight of the kids at 70 days of age is 15 kg. In some instance, Boer bucks are used to improve the meat performance and carcass quality of the slaughtered kids.

18.3.2 Brown Shorthaired Goats

18.3.2.1 Characteristics

Dairy breed, originated by crossing local colored, mostly brown goats, reared in the border areas with bucks of German origin, particularly Harzziege, Erzgebirgziege, and German adapted Alpine (Alpenziege) bucks imported in the period 1900–1930. The breed was dispersed in the northern and western mountain regions of the Czech Republic that has been settled until 1945 by the German ethnic. The breed was recognized as an autonomous breed in 1954–1955 and at present it is widespread.

Brown Shorthaired goat is similar to the German brown (Erzgebirgziege) in appearance with glossy short hair, cinnamon to ferruginous or dark-brown coat and

Table 18.3 Mean milk performance recording of White Shorthaired breed, from 2013 to 2016

Year	Number of goats in milk performance	Number of goats in lactation	Milk (kg)[*]	Fat (%)	Protein (%)
2013	2351	1564	720	3.1	3.0
2014	2443	1704	733	3.1	2.9
2015	2592	1775	784	3.0	2.9
2016	2795	1881	764	3.2	2.9

Source Association of sheep and goat breeders in the Czech Republic (ASGB 2017)
[*]280-day lactation

face. Coat is significantly short and smooth, in some animals with the occurrence of skin appendages. Markedly defined black stripe runs from cantle to tailpipe. Black triangle behind the ears is the hallmark of the breed. Muzzle, inside the ears, abdomen, shank, and hooves are black as well. Ears are upright. It is of medium body frame, long head, and relatively narrow, moderately long neck, back straight, which goes to slightly steep stern, strong limbs.

The live weights of females and males are 50–55 kg and 70–85 kg, respectively. The height at the withers in does and bucks is 65–75 cm and 70–80 cm, respectively. Mostly hornless (75–80%), with the pollness fixed through systematic selection. Udders are medium long (Fig. 18.4) (Pinďák et al. 2003; Horák et al. 2008; Fantová et al. 2010; ASGB 2017).

18.3.2.2 Performance

Dairy performance in a 280-day lactation period is 800–900 kg of milk with 3.3% fat and 3.0% protein (as a 5-year average) (Table 18.4). All these parameters are affected by the stage of lactation and parity of the animal (Králíčková et al. 2013; Kuchtík et al. 2015). Prolificacy rate is about 170–190%, the average live weight of the kids at 70 days of age is 15 kg, and daily gain in rearing and fattening is

Fig. 18.4 Brown Shorthaired goats. Buck (**a**) and female (**b**) (provided by the authors)

Table 18.4 Mean milk performance recording of Brown Shorthaired breed, from 2013 to 2016

Year	Number of goats in milk performance	Number of goats in lactation	Milk (kg)[*]	Fat (%)	Protein (%)
2013	1126	694	739	3.3	3.0
2014	1138	738	745	3.3	3.0
2015	1275	815	764	3.1	3.0
2016	1367	939	798	3.3	3.0

Source Association of sheep and goat breeders in the Czech Republic (ASGB 2017)
[*]280-day lactation

170–190 g. The breed is resistant, early mature, and suitable for both individual and herd breeding including mountain areas and grazing systems.

18.4 Imported Goat Breeds to the Czech Republic

As in neighboring countries, the Czech Republic has not avoided further imports of non-native goat breeds. These breeds have been imported by increasing the production, creating a new line of bucks, blood recovering (Anglo-Nubian, Boer, or Saanen goats) or even breeds kept as companion animals (Dutch Dwarf goat, Cashmere/Angora, and Valais black neck goat) (Table 18.1). Therefore, the most representative breeds are Anglo-Nubian goat and Boer goat.

18.4.1 Adaptation of Anglo-Nubian Goats to the Czech Republic

18.4.1.1 Characteristics

This dairy breed has been imported to the Czech Republic since 1988, and it was enrolled in the pedigree book only in 2004. According to the Anglo-Nubian Breed Society (ANBS 2017), Anglo-Nubian breed is large, an adult male height at withers reaches 90 cm and an adult female 80 cm, with does weighing 60–80 kg and bucks 100 kg. Breed is mostly hornless, with short glossy coat and variety in color (chestnut, fawn, black, white, or cream). Head is short, with pronounced convex nasal bone, carried high. Ears are long and pendulous, set low on the head, wide and open. Neck is long and fine. Body is long, may be slightly higher in loin than in the withers with no curvature of the spine (Pind'ák et al. 2003; Horák et al. 2008; Fantová et al. 2010; ASGB 2017).

18.4.1.2 Performance

Anglo-Nubians goat is characterized by its high dairy performance. Milk production is about 1000–1500 L per lactation, with the daily production of 4–6 L, high-fat content (4.8%), and protein content (3.8%), which is favorable for the cheese production (ANBS 2017). The performance of Anglo-Nubian goats reached in the Czech Republic are similar to other countries in which they are raised (Table 18.5). The breed is also suitable for meat production; the kids grow quickly and put on flesh easily. It is a very useful dual-purpose animal.

Table 18.5 Mean milk performance recording of Anglo-Nubian goat in the country from 2013 to 2016

Year	Number of goats in milk performance	Number of goats in lactation	Milk (kg)[*]	Fat (%)	Protein (%)
2013	188	137	859	4.4	3.8
2014	259	173	869	4.2	3.9
2015	280	157	932	4.1	3.9
2016	394	267	764	4.4	3.9

Source Association of sheep and goat breeders in the Czech Republic
[*]280-day lactation

18.4.2 Adaptation of Boer Goats to the Czech Republic

18.4.2.1 Characteristics

Boer goat is a highly meat productive goat breed which is originated from South Africa. Breed has been imported to the Czech Republic from Germany, Austria, and Croatia since 1998 and was enrolled in the pedigree book only in 2005.

Boer goats are described as great at calm temperament, with very fast growing, very good fleshy and very good and high fertility rates (Pind'ák et al. 2003; Horák et al. 2008; Fantová et al. 2010; ABGA 2017). They are of very big size and has big body frame; an adult Boer male grows to the optimal height at withers 70–90 cm and an adult female 60–75 cm. An adult Boer male weights about 110–135 kg and an adult Boer female weights about 90–100 kg. Boer goats are early maturity breed. Boer goats are generally white colored with red or brown heads. There are also some completely brown or white colored Boer goats. They have a pair of long and pendulous ears.

18.4.2.2 Performance

In the Czech Republic, performance does not achieve above reported data. Prolificacy rate is about 160–180%, average live weight of the kids at 70 days of age is 17 kg, and daily gain in rearing and fattening is 180–220 g.

18.5 Goat Breeding in the Czech Republic

The breeding program is a set of principles and methodological procedures by which authorized people and farmers take control of that. Program is focused on comprehensive improvement of animal genetic conditions to provide the desired performance and thereby achieve improvement in economic efficiency of the farms. In the Czech Republic, goat breeding is focused primarily on the production of high-quality goat milk and its processing into dairy products, especially quality goat cheeses, and also to produce high-quality kids for slaughter. The breeding program evolves, improves, and adapts to the new emerging conditions and circumstances of the country. The breeding program is especially developed for dairy, meat, and hairy goat breeds (Fantová et al. 2010; ASGB 2017).

The population of dairy breeds is bred primarily for milk production (quantity of milk per lactation and milk components—protein, fat, and lactose), but also for reproductive and maternal qualities, earliness, health, and longevity. Milk performance is monitored for the first three lactations, and it evaluates the contents of protein, fat, lactose, and eventually other components. The dominant selection criterion is the total protein content produced per lactation (280 days). The population of meat breeds is bred to increase their meat performance, as well as fertility and maternal characteristics, health, vitality kids, body frame, and longevity. In the performance tests, they are measured and recorded for reproduction, growth ability (live weight kids in 100 ± 20 days of age and the average daily gain), and the live weight of goats before their inclusion in breeding. Hairy breeds are bred for a high production and quality, fertility and maternal characteristics, health, body frame, and longevity. It monitors the production and quality of hair as the amount of sweat cut hair after combing the shear or after weighing for the first inspection year (12 months old); coat quality expresses a subjective assessment, determining the median fiber fineness and length (Fantová et al. 2010; ASGB 2017).

The sire for breeding can be selected only among those bucks that have met the criteria recognized by the breeders' association (determined by the Council studbook bucks) for each breeding year and have attributed the state register.

Evaluation of external goats is carried out for all breeds, breeding, and production types. The general appearance, harmony of bodybuilding, constitution, udder morphological characteristics, and sexual expression are evaluated. Evaluation of other than breeding animals is carried out at the designated exhibitions (shopping markets), in isolated cases at the stables' breeders.

Application of artificial insemination is practically inexistent. Estimation of breeding value is not yet performed in the Czech Republic. Utilization of molecular genetic in the selection of breeding animals is not too much widespread; therefore, there are works which study the effect of genetic polymorphism on milk composition (Martin et al. 2002; Sánchez et al. 2005; Caravaca et al. 2009). Within the research project supported by the Ministry of Agriculture during 2003–2008, the effect of milk protein genes on milk composition as well as the occurrence of genotype frequency and genotype combination (haplotype) in the White Shorthaired and Brown Shorthaired breeds was studied. The occurrences of CSN2*A and CSN2*C are similar in both breeds (Sztankóová et al. 2008). The most prevalent genetic variant of the alpha S1 casein locus is allele F (Sztankóová et al. 2007) and for kappa casein locus is allele B (Sztankóová et al. 2009).

For the White Shorthaired breed, the most common haplotype was FCFB (0.260), whereas for the Brown Shorthaired breed it was FCFA (0.217) (Sztankóová et al. 2009). Since 2011, there has been performed genotyping at *CSN1S1* ($\alpha S1$-casein) and CSN3 (κ-casein) casein loci in newly introduced breeding sires of the White Shorthaired and the Brown Shorthaired breeds, which significantly affect milk composition both milk yield and protein content and their technological properties. Tables 18.6 and 18.7 describe the frequency of allele and genotype at CSN3 locus detected during the period 2011–2016.

More recently, we also investigated the PROP1 and *STAT5A* genes as potentially relevant factors regarding milk production traits. A relationship between PROP1 and milk somatic cell score was observed in our Czech local breeds (Rychtarova et al. 2016). There are strong evidences that these SNPs are involved in goat milk yield and milk contents (Lan et al. 2009; Ma et al. 2017). However, further research is needed in order to evaluate these potential markers on breeding programs.

Table 18.6 Genotype frequency at CSN3 locus in all observed goats from both breeds (White Shorthaired and Brown Shorthaired breed) during 2011–2016 period

Genotype	2011	2012	2013	2014	2015	2016
AA	20.6	11.2	6.8	5.2	11.7	11.5
AB	32.5	33.6	23.3	27.8	25.1	28.1
AC	0.8	0	0	0.9	0	1.8
AG	0	0	0	1.4	0	7.8
AD	7	7.7	4.55	6.1	1.1	0.9
AF	0	0	0	0	1.1	0
BB	30.5	36.4	53.4	48.1	53.1	41.0
BC	0.4	4.2	5.1	1.9	2.8	2.3
BD	7	6.3	4.6	8.2	0.6	0
BF	0	0	0	0	0.6	0
BG	0	0	0	0.5	2.2	5.7
CC	0	0	0	0	0	0.5
DD	1.2	0.7	2.3	0	1.7	0.9

Table 18.7 Allelic frequency at CSN3 locus in goats from both breeds (White Shorthaired and Brown Shorthaired breed) during 2011–2016 period

Allele	2011	2012	2013	2014	2015	2016
A	40.7	31.8	20.7	23.4	25.4	30.9
B	50.4	58.4	69.9	67.2	68.7	58.8
C	0.6	2.1	2.6	1.4	1.4	2.5
D	8.2	7.7	6.8	7.8	2.5	1.4
F	0	0	0	0	0.8	0
G	0	0	0	0.9	1.1	6.5

18.6 Concluding Remarks

In the Czech Republic, goat breeding has a rich history and tradition. The most predominant goat breeds are White Shorthaired and Brown Shorthaired. Both breeds are aimed at milk production and supported through the program for conservation genetic resource. However, there are also imported non-native breeds to increase the production or to be kept as pets.

In recent years, increased demand for products from goat's milk has originated new farms, increased the number of animals on farms, increased the number of goat in the milk performance recording, and increased the milk and cheese production and also the quantity, quality, and variety of products made from goat's milk.

Acknowledgements We would like to thank for data of performance recording provided by the Sheep and Goat Breeders' Association, especially Mr. R. Konrád. Also, we thank so much to Ms. V. Mátlová for her valuable information about goat breeds, kept in the Czech Republic, and for her assistance, and laboratory of molecular genetics at the Institute of Animal Science in Uhrineves— Prague for genotype data. This study was financed by the National Program of Conservation and utilization of Genetic resources and by the Czech Sheep and Goat Breeders' Association and supported by the Ministry of Agriculture of Czech Republic, no. RO0717.

References

ABGA (2017) American Boer goat association breed standards change official web site. Available at: http://www.boergoats.com/clean/articleads.php?art=277

ANBS (2017) Anglo-Nubian breed society official web site. Avalaible at: http://www.anglonubian.org.uk/

ASGB (2017) Association of the sheep and goat breeders web site. Available at http://www.schok.cz

Caravaca F, Carrizosa J, Urrutia B et al (2009) Short communication: effect of αS1-casein (CSN1S1) and κ-casein (CSN3) genotypes on milk composition in Murciana-Granadina goats. J Dairy Sci 92(6):2960–2964

CMCB/ASGB/DA (2016) Czech Moravian company of breeders Inc., Association of sheep and goat breeders and Dorper association, CZ. Annual report of sheep and goat breeding in the Czech Republic in a year 2015, November 2016, Prague, Czech Republic

CMCB/ASGB (2013) Czech Moravian company of breeders Inc., Association of sheep and goat breeders. Annual report of sheep and goat breeding in the Czech Republic in a year 2013, September 2014, Prague, Czech Republic

CZSO (2016) Czech statistical office. Available at https://www.czso.cz/csu/czso/home. Assessed Dec 2016

Fantová M, Kacerovská L, Malá G et al (2010) [No title]. In: Fantová M (Edt.) Chov koz [Goat Breeding]. Praha: Edice Brázda (ISBN 978-80-209-0377-8), Czech Republic

Horák F, Konrád R, Malá G et al (2008) 80 let kontroly úžitkovosti koz v Českej republice 1928–2008 (The 80th years of performance recording in goat in the Czech Republic 1928–2008), ed by Sheep and goat breeders´ association (ISBN: 978-80-904140-3-7), Brno, Czech Republic

Jandurova OM, Kott T, Kottova B et al (2004) Seven microsatellite markers useful for determining genetic variability in White and Brown Short-Haired goat breeds. Small Rum Res 52:271–274

Králíčková Š, Kuchtík J, Filipčík R et al (2013) Effect of chosen factors on milk yield, basic composition and somatic cell count of organic milk of Brown Short-Haired goats. Acta Univ Agric Silvic Mendel Brun 61:99–105

Kuchtík J, Králíčková S, Zapletal D et al (2015) Changes in physico-chemical characteristics, somatic cell count and fatty acid profile of Brown Short-haired goat milk during lactation. Anim Sci Pap Rep 33(1):71–83

Lan X, Pan C, Zhang L et al (2009) A novel missense (A79 V) mutation of goat PROP1 gene and its association with production traits. Mol Biol Rep 36(8):2069–2073

Ma L, Qing Q, Yang Q et al (2017) Associations of six SNPs of POU1F1-PROP1-PITX1-SIX3 pathway genes with growth traits in two Chinese indigenous goat breeds. Ann Anim Sci 17 (2):399–411

Martin P, Szymanowska M, Zwierzchowski L et al (2002) The impact of genetic polymorphisms on the protein composition of ruminant milks. Reprod Nutr Dev 42:433–459

Oravcová M, Margetín M (2015) First estimates of lactation curves in white shorthaired goats in Slovakia. Slovak J Anim Sci 48(1):1–7

Pinďák A, Horák F, Mareš V (2003) Atlas plemen ovcí a koz chovaných v ČR. 1. Vyd. Brno, Svaz chovatelů ovcí a koz v ČR (ISBN: 80-239-1932-6), Czech Republic

Roubalová M (2012) Situační a výhledová zpráva ovce – kozy (Situation and Outlook Report, Sheep and goat), Prague, Ministry of Agriculture, (ISBN 978-80-7434-126-7), Czech Republic, pp 35

Rychtarova J, Sztankoova Z, Schmidova J et al (2016) P5043 Association analysis between STAT5A and PROP1 genes and milk production in Czech National dairy goat breed: Preliminary results. J Anim Sci 94(Suppl 4):136–137

Sánchez A, Ilahi H, Manfredi E et al (2005) Potential benefit from using the αS1-casein genotype information in a selection scheme for dairy goats. J Anim Breed Genet 122:21–29

Sztankóová Z, Mátlová V, Kyseľová J et al (2009) Short communication: polymorphism of casein cluster genes in Czech local goat breeds. J Dairy Sci 92:6197–6201

Sztankóová Z, Mátlová M, Malá M (2007) Genetic polymorphism at the CSN1S1 gene in two Czech goat breeds Czech. J Anim Sci 52(7):199–202

Sztankóová Z, Kysel'ová J, Kott T, Kottová E (2008) Technical note: detection of the C Allele of β-Casein (CSN2) in Czech dairy goat breeds using LightCycler analysis. J Dairy Sci 91 (10):4053–4057

Chapter 19
Current Situation and Outlook of Several Local Goat Breeds in the Semi-arid Regions of Brazil

Maria N. Ribeiro, Francisco F. Ramos de Carvalho, Roberto G. Costa, Edgard C. Pimenta Filho, Janaina K. G. Arandas and Henrique S. Sérvio

Abstract Brazil is one of the countries with the greatest biodiversity in the world. Goats were only introduced in Brazil with the Portuguese colonization, which took place in 1500. Since then, over the centuries, these animals began to develop various techniques of adapting into the several environments they were assigned to through processes of natural and artificial selection. This chapter's aim was to describe the current situation and the perspectives of local goat breeds in the Brazilian semi-arid region. The historical and socioeconomic importance of local breeds, the systems of production, the main local goat breeds as well as their current status, and also the management strategies that have been applied in view of these breeds' conservation will be discussed.

19.1 Introduction

Brazil is one of the countries with the greatest biodiversity in the world. Its rich fauna and flora have been observed for a long time, as can be seen in reports of the notable visit made by English naturalist Charles Darwin (1809–1882) to Brazil between 1832 and 1836, more precisely in the cities of Salvador and Rio de Janeiro. In his seminal work "*A Naturalist's Voyage Round the World*," Darwin describes his fascination with cicadas, fireflies, crickets, and frogs.

It is quite likely that during the period on Brazilian land, Darwin came across goats, to which he did not pay much attention, since he considered these animals rather common. But, in fact, goats were only introduced in Brazil with the Portuguese colonization, which took place in 1500. Since then, over the centuries, these animals

M. N. Ribeiro (✉) · F. F. R. de Carvalho · R. G. Costa · E. C. P. Filho ·
J. K. G. Arandas · H. S. Sérvio
Departamento de Zootecnia, Universidade Federal Rural de Pernambuco,
Recife 51171-900, Brazil
e-mail: maria.nribeiro@ufrpe.br; normaribeiro70@gmail.com

© Springer International Publishing AG 2017
J. Simões and C. Gutiérrez (eds.), *Sustainable Goat Production in Adverse Environments: Volume II*, https://doi.org/10.1007/978-3-319-71294-9_19

began to develop various techniques of adapting into the several environments they were assigned to through processes of natural and artificial selection.

Official data indicate that, in 2015, goat population was 9.61 million in Brazil, which places the country in the 22nd position in the world ranking of goat population (PPM 2015; FAO 2015). Out of the almost 10 million animals, 92.7% are found in the northeast of the country, especially in the semi-arid region.

Since the first record of goats in northeastern Brazil until present time, these animals have been part of the rural landscape in the Brazilian semi-arid region, and they have become a symbol of the resistance and the strife for survival of the region's local population. In spite of their recognized value, though, it is clear that traditional production systems have become unsustainable, which owes to a series of factors that favor rural depopulation, land grabbing, and intense social inequality.

All things considered, traditional systems of goat production (which are predominantly ultraextensive) in semi-arid Brazil have allowed for the species' stabilization. On the other hand, semi-extensive or intensive production systems, which have sprung up more powerfully in the past decades, have promoted structural transformations in the management systems, due to the importation of specialized breeds that are promoted as "the most productive" ones.

This imported genetic material has preoccupied specialists because of its indiscriminate use in improvement programs aimed at crossbreeding and at replacing local herds, which has contributed to the dissolution and the loss of local genetic material (Rocha et al. 2016). Hence, animal–environment interaction must be taken into account when it comes to enhancing livestock farming, once knowledge of the climate variables and their results in the animals' physiologic and hematologic responses are crucial for the adjustment of the production system to the aims of livestock farming. The use of these foreign animals has led many local breeds that were originated in the Brazilian semi-arid region to extinction. As a result, some teaching and research institutions in Brazil have developed projects aimed at studying, conserving, and enhancing these breeds.

This chapter's aim is to describe the current situation and the perspectives of local goat breeds in the Brazilian semi-arid region. With this in mind, we will discuss the historical and socioeconomic importance of these local breeds, the systems of production, the main goat breeds and their genetic groups, their current status, and also the management strategies that have been applied in view of these breeds' conservation.

19.2 Historical and Socioeconomic Context of the Local Goat Breeds in Brazil

The historical and the socioeconomic importance of local goat breeds in Brazil is closely related with the political history of the occupation of Brazilian land and with the sugarcane cycle, which was key for the popularization of these animals in the semi-arid region. A Machado's review study (Machado 2013) on the existing literature showed details of the origin of livestock farming in Brazil, and it revealed the importance of goat farming in crucial moments of the country's history.

Even though Portuguese settlers arrived in the newfound land of the American continent in 1500, their government only decided to populate Brazil in 1530, when they sent the expedition commanded by Martim Afonso de Souza, who explored the coast and promoted expeditions into the countryside (Andreatta 1999; Machado 2013).

In 1535, animals pertaining to the bovine, caprine, ovine, and swine species were brought to northeastern Brazil from the African islands of Cape Verde in order to support the production of sugarcane, which was known then as "white gold" due to the heavy European demand and to its consequently high prices. The establishment of the Brazilian local goat breeds occurred by natural and artificial selection from those animals brought from the Iberian Peninsula (Primo 2004) have contributed to the formation of six main groups (Moxotó, Canindé, Repartida, Marota, Graúna, and Azul).

19.3 Production Systems of Local Goat Breeds in semi-arid Regions of Brazil

Goat farming in the semi-arid zone is an activity that plays an important socioeconomic role since it eventually generates income (from the sale of animals, meat, fur, and milk) and provides high-quality protein (meat and milk) to feed family farmers and to supply the local market.

Northeastern Brazil is located within the Earth's subtropical zone, which lies between the tropical zone and the temperate zone and is drier than the tropical one; this means that the northeast encompasses almost the entire Brazilian semi-arid region, as can be seen in Fig. 19.1 (Araújo Filho 2006).

The semi-arid region is one of the most socially disadvantaged areas in Brazil. According to a recent survey by the Atlas do Desenvolvimento Humano (Atlas 2013), over 60% of its cities have a very low Human Development Index. If we solely consider population in the rural zones, their income, education, health, life expectancy, and other related parameters, the situation is even more precarious.

The Caatinga is the predominant ecosystem in the semi-arid region, and its flora is made up of trees and bushes that are rustic and tolerant to the region's climatic conditions. The floristic composition is not uniform and may vary according to the amount of rainfall, the quality of the soils, the hydrographic network, and to man's action.

Most of the plants have thorns, microphylls, impermeable cuticles, caducifolia, systems of water storage in roots and modified twigs and physiological mechanisms that allow them to be classified as xerophytic plants. Caatinga is one of the

Fig. 19.1 Geographic space
of the Brazilian semi-arid
region

Brazilian biomes that has suffered the most transformations due to human activity. Despite its biological importance and the hazards to its integrity, only around 5% of its area is protected by Federal Units of Conservation, which means that Caatinga is one of the least protected and most endangered Brazilian's ecosystems (Correia et al. 2011).

Concerning goat population, data collected from the Pesquisa da Pecuária Municipal (PPM 2015) show that the northeast holds approximately 90% of the country's goats. These animals are mostly raised in the semi-arid northeast region (see Chap. 7 of volume 1), in extensive production mixed rearing systems.

According to Araújo Filho (2006), if you consider the region's agrarian structure, with mostly small properties, the herds of goats in the northeast are practically spread along thousands of small farms. Under these conditions, the animals graze freely, once there are huge areas with no fences or with fences that cannot contain them.

Studies show that the composition of goatherds in Brazil is quite plural, and it is mostly made up of non-defined breed animals in 83% of the farms. The main local goat breeds (Moxotó, Repartida, Canindé, Azul, Marota, Gurguéia and Graúna) are raised in the majority of the northeast region (Fig. 19.2) by only 15% of the families. Among the foreign breeds, Nubian and Boer are the most used, and mixed Nubian animals are the most commonly found (Oliveira et al. 2006).

Fig. 19.2 Main local goats found in Brazilian semi-arid region. Moxotó (a), Canindé (b), Graúna (c), Repartida (d), Azul (e) and Marota (f) breeds (provided by M. N. Ribeiro)

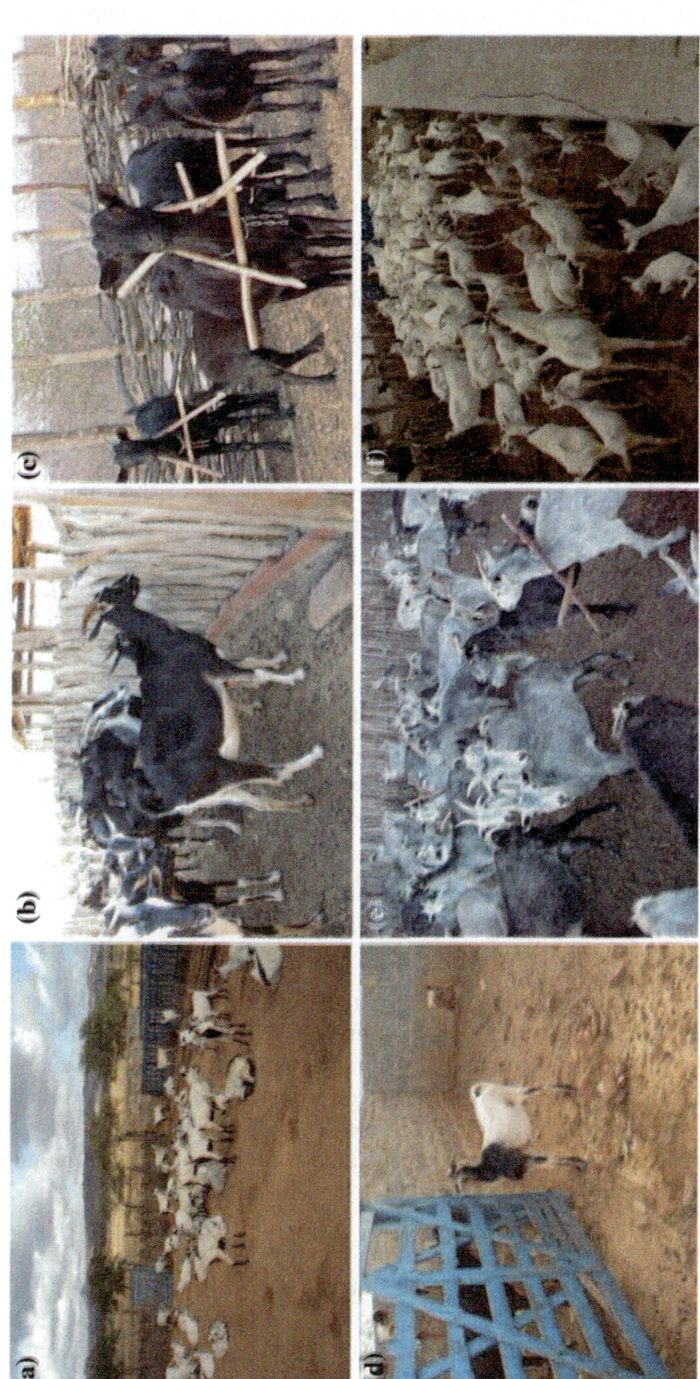

The nutritional management of the ruminants has a great impact on the costs of the production system (55–85%) and is directly associated with the success and with the obtainment of satisfactory zootechnical results (Piaggio et al. 2014). Defining the production, the usage, and the different nutritional strategies are still challenges for animal nutrition, due to the set of requirements for the different species and types of ruminants and their respective physiological stages (Moraes et al. 2011). The mentioned authors affirmed that, in the Caatinga areas of the Brazilian semi-arid region, the composition of the goats' diet varies from 0.3–43% of grass, 3.1–57% of dicotyledonous herbs, and 11.3–88.4% of woody species, depending on the time of the year, botanic composition of the pasture and the area of exploitation. The facilities that were observed included corrals, piles of manure, troughs, water and salt dispensers, footbaths, and fences, all of which were made essentially with materials extracted from the native vegetation and other available natural resources in the area, as well as with industrialized materials. The facilities do not always meet technical standard requirements. Rather, they usually revealed the farmer's purchasing power.

The reproductive management of the goats raising in the semi-arid region is performed by natural mating in most farms. Few farmers adopt worm treatments and more than one-third does not control ectoparasites (e.g., fleas and mites). As for clostridiosis, only 7% of the farmers vaccinated the animals against it; worms, lice, and caseous lymphadenitis (the evil pit) are the major health problems (Moraes et al. 2011).

In general, these local animals are kept in subsistence production systems, so the adaptation to the environment is one of the most important factors to consider. Finally, according to Moraes et al. (2011), the semi-arid region's goat production chains are still quite incipient, and they present major deficiencies, both in the farming segment and in the posterior processes of transformation and distribution.

19.4 Local Brazilian Goat Breeds

The simple lifestyle of the goat farmer, associated with the scarcity of goods, contributed to the use of the small ruminants more intensely in the northeastern semi-arid region, where the animals' ability to adapt was remarkable. This adaptation was a result of the natural selection associated with the morphological selection that was endorsed by the farmers, which made way for new breeds and local ecotypes that are still present nowadays, mainly Moxotó, Canindé, Marota, Azul, Graúna, and Repartida (Fig. 19.2), besides other breeds of minor expression, such as Crespa (Lopes et al. 2016).

The animals evolved throughout the centuries, adapting to the environments, climates, and managements that were found in different habitats, which led to the formation of new native breeds, also known as locals or Creoles (Ribeiro et al. 2016). Throughout the years, the herds underwent transformations and the development of science influenced their characteristics.

The local goat breeds are adapted to taking long walks in search of food and are better suited to the extensive breeding system. In general, these breeds have dual purpose (meat and milk), are rustic, and quite prolific with approximately 40–72% of multiple births with kids weighing at birth between 2 and 3 kg. They are small-to-medium-sized and adults weigh between 34 and 42 kg (Ribeiro et al. 2004). The milk production is around 0.5 L per goat daily during an average lactation period of approximately 4 months (Medeiros et al. 1994). Research data of productive performance are scarce, however, in recent years, special attention has been paid about morphometric characteristics, which may help the understanding of production and maintenance requirements that influence the degree of physiological maturity and economic return, in addition to bringing more reliable subsidies to conservation programs. In this sense, several studies have shown some morphometric measures of the animals, being highlighted the importance of the correlation between body size and body weight, when establishing selection criteria (Ribeiro et al. 2004, 2007; Arandas et al. 2016).

In general, these groups have very similar features, like the small size, the animals' multiple functionalities, and the fact that almost all of them are at risk of extinction (Lima et al. 2007). Despite the great similarities, they are genetically different, with an average genetic distance of 0.066 ± 0.025 (Ribeiro et al. 2012).

According to Machado (2011), it was not until the twentieth century that systematic importation of goats was done so as to genetically improve the "modern breeds" such as Bhuj, Toggenburg, Alpine, Saanen, Nubian, Angora, Jamnapari, Murciana, Boer, and others, some of which were introduced through insemination and cryopreservation.

These breeds, used in continuous crossbreeding, caused a quick replacement and a decrease in the number of local breeds. This placed several local breeds—that are well adapted in the tropics (Ribeiro et al. 2016)—from Brazil and elsewhere at risk of extinction. In the 70s and 80s of the past century, due to the increase of dairy goat production in southeastern Brazil, this effect was greater with the crossbreeding of local goat breeds with the same fur and other morphological features similar to those of breeds that were specialized in milk production. The foreign breeds have always served the improvement of milk and meat, as they are financed by official and private banks and founded by governmental programs and projects.

19.5 Administration Strategies for the Conservation of the Brazilian Local Goat Breeds

19.5.1 Centers of Conservation *In Situ* and *Ex Situ*

The Brazilian Program for the Conservation of Animal Genetic Resources, coordinated by Embrapa Recursos Genéticos e Biotecnologia, was begun in 1983, with the creation of the Brazilian Bank of Animal Germplasm.

Since then on, a Network for the Conservation of Animal Genetic Resources was created (Table 19.1). Oriented by the National Program for the Conservation of Animal Genetic Resources, it encouraged the development of conservation centers in situ in different Embrapa units, universities, state companies, and private farms in the natural habitats of each breed/species.

Among the aims of the Program for the Conservation of Animal Genetic Resources are the in situ and ex situ conservation. The former is done in conservation centers that are implemented in the places where the breeds originate from. Ex situ in vivo conservation, on the other hand, depends on modern cryogenic techniques of storage of genetic material, such as sperm and embryos (Mariante et al. 2009, 2011).

The Brazilian Bank of Animal Germplasm currently holds 19 breeds of six species of domestic animals, with over 65 doses of sperm in stock.

The conservation of the breeds is a result of the maintenance of the herds and the cryopreservation of germplasm, which minimizes the limitations posed by time and distance for the conservation of several endangered species.

In order to aid the genetic characterization of the breeds that are part of the conservation program, in 1998 was created Cenargen's Animal DNA and Tissue Bank. The bank is a strategic collection for the study of biodiversity aimed at conservation. It holds samples from the following goat breeds: Azul, Canindé, Marota, and Moxotó. With cryopreservation in tanks of liquid nitrogen at −196 °C, the biological material maintains the same characteristics after it is defrosted (Santos 2000). Besides the stored material, the breeds have been gradually reinserted in systems of production with positive results. Their adaptability and their resistance to parasites and to illnesses have drawn more and more attention from those who are in charge of animal improvement programs (Santos 2000), which allowed them to enter market niches that are key to the survival of these breeds throughout generations.

All of the genetic material conserved in situ and/or ex situ can be used in the restoration of extinct breeds, in the development of a new genetic group, in the support of conservation programs in vivo, and also for studies on the identification of genes that are economically important (Ramos and Mariante 2011).

Table 19.1 Conservation centers in situ, institutions that maintain them and their respective locations

Breed	Institution	Municipality/State	Animals
Canindé	Embrapa Caprinos	Sobral, Ceará	60
Moxotó	Embrapa Caprinos	Sobral, Ceará	78
Azul	Embrapa Meio Norte	Castelo, Piauí	72
Marota	Embrapa Meio Norte	Castelo, Piauí	110

Source Mariante et al. (2011), Embrapa (2016)

19.5.2 The Sustainable Use of Local Goat Breeds

Unlike specialized breeds, local breeds have been developed and maintained by traditional people throughout generations that have deep knowledge of its management. This knowledge is a result of the daily interaction with the animals, as well as of the knowledge they inherited from their ancestors. Thus, it is vital that local communities are involved in the projects for the conservation and the improvement of local breeds.

Animal genetic resources are considered national and global public goods, and their use must follow guidelines of national and global strategies that should be clearly established. They must also consider the communities' interest and economic needs since these genetic resources are the major tools for the farmers' subsistence in countries that have a strong connection with local breeds.

Local breeds are able to survive and reproduce in harsh environments with little feedstock. Since they adapt easily, the cost to produce them is generally lower when compared to that of specialized breeds. Besides, the exclusive characteristics of their products are appreciated and paid at a higher price by consumers and the potential of these breeds as a source of subsistence for small farmers as well.

Many local breeds are able to provide exclusive products that may have better quality than those obtained from specialized and commercial breeds. Local breeds and their products may also be appreciated as a peculiar aspect of local systems of production. Moreover, many local breeds play an important role in the social and cultural life of rural populations all over the world—which includes religious and civic traditions, folklore, gastronomy, specialized products, and craftsmanship.

The characteristics of products made from local breeds are a potential basis for diversified livestock production, which makes them more profitable. Another important strategy is the certification of these products through quality brands that are suitable for each context. In Europe, most local breeds are included in conservation programs and have certified products that are recognized internationally, such is the case of Denomination of Controlled Origin. In Brazil and in other developing countries, this reality is not so common.

Although the commercial production and the use of these local animals are better implemented by the private sector, the government should take part in conservation, because it has a great responsibility in the promotion, development, and use of local genetic resources, which should be made possible through public policies that are necessary for the conservation, improvement, and the profitable use of these animal genetic resources.

An example of appreciation and sustainable use of local goats is that of Carnaúba farm, in the city of Taperoá, Paraíba, Brazil, which is a pioneer in the conservation of these animals. For many years, the farmer has done crossbreeding in order to reach the productive potential of local breeds with special attention to conserve the breeds and prevent them from extinction.

Nowadays, goat raising in the semi-arid northeast is done to obtain multiple products (meat, fur, and milk). To specialize and reduce them to a single productive function is a measure that threatens the system and might cause its collapse, once the environment where they are is not suitable for specialized animals, which is why these animals' multiple functionality is a great advantage. Besides, adding value to the products that result from this kind of livestock farming is a vital condition for its success (Suassuna 1998).

For comparison purposes, the space where a cow is raised can fit eight goats. A local cow that is raised in the northeastern semi-arid region produces an average of 3.4 L of milk per day. A goat, on the other hand, if it is adapted to the region, can produce about 1.7 L under the same conditions. Therefore, it is possible to obtain 13.6 L of milk in the same space where one cow would be raised (Costa et al. 2008), as well as the fact that the goat is a rustic animal, which means it is adapted to the environment and provides milk of high quality. Goat milk is better digested by humans than cow milk due to the smaller fat globules and it produces a high-quality kind of cheese.

19.6 Conclusions

Sustainability and profitability of local breeds' systems of production depend largely on the availability and accessibility of genetic resources that meet the needs of small farmers and the requirements and preferences of consumers.

Raising local breeds in extensive systems may be viable with the exploration of multiple products (meat, fur, and milk). Using specialized breeds that come from temperate climates does not show such good results under the specific conditions since the environment is not suitable for specialized breeds, and also the animals' multiple functionalities is a great advantage of local breeds in their production systems. The added values to the products, due to the creation of quality brands and also to religious and civic traditions, as well as folklore and craftsmanship, may contribute to maintain these species with a sustainable use and to prevent them from extinction on a large scale.

References

Andreatta MD (1999) Engenho São Jorge dos Erasmos: prospecção arqueológica, histórica e industrial. Revista USP 41:28–47

Araújo Filho JA (2006) Aspectos zooecológicos e agropecuários do caprino e do ovino nas regiões semiáridas. Brazil, Sobral- Embrapa Caprinos, p 25

Atlas (2013) Atlas do desenvolvimento humano no Brasil. Available at: www.pnud.org.br. Accessed 25 Dec 2016

Arandas JKG, da Silva NMV, Nascimento RB et al (2016) Multivariate analysis as a tool for phenotypic characterization of an endangered breed. J Appl Anim Res 45:1–7

Correia RC, Kiill LHP, Moura MSB et al (2011) A Região Semiárida Brasileira. Produção de Caprinos e Ovinos no Semiárido. Petrolina-PE, Embrapa Semiárido, pp 21–48

Costa RG, Almeida CC, Pimenta Filho EC, et al (2008) Caracterização do sistema de produção caprino e ovino na região semi-árida do estado da Paraíba. Brasil. Characterization of the goat and sheep production system in the semi-arid region of the state of Paraíba. Brazil. Arch Zootec 57 (218):195–205

Embrapa (2016) Inventário de Recursos Genéticos Animais da Embrapa, 1st edn. Embrapa, Brazil, Brasília-DF

FAO (2015) Food and Agriculture Organization of the United Nations. FAOSTAT. Available at: http://www.fao.org/faostat/en/#data/QA. Accessed 25 Dec 2016

Lima PJS, Souza DL, Pereira GF et al (2007) Gestão genética de raças caprinas nativas no estado da paraíba. Arch Zootec 56:623–626

Lopes DD, Fernández GP, Poli M et al (2016) Ancestry analysis of locally adapted Crespa goats from southern most Brazil. Genet Mol Res 15:1–16

Machado TMM (2011) História Das Raças Caprinas No Brasil. In: Produção de Caprinos e Ovinos de Leite, EMBRAPA, Brazil

Machado TMM (2013) Os pequenos ruminantes na história da pecuária brasileira. In: X Workshop sobre produção de caprinos na mata Atlântica, Minas Gerais, Brazil, pp 11–45

Mariante AS, Albuquerque MSM, Egito AA et al (2009) Present status of the conservation of livestock genetic resources in Brazil. Livest Sci 120(3):204–212

Mariante AS, Albuquerque MSM, Ramos AF (2011) Criopreservação de Recursos Genéticos Animais Brasileiros. Revis Bras de Reprod Ani 35(19):64–68

Medeiros LP, Girão RN, Girão ES, et al (1994) Caprinos – princípios básicos para sua exploração. In: Teresina: Embrapa CPAMN. Brasília: Embrapa SPI

Moraes SA, Costa SAP, Araújo GGL (2011) Produção de caprinos e ovinos no semiárido. Embrapa Semiárido, Brazil, In Produção de caprinos e ovinos no Semiárido, Petrolina-PE

Oliveira JCV, Rocha LL, Ribeiro MN et al (2006) Characterization and visible profile of goats native to the State of Pernambuco. Arch Zootec 55:63–73

Piaggio MM, de Marichal M J, del Pino ML et al (2014) Growth rate of weaned lambs grazing brown midrib sorghum (Sorghum bicolor) supplemented with increasing levels of soybean meal. Anim Prod Sci 54(9):1278–1281

PPM (2015) Produção da pecuária municipal. IBGE, Brazil, Rio de Janeiro

Primo AT (2004) América: Conquista e Colonização: A Fantástica História dos Conquistadores Ibéricos e Seus Animais na Era dos Descobrimentos. Editora Movimento, Porto Alegre

Ramos AF, Mariante AS (2011) Banco brasileiro de germoplasma animal: desafios e perspectivas da conservação de caprinos no Brasil. Gene 19:104–107

Ribeiro MN, da Silva JV, Pimenta Filho EC et al (2004) Correlations among phenotypic traits of naturalized goats. Archi Zootec 53(203):337–340

Ribeiro MN, Bruno-de-Souza SC, Martinez-Martinez A et al (2012) Drift across the Atlantic: genetic differentiation and population structure in Brazilian and Portuguese native goat breeds. J Anim Breed Genet 129:79–87

Ribeiro MN, Arandas JKG, Nascimento RB, et al (2016) Recursos Genéticos de Caprinos de Raças Locais Do Brasil. In: Universidade Cooperativa da Colombia (ed.), Biodiversidade Caprina Iberoamericana, Ediciones Universidad Cooperativa de Colombia, Bogotá, Colombia

Rocha LL, Benício RC, Oliveira JCV et al (2007) Estimation of morphoestructural traits in Moxoto breed goats. Archi Zootec 56(1):483–488

Rocha LL, Pimenta Filho EC, Gomes Filho EC et al (2016) Impact of foreign goat breeds on the genetic structure of Brazilian indigenous goats and consequences to intra-breed genetic diversity. Small Rumin Res 134:28–33

Santos IRI (2000) Criopreservação: Potencial e perspectivas para a conservação de germoplasma vegetal. Rev Bras Fisiol Veg 12:70–84

Suassuna J (1998) A caprinocultura no estado do Rio Grande do Norte : perspectivas promissoras. Available at: http://www.fundaj.gov.br. Accessed 25 Dec 2016

Index

© Springer International Publishing AG 2017
J. Simões and C. Gutiérrez (eds.), *Sustainable Goat Production in Adverse Environments: Volume II*, https://doi.org/10.1007/978-3-319-71294-9

CPSIA information can be obtained
at www.ICGtesting.com
Printed in the USA
LVOW05*0158080218
565651LV00001B/18/P